新编 MATLAB 工程应用丛书

MATLAB 基础与实例教程

闻　新　高吕扬　舒　坚　王梦玲
王　静　强　鹏　周一凡　朱诗嘉　编著

国防工业出版社
·北京·

内 容 简 介

本书基于 MATLAB(R2011b)，重点介绍了 MATLAB 的基础与应用。全书共分为 9 章，首先综述 2011 年 MathWorks 最新推出 R2011b 版 MATLAB 的系统功能和特征。然后全面介绍了 MATLAB(R2011b)的基本用法和技能，主要讲述 MATLAB(R2011b)的程序编写、科学计算和绘制图形等设计过程与方法，具体包括 MATLAB(R2011b)简介、MATLAB(R2011b)基础知识、MATLAB(R2011b)程序设计、数值计算、矩阵运算、符号运算、图形绘制、高级图形绘制和简单图像处理技术等。为了引导读者快速掌握和理解 MATLAB 的应用技巧，在每节都针对具体指令、语句和函数，给出了大量的便于理解的范例和要点解释，并配有源程序光盘。

本书由浅入深，叙述详细，提供了大量的范例，适合作为教学或自学 MATLAB(R2011b)工具软件的本科生、研究生、教师以及广大科技工作者的参考书。

图书在版编目(CIP)数据

MATLAB 基础与实例教程/闻新等编著．—北京：国防工业出版社，2013.2

ISBN 978-7-118-08253-1

Ⅰ.①M… Ⅱ.①闻… Ⅲ.①Matlab 软件—教材 Ⅳ.①TP317

中国版本图书馆 CIP 数据核字(2012)第 286531 号

※

国防工业出版社出版发行

(北京市海淀区紫竹院南路 23 号　邮政编码 100048)

北京嘉恒彩色印刷责任有限公司

新华书店经售

*

开本 710×960　1/16　**印张** $19^1/_4$　**字数** 365 千字

2013 年 2 月第 1 版第 1 次印刷　**印数** 1—4000 册　**定价** 49.00 元(含光盘)

国防书店：(010)88540777　发行邮购：(010)88540776

发行传真：(010)88540755　发行业务：(010)88540717

前　言

MATLAB 软件自被美国 Math Works 公司推出以来，越来越引人关注。1993 年，Math Works 公司推出了基于个人计算机的 MATLAB 4.0 版，1995 年，推出了 MATLAB 4.2c 版，从 1996 年 12 月的 MATLAB 5.0 版起，经历了 5.1、5.2、5.3 等多个版本的不断改进，2000 年 10 月，推出了全新的 MATLAB 6.0 正式版（Release12）,它在数值算法、界面设计、外部接口、应用桌面等诸多方面有了极大的改进。

MATLAB 的这些特点使它获得了对应用学科的极强的适应力，它推出不久，就很快成为应用学科计算机辅助分析、设计、仿真和教学不可缺少的软件，并已应用在生物医学工程、信号分析、语音处理、图像识别、航天航海工程、统计分析、计算机技术、控制和数学等领域中。

自 21 世纪初以来，MATLAB 已经不再是一个简单的矩阵实验室了，它已经演变成一种具有广泛应用前景的全新计算机高级编程语言。2001 年，Math Works 公司推出了 MATLAB 6.x 版，该版继承和发展其原有的数值计算与图形可视化能力的同时，还推出了 Simulink 组件，拓展了用 MATLAB 进行实时数据分析、处理和硬件开发方面的应用。

2004 年 6 月，MATLAB 7.0 版（Release12）出现，后经历了 7.0.1、7.0.4、7.1 版，直到 2006 年 9 月，MATLAB R2006b 正式发布，从那时开始，Math Works 公司将每年进行两次产品发布，时间分别在每年的 3 月和 9 月。

目前,MATLAB 的最新版是 2011 年 12 月发布的 MATLAB(R2011b)。本书是基于 MATLAB(R2011b)版编写的，目的是为了便于读者掌握最新版本 MATLAB 的使用方法和技巧。

本书总共分 9 章：第 1 章为 MATLAB（R2011b）概述，让读者全面了解最新版本的功能特性。第 2 章叙述了 MATLAB 数值运算和功能函数的使用方法。第 3 章介绍矩阵运算和操作，包括 MATLAB 符号矩阵的运算和分解等内容。第 4 章介绍了 MATLAB 程序设计的基础知识，主要包括 M 文件、流程控制语句以及程序设计的技巧三个方面。第 5 章将带大家了解 MATLAB 中的函数，详细说明了在数值计算和信号处理中比较常用的函数，例如，三角函数、矩阵函数和傅里叶变换函数等，另外还有一些特殊的函数。第6章首先归纳出MATLAB中常用的绘图指令，然后对其语法和用法加以说明，之后将通过大量的例子，让读者加深对这些指令的理解。第7章是在第6章基础上，针对绘图函数做一个进一步的进阶与解析。第8章简要讨论了一些图像处理中的常用指令，让读者体会MATLAB丰富多彩的图形处理功能和简单应用。第9章介绍了如何通过MATLAB的Notebook，实现Word和MATLAB无缝连接的方法，并通过实例进行说明。

本书具有如下特点：

一般归纳和算例并重：本书对功能、指令函数作一般描述的同时，提供近百个算例。书中所有算例的程序、指令和函数调用所得的结果，都经过作者实践，给读者以正确真实、可重复的参照样本，减少读者对新知识的不确定感。

系统论述和快速查阅兼顾：本书所有章节构成对MATLAB（R2011b）各功能函数进行系统讲述，但就每章内容而言，它们相对独立，因此，本书既可系统学习，也可随时查阅。此外，本书既可以用于MATLAB（R2011b）程序设计基础知识的学习，又可以当作MATLAB（R2011b）的速查手册使用，方便读者。

简单易学：以范例为主，图文为辅，通过标准算法和神经网络模型的例子，一步一步带领读者进入MATLAB（R2011b）的工作环境和掌握编程技巧。

参与本书编写的人员包括：高吕炀编写了第2章、第6章和第8章，王梦玲编写第3章和第7章，舒坚编写了第5章和第9章，王静编写了第4章，强鹏编写了第1章。此外周一凡博士为本书的编写做了许多分析和调研工作，朱诗嘉为本书的大部分范例程序进行了实验验证。

另外，在本书的编写过程中，还要感谢陆宇平教授和王志谨教授在教学工作上的支持、感谢庄晓舒老师的鼎力配合，他们为本书完成给予了极大地帮助。

由于作者的水平所限，书中尚存在一些不足和错误之处，欢迎读者批评指正。

编著者

2012年5月

目　录

第 1 章　MATLAB（R2011b）概述

本章的目的是让读者对 MATLAB（R2011b）软件平台有一个概括性的了解，所以本章主要介绍 MATLAB（R2011b）工作环境中的桌面平台的菜单、工具箱、组件、属性设置及常用命令。同时，简单介绍了 MATLAB（R2011b）丰富强大的功能模块，常用的数据输入/输出处理，以及文件操作。随着科学技术的发展，MATLAB 的功能不断提高和增强，进而使得 MATLAB 在科学研究中起着越来越重要的作用。

1.1　MATLAB 功能和发展历史

科学计算是伴随计算机的出现而迅速发展并获得广泛应用的新兴交叉学科，是数学及计算机应用于高科技领域的必不可少的工具。通常实际的问题，可以根据物理的定律或假设，推导出映射此现象的数学公式或模型。而透过数学分析与计算，再经计算机计算之后，可以模拟、估计与预测问题的现象，称为计算机仿真。

计算机仿真可以分为以下几个步骤：

第 1 步：建立数学模型。通过对实际问题进行数学抽象得到一个数学模型，这个模型必须简单、合理、真切地反映实际问题的本质。因此，在这个过程中应当深入了解实际问题，通过数学、实验、观察和分析相结合，建立优质的数学模型。

第 2 步：设计高效的计算方法。通过对数学模型分析，针对不同的问题设计高效的算法。在这个过程当中需要考虑算法的计算量，以及计算所需要的存储空间等问题，在计算中时间与空间是相互矛盾的两个量，如何在这两者之间取舍是设计算法时需要考虑的问题。

第 3 步：分析计算方法。对第 2 步给出的算法进行理论分析，如算法的收敛速度、误差估计和稳定性等。

第 4 步：程序设计。根据设计的算法，编写高效的程序，并在计算机上运行，来验证第 3 步所做的理论分析的正确性及所用的计算方法的有效性。

第 5 步：计算模型算法。将设计的程序运用于第 1 步建立的数学模型，并将得到的数值结果与实际问题相比较，以考证所建立数学模型的合理性。当对建立的数学模型考证完毕，就可以进行预测和评估，并得到相应的结论。

计算机的快速发展使得人们越来越广泛地使用计算机来模拟客观的现实世

界，从而预测和估计未来的趋势或者模拟在实验中无法重复或进行的自然社会现象。因而科学计算已经成为科学活动的前沿，它已上升成为一种主要的科学手段。事实上科学计算的兴起已形成其与实验、理论鼎足而立之势，三者已成为科学研究方法上相辅相成而又相互独立、相互补充代替而又彼此不可或缺的三个主要方法。

MATLAB 是美国 MathWorks 公司开发的集算法开发、数据可视化、数据分析，以及数值计算于一体的一种高级科学计算语言和交互式环境。它为满足工程计算的要求应运而生，经过不断发展，目前已成为国际公认的优秀数学应用软件之一。MATLAB 不仅可以处理代数问题和数值分析问题，而且还具有强大的图形处理及仿真模拟功能，它能很好地帮助工程师及科学家解决实际的技术问题。

作为一种数学应用软件，MATLAB 的发展与数值计算的发展密切相关。20 世纪 70 年代中期，时任美国新墨西哥大学计算机系主任的 Cleve Moler 教授出于减轻学生编程负担的动机，为学生设计了一组调用 LINPACK 和 EISPACK 库程序的“通俗易用”的接口，并以 MATLAB 作为该接口程序的名字，意为矩阵实验室（Matrix Laboratory），此即用 FORTRAN 编写的 MATLAB。经过几年的校际流传，在 Little 的推动下，由 Little、Moler、Steve Bangert 合作，于 1984 年成立了 MathWorks 公司，把 MATLAB 的内核采用 C 语言编写，而且除原来的数值计算能力外，还新增了数据图形化功能。

1993 年，MathWorks 公司推出了基于个人计算机的 MATLAB 4.0 版，1995 年，推出了 MATLAB 4.2c 版，从 1996 年 12 月的 MATLAB 5.0 版起，经历了 5.1、5.2、5.3 等多个版本的不断改进，2000 年 10 月，推出了全新的 MATLAB 6.0 正式版（Release12）,其在核心数值算法、界面设计、外部接口、应用桌面等诸多方面有了极大的改进。这时的 MATLAB 支持各种操作系统，它可以运行在十几个操作平台上，其中比较常见的有基于 Windows 9X/NT、OS/2、Macintosh、Sun、UNIX、Linux 等平台的系统。

21 世纪初，MATLAB 已经不再是一个简单的矩阵实验室了，它已经演变成一种具有广泛应用前景的全新计算机高级编程语言。2001 年，MathWorks 公司推出了 MATLAB 6.x 版，该版继承和发展其原有的数值计算与图形可视化能力的同时，还推出了 Simulink 组件，拓展了用 MATLAB 进行实时数据分析、处理和硬件开发的道路。

2004 年 6 月，MATLAB 7.0 版（Release12）出现，后经历了 7.0.1、7.0.4、7.1 版，直到 2006 年 9 月，MATLAB R2006b 正式发布，从那时开始，Math Works 公司将每年进行两次产品发布，时间分别在每年的 3 月和 9 月，而且每次发布都会包括所有的产品模块。

目前，MATLAB 的最新版是 2011 年 12 月发布的 MATLAB（R2011b）。该书是基于 MATLAB（R2011b）版编写的，目的是为了便于读者掌握最新版本 MATLAB 的使用方法和技巧。

1.2　MATLAB 工具的优点

MATLAB 不仅是一种直观、高效的高级语言，同时又是一个科学计算的平台。它功能强大、简单易学、编程效率高，深受广大科技工作者的欢迎，这是由于应用 MATLAB 系统进行科学计算有非常大的优势。

MATLAB 提供了一种高级语言和多种开发工具，可以迅速开发、分析算法和实际应用。由于 MATLAB 语言支持矢量和矩阵操作，以矩阵作为语言系统的最基本要素，从而极大地简化了线性运算，矩阵和矢量操作是科学计算的基础，从而大大提高了科学计算的效率。因为 MATLAB 语言不需要执行低级管理任务，如声明变量、指定数据类型、分配内存，而且在许多情况下，MATLAB 不需要使用“for”循环，而是通常只用一行 MATLAB 代码代替多行 C 或 C++代码，因此可以比传统语言更快地编程和开发算法。同时，MATLAB 提供了传统编程语言的所有功能，包括数学运算、流程控制、数据结构、面向对象的编程和调试功能。

考虑矩阵和矢量计算的复杂编程问题，MATLAB 采用处理器优化程序库，对通用标量计算，MATLAB 使用 JIT(Just In Time)汇编技术生成机器代码。这种技术可以用于大多数平台，提供了相当于传统编程语言的执行速度。

MATLAB 包含多种开发工具，帮助有效实现算法，包括 MATLAB Editor（提供了标准编程和调试功能，如设置断点和单步执行）、M-Lintcode Checker(分析代码，推荐改动方案，改善性能和维护能力)、MATLAB Profiler(记录执行每行代码所用的时间)、Directory Reports(扫描一个目录下的所有文件，报告代码效率、文件差异、文件相关性和代码覆盖范围)。

另外，MATLAB 具有丰富的应用功能，大量实用的辅助工具箱适合不同专业研究方向及工程需求的用户使用。MATLAB 系统由两部分组成，即 MATLAB 主程序、Simulink 动态系统仿真及辅助工具箱，它们使 MATLAB 拥有了的强大功能。

MATLAB 内核是 MATLAB 系统的核心内容，包括 MATLAB 语言系统、MATLAB 开发环境、MATLAB 图形系统、MATLAB 数学函数库，以及 MATLAB 应用程序接口等。MATLAB 语言系统从本质上讲是以矩阵的存储和运算为基础的，几乎所有的操作都可以归结为矩阵的运算，同时 MATLAB 语言系统也具有结构化程序设计语言的一切特征。MATLAB 开发环境有基本开发环境与辅助开发环境。其中，基本开发环境包括启动和退出 MATLAB、MATLAB 桌面系统、MATLAB 函数调用系统，以及帮助系统。辅助开发环境包括工作空间、路径和文件管理系统、MATLAB 系统提供了强大的图形操作功能，可以方便地将分析数据可视化，GUI 的推出充分展现了 MATLAB 在图形用户界面处理中的应用。MATLAB 数学函数库涵盖了几乎所有的常用数学函数，这些函数以两种不同的形式存在，一种是内部函数，另一种是 M 函数。MATLAB 的应用程序接口可以让

MATLAB 语言同其他计算机语言（如 C 语言、FORTRAN 语言）进行数据交换，从而大大提高运算速度。

MATLAB 的强大功能很大程度上源于它所包含的众多辅助工具箱。工具箱分为辅助功能性工具箱和专业性功能箱。辅助功能性工具箱主要用来扩充其符号计算功能、可视建模仿真功能及文字处理功能等。而专业性工具箱是由不同领域的专家学者编写的针对性很强的专业性函数库，如数学优化工具箱、金融建模和分析工具箱、控制系统设计和分析工具箱等。正由于这些强大的专业性工具箱，使得 MATLAB 在科学计算的各个领域有着广泛的应用。

MATLAB 系统提供的 Simulink 模块大大地增加了 MATLAB 的功能，使得用户能对真实世界的动力学系统建模、模拟和分析，通过分析用户很容易构建出符合特定要求的模型，并对模型进行分析和模拟。

上述 MATLAB 的几个强大优势使得 MATLAB 在科学计算中起着非常重要的作用，在后续章节中将分别展开介绍这些功能。

1.3 MATLAB（R2011b）编程特征及运行环境

MATLAB 的界面制作非常简单易懂，为了使大家对 MATLAB 有一个初步的认识，本章主要介绍了 MATLAB 的工作环境，包括 MATLAB 桌面平台的菜单、工具栏、组件、属性及常用命令。本书主要是基于 MATLAB（R2011b）来编写的，就 MATLAB（2011b）的最新特征而言，主要包括如下 9 个方面。

（1）自定义枚举数据类型，64 位整型算法以及 MATLAB 桌面增强。

（2）在并行计算工具箱（Parallel Computing Toolbox）中增加对具有 CUDA 功能的 NVIDIA 显卡 GPU 计算的支持。

（3）在 Image Acquisition 工具箱中增加对千兆以太网标准的支持。

（4）在 Control System 工具箱中增加了 PID 控制器。

（5）采用新的系统通信设计，支持通信模块中的 95 种算法。

（6）将 Spline 工具箱的功能整合到 Curve Fitting 工具箱。

（7）Fixed Income 工具箱增加 OAS 与 CDS 运算；Datafeed 工具箱增加 Reuters Contribute 功能；增强了 Financial 工具箱中的风险控制功能。

（8）Neural Network（神经网络）工具箱中增加可以适应时间序列数据的动态网络图形工具。

（9）Bioinformatics 工具箱增加新一代测序浏览器；SimBiology 工具箱增加时间滞后、误差模型、协方差分析。

需要说明的是，MATLAB 各个版本之间，其语言及语法的基础部分变化不大，在界面内容、形式、使用风格、主要功能等方面则有一定的改进，变化最大的是增加一些应用工具箱等。

1.3.1 桌面平台的菜单

下面简要介绍以下 MATLAB 桌面平台的菜单操作，它主要有 7 个菜单。

1. File(文件)菜单

单击 MATLAB 桌面平台上的 File 菜单，弹出菜单如图 1-1 所示。

New 选项后面有个箭头表明 New 是一个子菜单，用鼠标单击 New 选项上弹出 New 子菜单，共有 11 个选项，如图 1-2 所示。

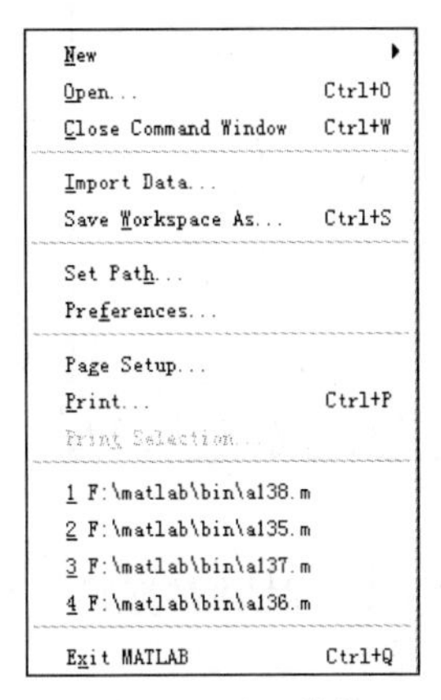

图 1-1　File 菜单

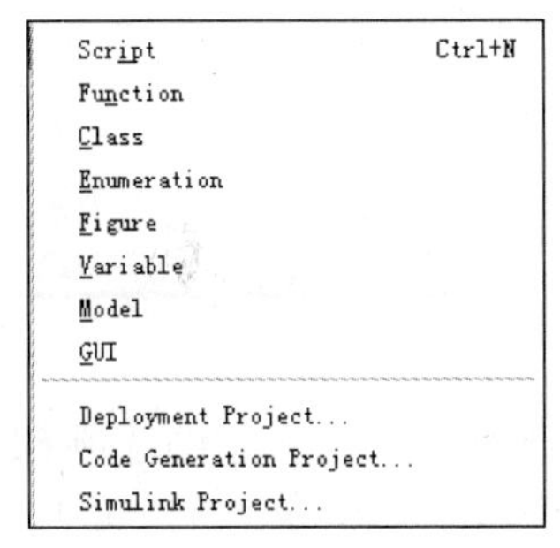

图 1-2　New 菜单

选择 New 子菜单中的选项 Script，将新建一个空白 M 文件,并打开 M 文件编辑调试器，如图 1-3 所示。

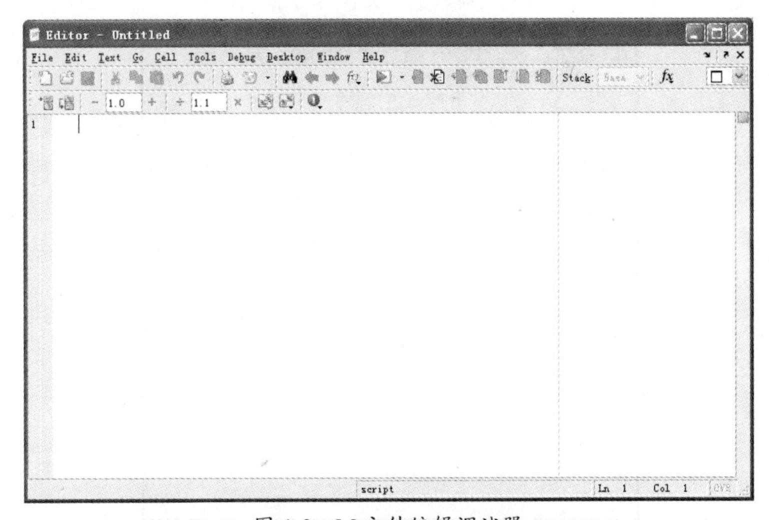

图 1-3　M 文件编辑调试器

选择 New 子菜单中的选项 Function，则将新建一个 M 文件,并在打开的 M 文件编辑器中给出 M 函数的一般框架，如图 1-4 所示。

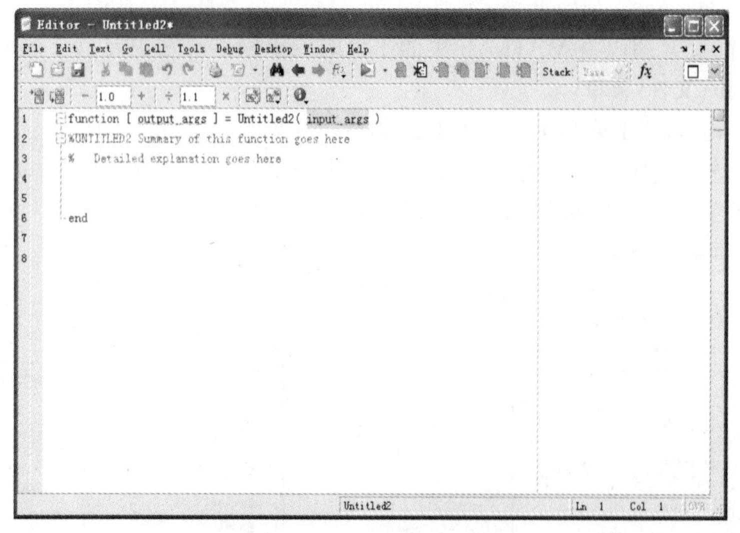

图 1-4　新建 M 文件

选择 New 子菜单中的选项 Class，将建立一个类 M 文件,并在打开的 M 文件编辑器中给出类 M 文件的一般框架，如图 1-5 所示。

选择 New 子菜单中的选项 Figure，则将创建一个图形并打开图形窗口，如图 1-6 所示。

选择 New 子菜单中的选项 Variable,将创建一个名为 unnamed、类型为 double、值为 0 的变量。可以用 whos 命令查看，如图 1-7 所示。

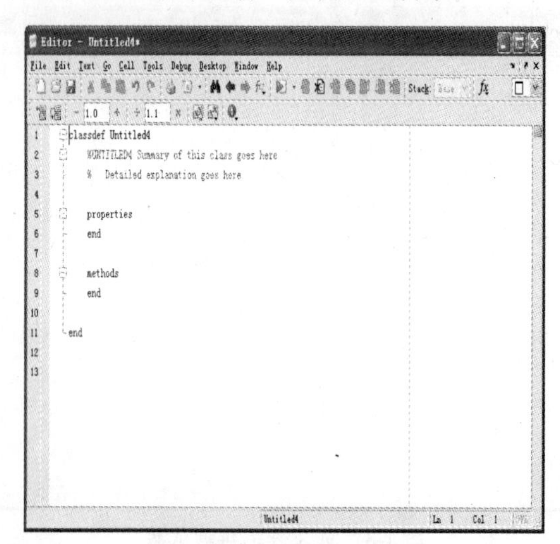

图 1-5　新建类 M 文件

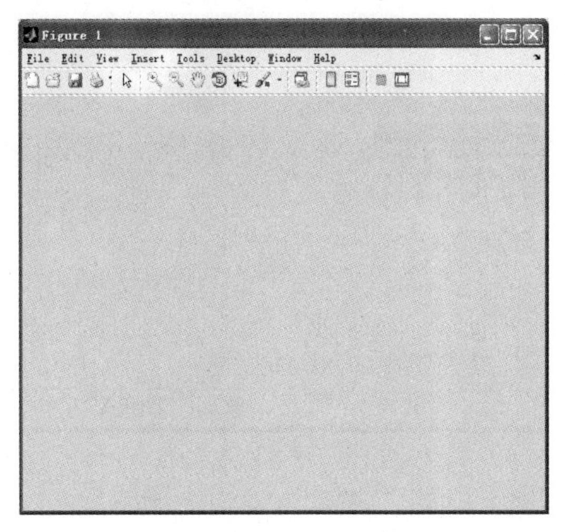

图 1-6　MATLAB 图形窗口

```
>> whos
  Name          Size            Bytes  Class     Attributes

  unnamed       1x1                 8  double
```

图 1-7　查看变量 unnamed

选择 New 子菜单中的选项 Model，将创建一个 Simulink 模式并打开相应的模式编辑器，如图 1-8 所示。

选择 New 子菜单中的选择图形用户界面（GUI），将创建一个 MATLAB 图形用户界面并打开 GUIDE Quick Start，如图 1-9 所示。

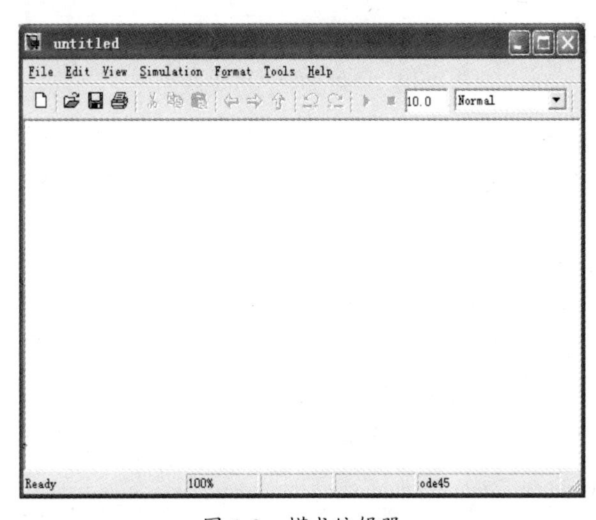

图 1-8　模式编辑器

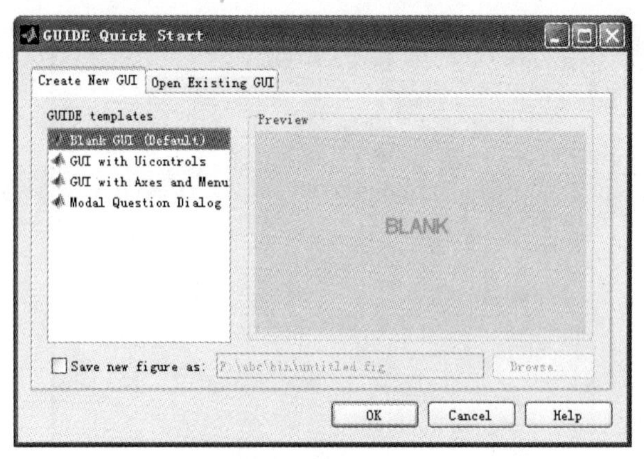

图 1-9　图形用户界面

选择 New 子菜单中的选项 Deployment Project,将创建一个 Deployment Project，并打开 Deployment Project 窗口，如图 1-10 所示。

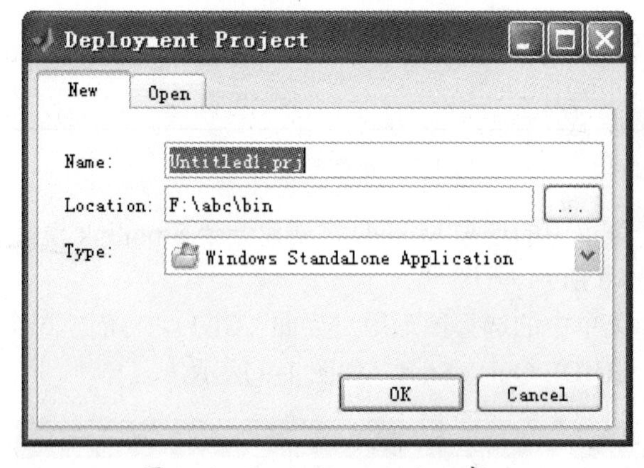

图 1-10　Deployment Project 窗口

选择选项 Open 将激活“打开文件”对话框，打开文件的默认值为当前的搜索路径，它有快捷方式，按下快捷键 Ctrl+O，可执行相同的功能，如图 1-11 所示。

选择选项 Close Command Windows,将关闭命令窗口。

选择选项 Import Data，跟选项 Open 类似也将激活“数据导入”对话框，打开文件的路径也是当前的默认搜索路径。与选项 Open 不同的是，该窗口的文件类型默认为可识别的数据文件类型。选择希望读入的数据文件，将进行数据输入向导，将数据读入工作空间，如图 1-12 所示。

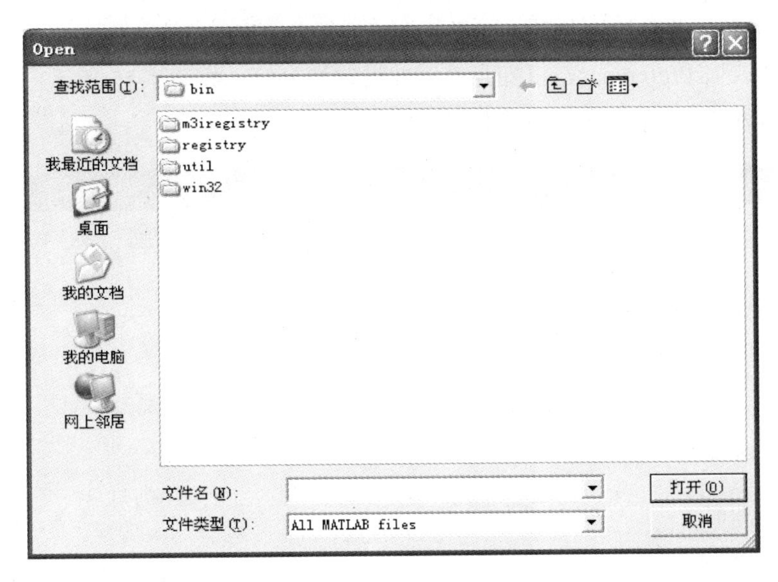

图 1-11 “打开文件”对话框

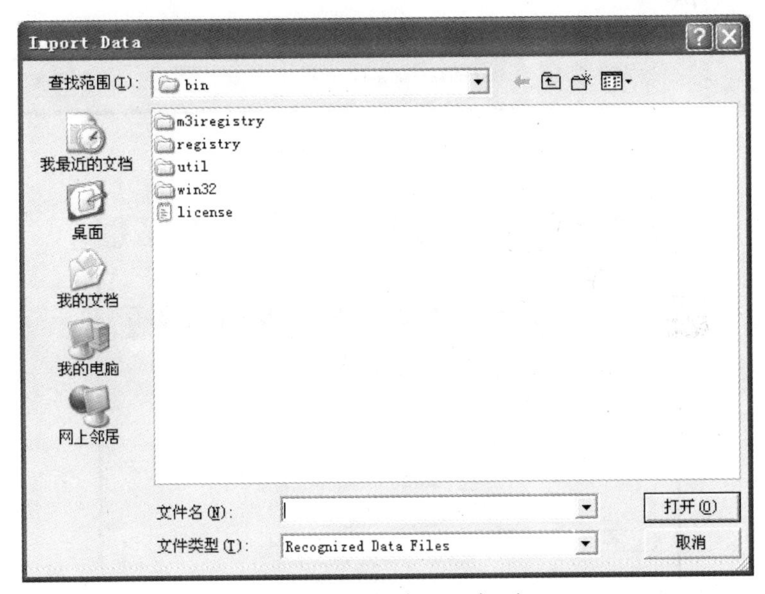

图 1-12 “数据导入”对话框

选择选项 Save Workspace As，将激活一个保存文件窗口，并且默认的文件保存类型为 MAT 类型，此时文件的保存路径为当前的默认搜索路径，如图 1-13 所示。

选择选项 Set Path，将打开“路径设置”窗口，通过该窗口可以清楚看到

MATLAB 当前的路径，并且可以修改和设置路径，如图 1-14 所示。

选择选项 Preferenes，将打开“属性设置”窗口，如图 1-15 所示，本选项中的丰富内容将在 1.3.4 节作详细的介绍。

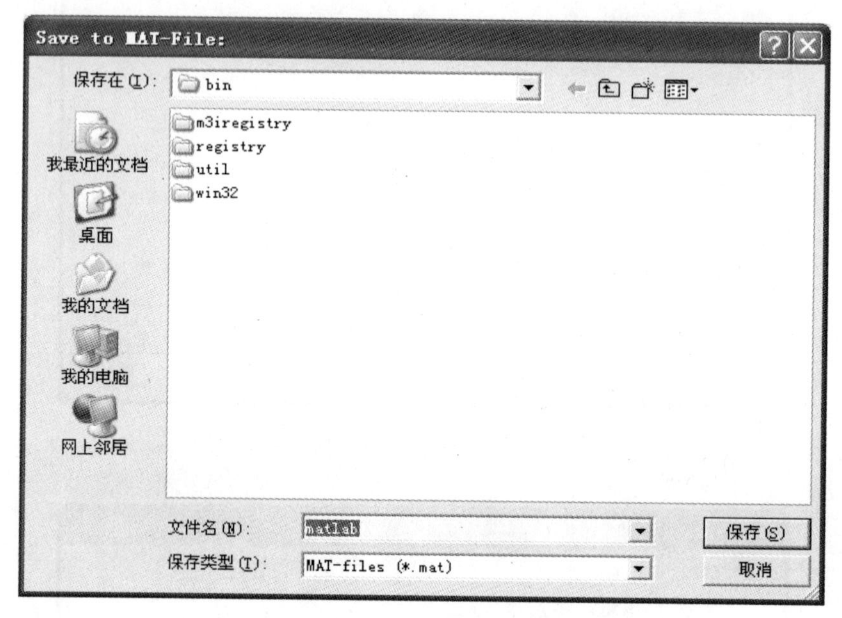

图 1-13　保存工作空间

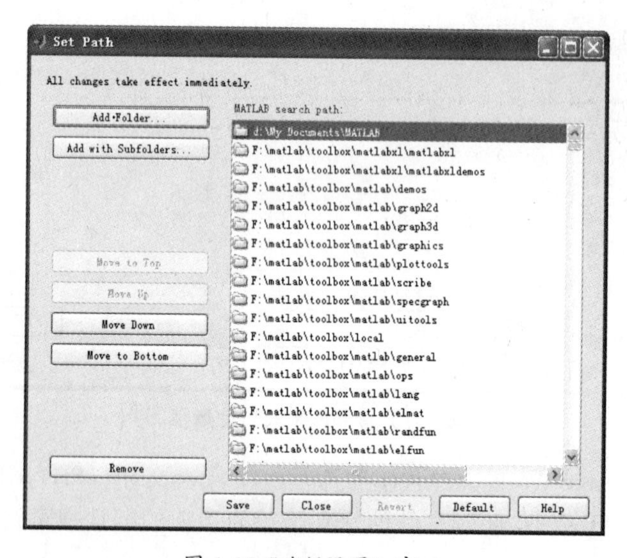

图 1-14“路径设置”窗口

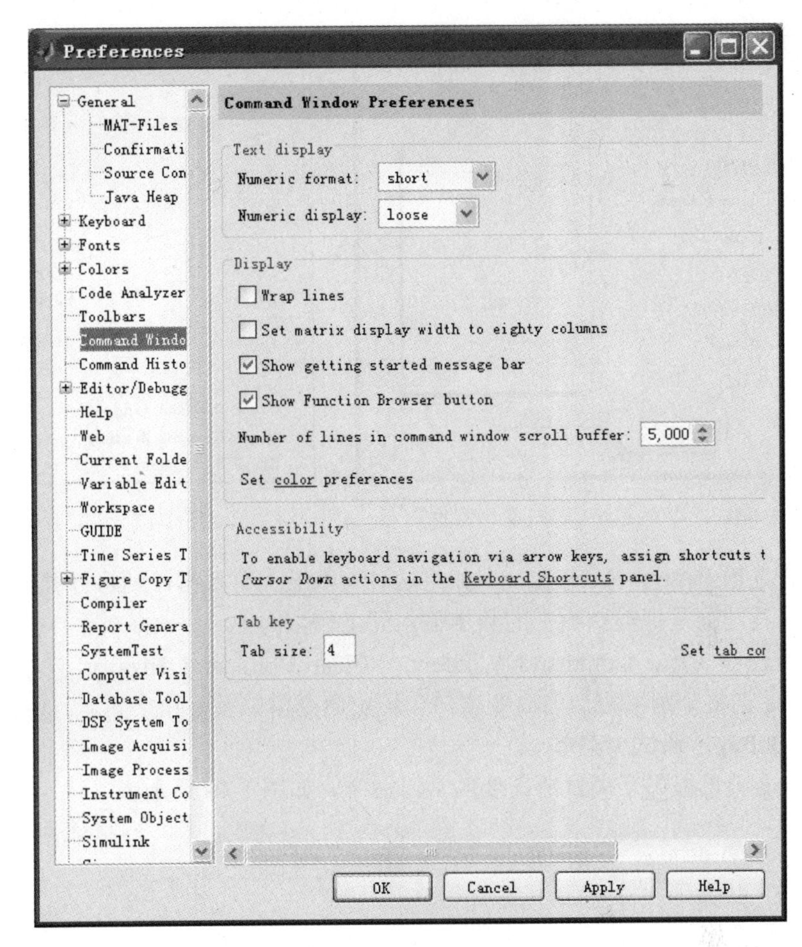

图 1-15 “属性设置”窗口

选择选项 Page Setup，将打开“命令窗口页面设置”窗口，在这里可以对命令窗口的页面布局、标题及文体进行设置，如图 1-16 所示。

同时，MATLAB 还提供了打印功能，选择选项 Print 和 Print Selection，将分别打印当前工作空间和指定对象。

File 菜单的接下来几个选项是最近打开的文档，选择它们可以快速打开相应的文件。File 菜单中最后一个选项是 Exit MATLAB，选择该选项将退出 MATLAB 系统，它也有快捷方式，按下快捷键 Ctrl+Q，可执行相同的功能。

2. Edit（编辑）菜单

MATLAB 系统提供的 Edit 菜单如图 1-17 所示，它与一般文件编辑器的 Edit 菜单选项功能相似的选项在这里就不多介绍了。

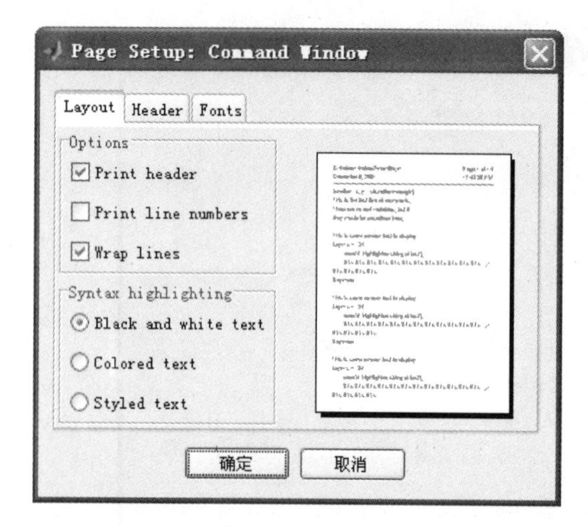

图 1-16 “命令窗口页面设置”窗口

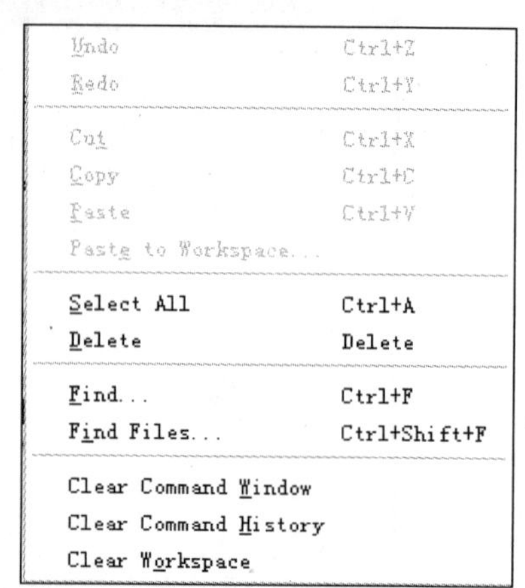

图 1-17 Edit 菜单

选择选项 Paste to Workspace，如果这时剪贴板上有数据，则将打开的数据导入向导，其功能是把剪贴板上的数据输入到工作空间中。

选择选项 Clear Command Window 、Clear Command History，以及 Clear Workspace 则将分别清空当前命令窗口、历史命令窗口及工作空间。

3. Debug（调试）菜单

Debug 菜单提供了调试所需要的常用命令，如图 1-18 所示。

Open Files when Debugging
Step F10
Step In F11
Step Out Shift+F11
Continue F5
Clear Breakpoints in All Files
Stop if Errors/Warnings...
Exit Debug Mode Shift+F5

图 1-18 调试菜单

选择第一个选项 Open Files when Debugging 表明在调试的时候同时打开被调试的文件，若没选择则不打开相应的 M 文件。

选择 Stop if Error/Warnings 选项，则将打开 Stop if Error/Warnings for All Files 窗口，并设置遇到相应情况时的相应处理，如图 1-19 所示。

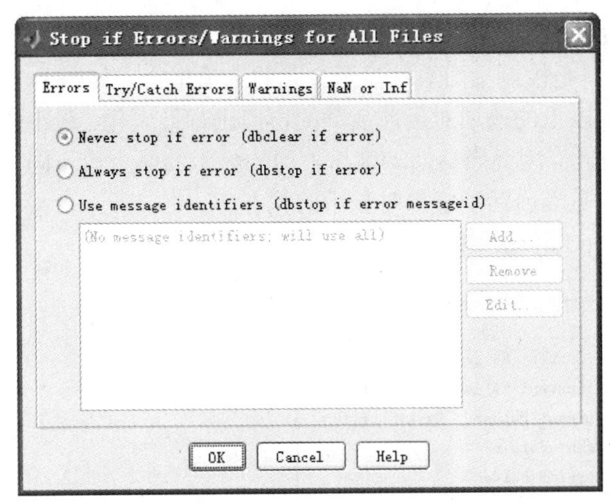

图 1-19 “异常情况处理设置”窗口

4. Parallel 菜单

Parallel 菜单中有三个选项，如图 1-20 所示。

Select Configuration
Manage Configurations...
Job Monitor

图 1-20 Parallel 菜单

选项 Select Configuration 是一个子菜单，因为现在没有进行并行设计，所以只有一个 local 选项。选择选项 Manage Configurations，将打开 Configurations Manager 窗口，如图 1-21 所示。同样，选择 Job Monitor，将打开 Job Monitor 窗口。

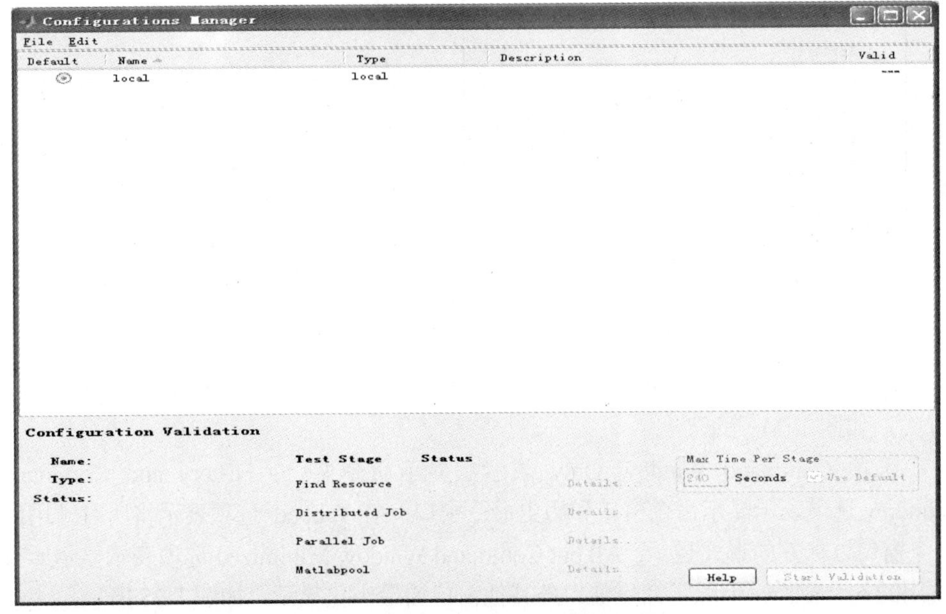

图 1-21 “Configurations Manager”窗口

5. Desktop（桌面）菜单

Desktop 菜单是控制桌面系统显示方式的选项集合，如图 1-22 所示。

第一条灰线以上的选项对当前活动的窗口进行最大化、最小化、解锁、移动，以及调整大小操作，因而当前活动窗口不同的显示的命令也不同，如图 1-22 所示就是命令窗口，是当前活动窗口时显示的状态。

选项 Desktop Layout 是一个子菜单，如图 1-23 所示。

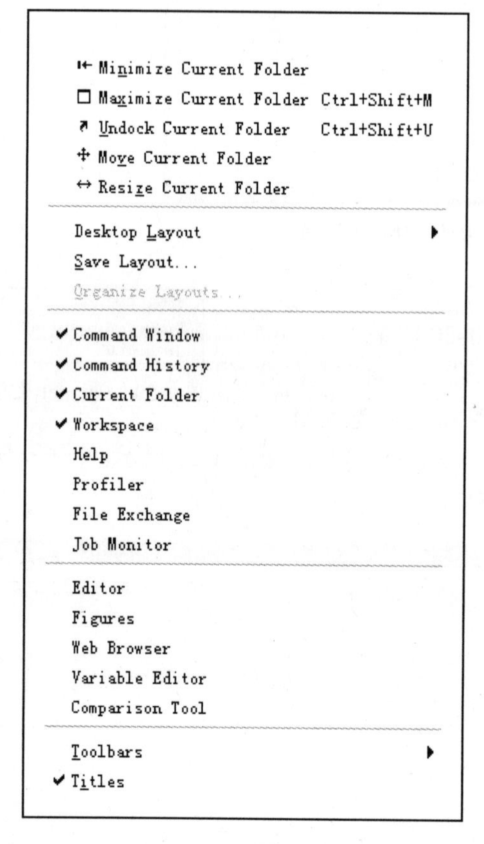

图 1-22 Desktop 菜单

Default
Command Window Only
History and Command Window
All Tabbed
All but Command Window Minimized

图 1-23 Desktop Layout 子菜单

Desktop Layout 子菜单控制着整个桌面系统的显示方式，Default 选项为默认方式，如图 1-24 所示。

选项 Command Window Only 表示仅显示命令窗口；History and Command Window 选项表示显示命令窗口和历史命令窗口；All Tabbed 选项表示将所有常用的 6 个窗口以标签的形式显示；All but Command Window Minimized 选项表示显示所有常用的 6 个窗口，但除了命令窗口外其他窗口均最小化显示，如图 1-25 所示。

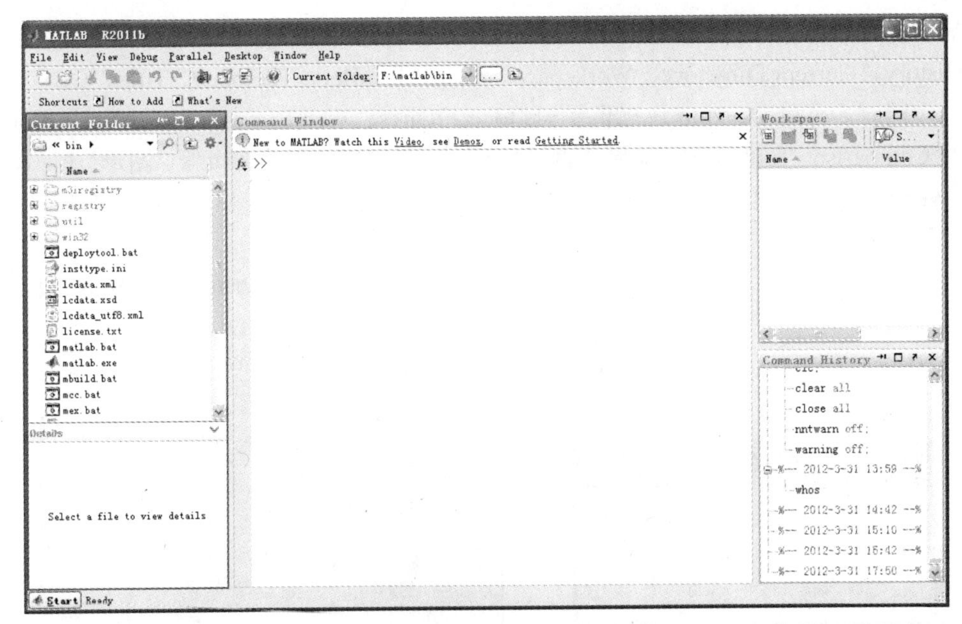

图 1-24　MATLAB 默认桌面平台

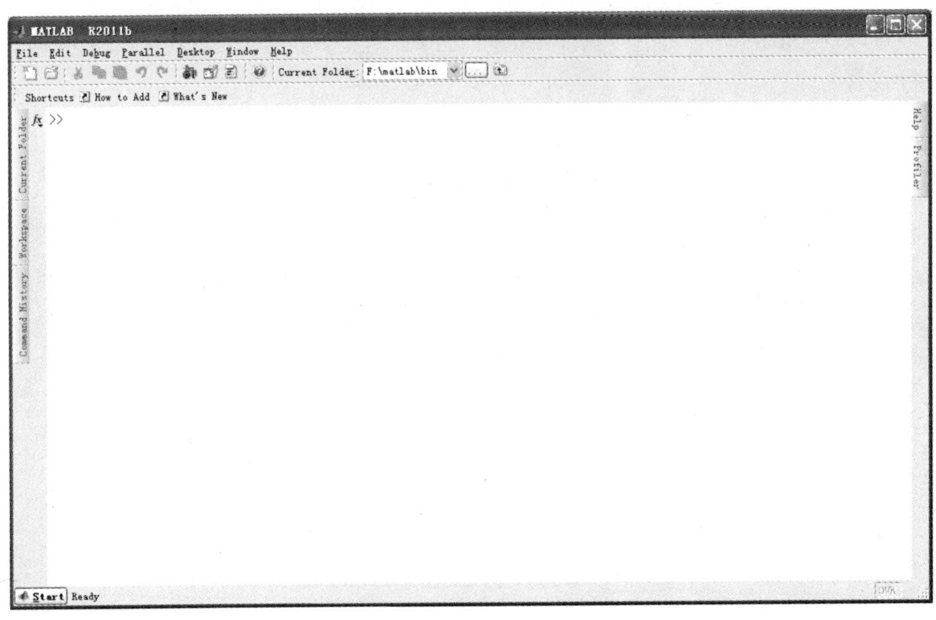

图 1-25　All but Command Window Minimized 桌面平台

菜单 Desktop 的 Save Layout 选项将当前的布局保存以备下次使用，选择该选项会激活 Save Layout 对话框，如图 1-26 所示。

菜单 Desktop 还包括一组复选项，通过复选项可以控制组件在桌面平台上的显示方式，复选项均为MATLAB桌面组件，其中包括Command Window、Command History、Current Directory、Workspace、Help、Profiler、Toolbar及Titles等。

同时，菜单Desktop还提供了Editor、Figures、Web Browser、Variable Editor及Comparison Tool选项。如果选择这些选项，将分别打开“编辑器、图形”窗口、“Web Browser、变量编辑”窗口，以及“文件和目录比较”窗口，“文件和目录比较”窗口如图1-27所示。

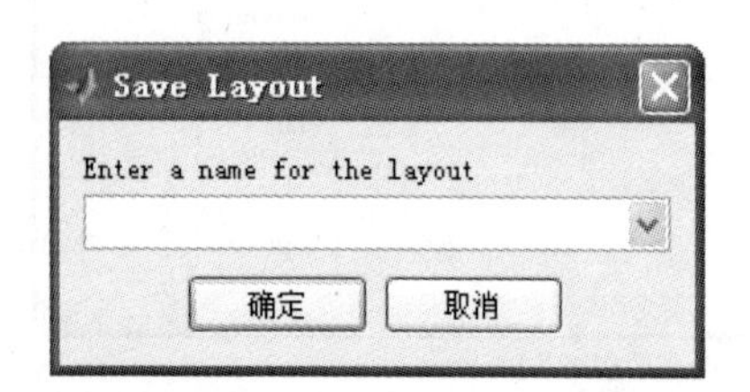

图1-26　Save Layout 对话框

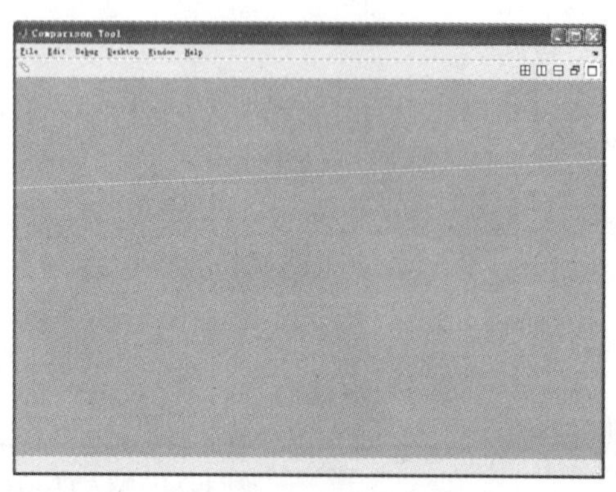

图1-27　“文件和目录比较”窗口

选项Toolbars是一个子菜单，如图1-28所示，它可以对工具栏要显示的内容进行设置。

选项Customize可以对工具栏显示的内容进行定制，如图1-29所示。

✔ MATLAB
✔ Shortcuts
Customize...

图1-28　Toolbars 子菜单

图1-29　“工具栏设置”窗口

6. Window（视窗）菜单

Window 菜单如图 1-30 所示，在该菜单中将显示已打开的 MATLAB 文件和窗口，通过单击可以实现窗口间和文件间的快速切换。

7. Help（帮助）菜单

Help 菜单为用户提供了一个使用 MATLAB 自带技术支持的路径，如图 1-31 所示。

Close All Documents	
Next Tool	Ctrl+Tab
Previous Tool	Ctrl+Shift+Tab
Next Tab	Ctrl+Page Down
Previous Tab	Ctrl+Page Up
0 Command Window	Ctrl+0
1 Command History	Ctrl+1
2 Current Folder	Ctrl+2
3 Workspace	Ctrl+3
4 Help	Ctrl+4
5 Profiler	Ctrl+5

图 1-30 Window 菜单

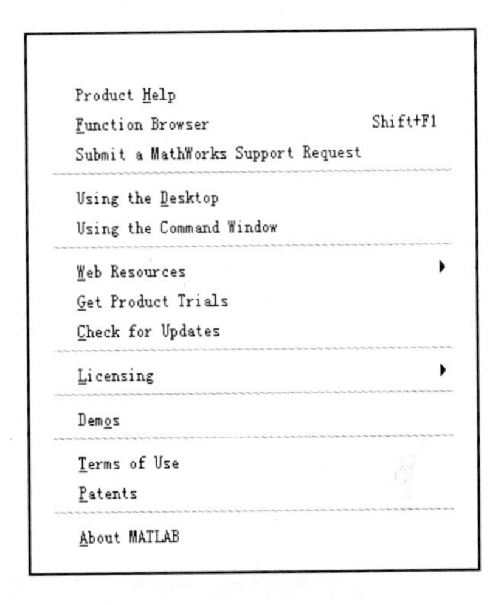

图 1-31 Help 菜单

选择选项 Product Help 将会打开帮助界面，并直接选择 MATLAB 帮助环境中的 MATLAB 部分，如图 1-32 所示。

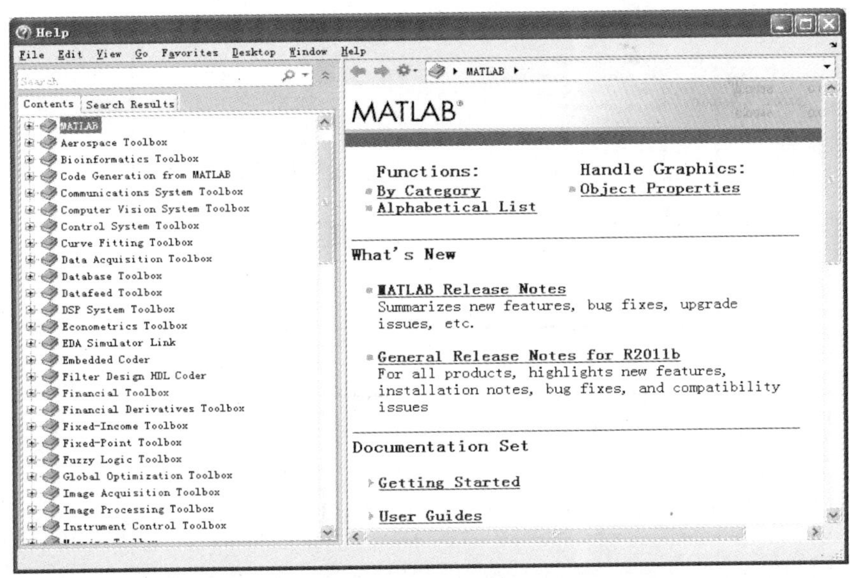

图 1-32 Product Help 对应的帮助界面

选择选项 Function Browser 将打开函数浏览界面，如图 1-33 所示。

选择选项 Using the Desktop 将打开 MATLAB 的桌面环境帮助界面，如图 1-34 所示。

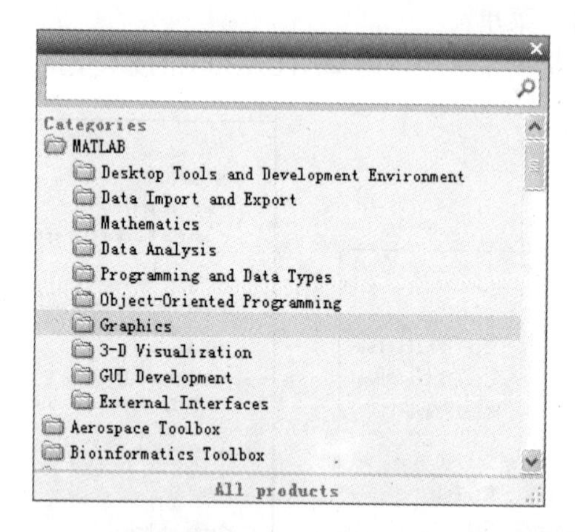

图 1-33 函数浏览界面

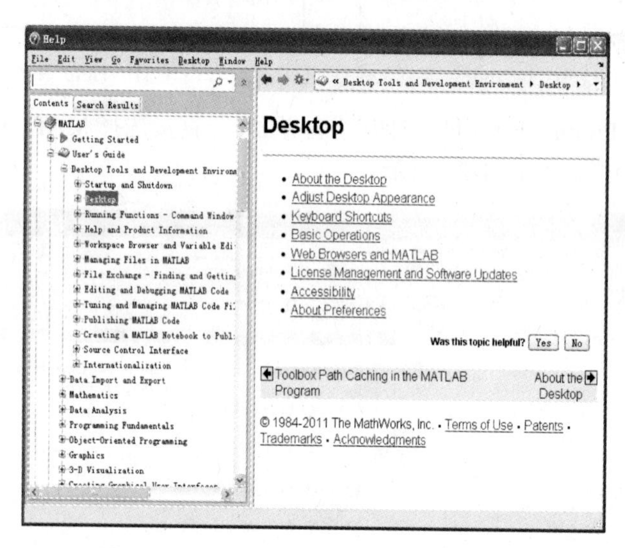

图 1-34 Using the Desktop 对应的帮助界面

选择选项 Using the Conmmand Window 将打开命令窗口的帮助界面，如图 1-35 所示。

选项 Web Resources 是一个子菜单，如图 1-36 所示。

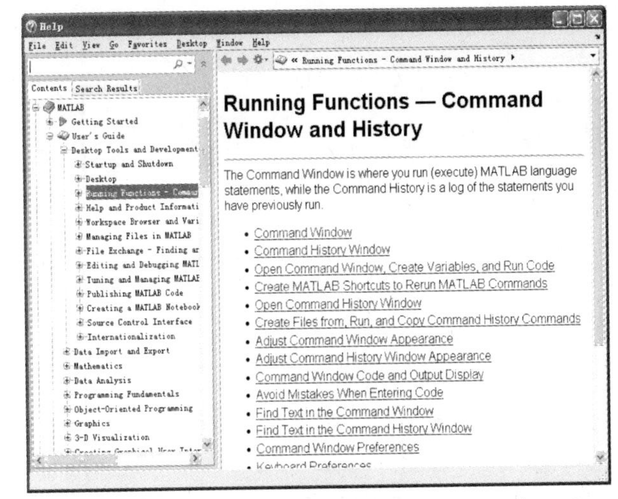

图 1-35　Using the Conmmand Window 对应的帮助界面

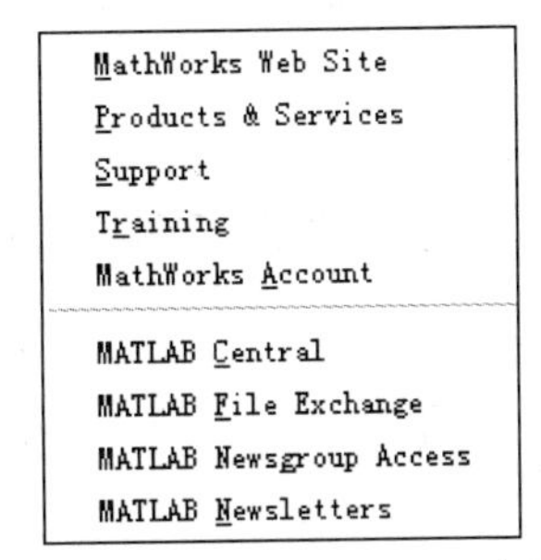

图 1-36　Web Resources 子菜单

选择选项 MathWorks Web Site 将在浏览器中打开 MathWorks 公司的主页：http://www.mathworks.cn/index.html。

选择选项 Products & Services 将在浏览器中打开 MathWorks 公司的产品和服务网页：http://www.mathworks.cn/products/index.html。

选择选项 Support 将在浏览器中打开 MathWorks 公司的技术支持网页：http://www.mathworks.cn/support/index.html。

选择选项 Training 将在浏览器打开 MathWorks 公司的培训课程网页：http://www.mathworks.cn/services/training/courses/index.html。

选项 MathWorks Account 是 MathWorks 的用户中心，选择该选项用户将在浏览器中打开 MathWorks 公司的用户登录或者注册界面，甚至可以登录到 Math Works 公司网页以得到产品的通行证与许可证。

选择选项 MATLAB Central 将在浏览器中打开 MATLAB Central 的网页：http://www.mathworks.cn/matlabcentral/index.html。

选择选项 MATLAB File Exchange 将在浏览器中打开 MATLAB 文件交流界面：http://www.mathworks.com/matlabcentral/fileexchange/。

选择选项 MATLAB Newgroup Access 将在浏览器中打开 MATLAB 新闻组的网页：http://www.mathworks.cn/matlabcentral/newsreader/。

选择选项 MATLAB Newsletters 将在浏览器中打开 MATLAB 时事通信的网页：http://www.mathworks.cn/company/newsletters/index.html。

选择选项 Get Product Trials 将在浏览器中打开 Math Works 公司的产品使用下载网页：http://www.mathworks.cn/downloads/web_downloads/trials。

选择选项 Check for Updates 将查看是否有更新，若有则列出，如图 1-37 所示。

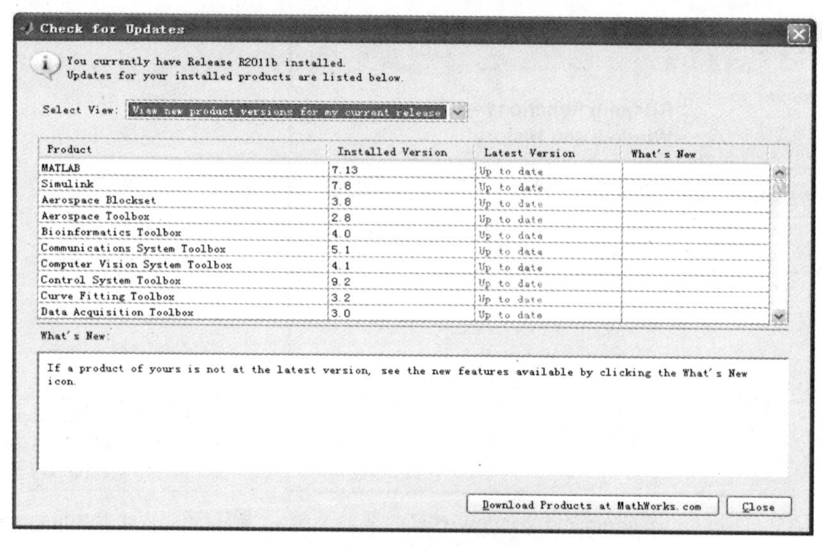

图 1-37　Check for Updates 窗口

选项 Licensing 是一个子菜单，如图 1-38 所示。

选择选项 Update Current Licenses 将打开更新 MATLAB 许可界面，如图 1-39 所示。

选择选项 Activate Software 将打开激活 MATLAB 界面，如图 1-40 所示。

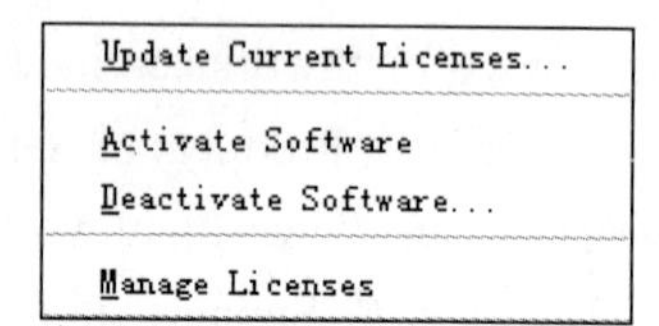

图 1-38　Licensing 子菜单

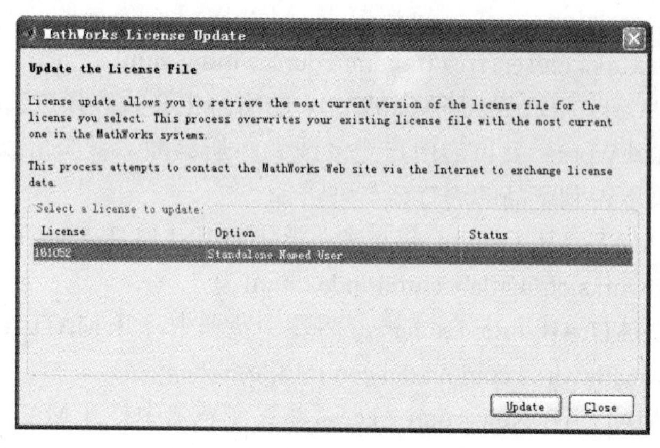

图 1-39　更新 MATLAB 许可界面

选择选项 Deactivate Software 将打开使 MATLAB 失效的界面，如图 1-41 所示。

选择选项 Manage Licenses 将在浏览器打开 MathWorks 许可中心的网址：http://www.mathworks.cn/programs/bounce/licensecenter.html。

选择选项 Demo 将打开 MATLAB 的演示系统，如图 1-42 所示。

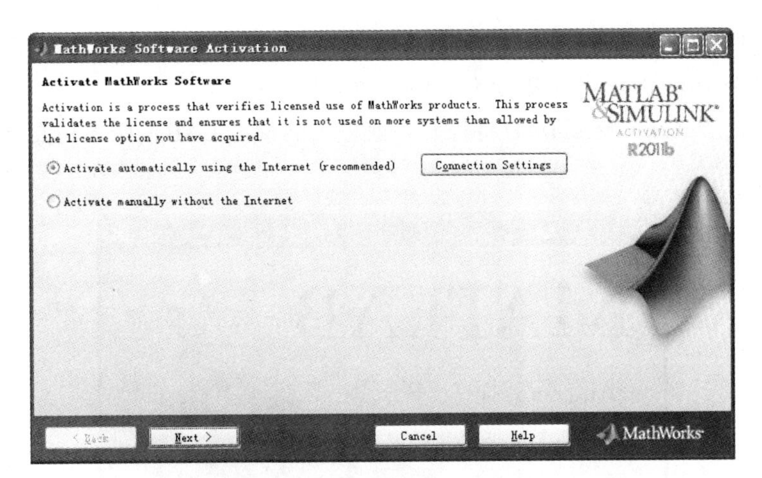

图 1-40　激活 MATLAB 界面

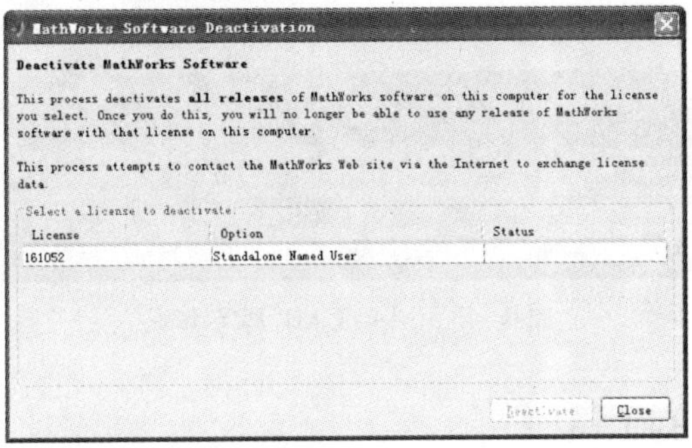

MathWorks Software Deactivation

Deactivate MathWorks Software

This process deactivates **all releases** of MathWorks software on this computer for the license you select. Once you do this, you will no longer be able to use any release of MathWorks software with that license on this computer.

This process attempts to contact the MathWorks Web site via the Internet to exchange license data.

Select a license to deactivate.

License	Option	Status
161052	Standalone Named User	

Deactivate　Close

图 1-41　使软件失效界面

Help

File Edit View Go Favorites Desktop Window Help

MATLAB ▸ Demos ▸

Contents　Search Results

MATLAB
Getting Started
User's Guide
Functions
Examples
Demos
Release Notes
Aerospace Toolbox
Bioinformatics Toolbox
Code Generation from MATLAB
Communications System Toolbox
Computer Vision System Toolbox
Control System Toolbox
Curve Fitting Toolbox
Data Acquisition Toolbox
Database Toolbox
Datafeed Toolbox
DSP System Toolbox
Econometrics Toolbox
EDA Simulator Link
Embedded Coder
Filter Design HDL Coder
Financial Toolbox
Financial Derivatives Toolbox

MATLAB DEMOS

MATLAB® is a high-level language and interactive environment that enables you to perform computationally intensive tasks faster than with traditional programming languages such as C, C++, and Fortran.

Product page at mathworks.com

Getting Started

Getting Started with MATLAB (5 min, 18 sec)　Video

Working in The Development Environment (4 min, 7 sec)　Video

Writing a MATLAB Program (5 min, 45 sec)　Video

Importing Data from Files (6 min, 36 sec)　Video

图 1- 42　Demo 演示系统

选择选项 Terms of Use 将打开 MATLAB 软件的许可协议。

选择选项 Patents 将打开 MATLAB 的专利声明。

选择选项 About MATLAB 将打开当前使用的 MATLAB 的版本信息，如图 1-43 所示。

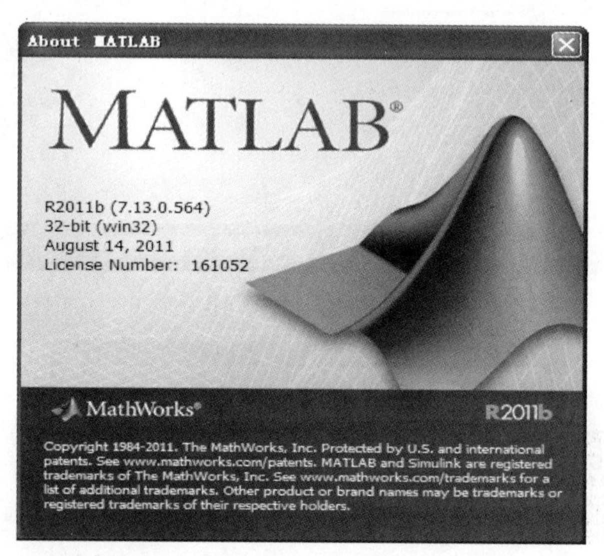

图 1- 43　MATLAB 版本信息

1.3.2　桌面平台的工具栏

MATLAB 桌面平台有丰富的工具栏，如图 1-44 所示。

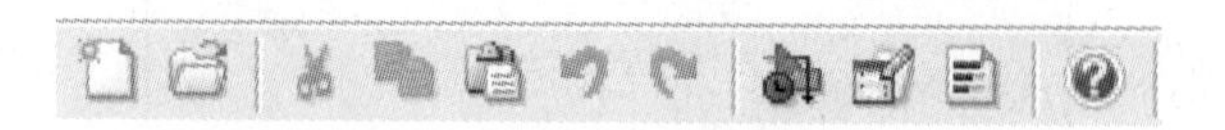

图 1-44　工具栏

工具栏控件实际是部分菜单命令的快捷操作，单击按钮相当于执行菜单 File →New→Blank M-Flie；单击按钮相当于执行菜单 File→Open 或按下快捷键 Ctrl+O；按钮分别是剪切、复制、粘贴、向前一步，以及向后一步的快捷操作；单击按钮将打开 Simulink 工具箱，如图 1-45 所示。

单击按钮相当于执行菜单 File→New→GUI，即打开图形用户界面向导；单击按钮相当于执行菜单 Desktop→Profiler 复选框被选择；单击按钮相当于执行按钮菜单 Help→Product Help。

除此之外，MATLAB 也提供了设置当前路径的空间，用户可以直接在控件上设置当前的路径，如图 1-46 所示。

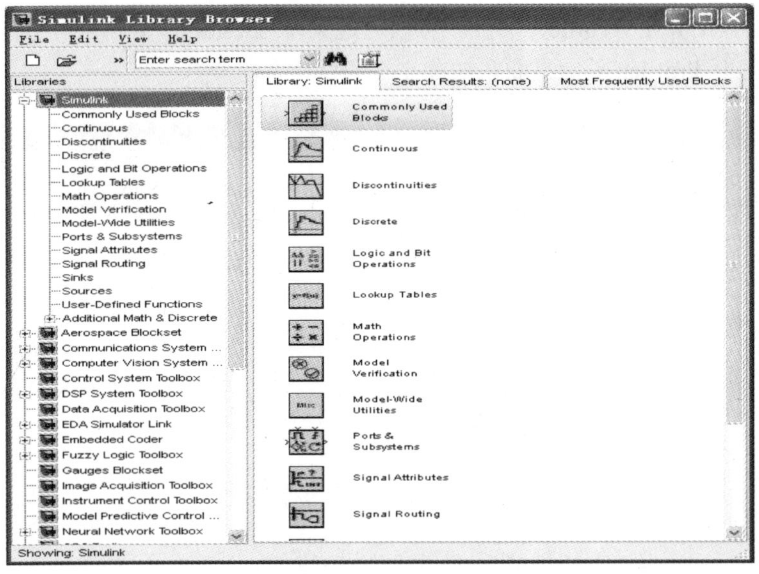

图 1-45 Simulink 工具箱界面

Current Folder: F:\matlab\bin

图 1-46 直接设置当前路径

1.3.3 桌面组件

MATLAB 系统中用到的组件包括命令窗口（Command Window），历史命令窗口（Command History），Profiler 平台（Profiler），路径浏览器（Current Directory Browser），帮助浏览器（Help），工作空间浏览器（Workspace），变量编辑器（Variable Editor），以及 M 文件编辑器（Editor）。

MATLAB 桌面组件的窗口菜单会根据当前哪个窗口出于激活状态而发生变化，表 1-1 列出了这些组件的功能。

表 1-1 桌面组件及功能

桌 面 组 件	功　能
命令窗口（Command Window）	让 MATLAB 处理所发生的命令
历史命令窗口（Command History）	在 Command 窗口中执行过的命令的历史记录
Profiler 平台（Profiler）	确定各行程序运行时间从而改进运行速度的平台
路径浏览器（Current Directory Browser）	对目录和文件进行操作的图形用户界面
帮助浏览器（Help）	查找并查看在线文档的图形用户界面
工作空间浏览器（Workspace）	查看、载入和保存 MATLAB 变量的图形用户界面
变量编辑器（Variable Editor）	修改 MATLAB 变量内容的图形用户界面
M 文件编辑器（Editor）	MATLAB 文件的文件编辑器

下面详细介绍 Profiler 平台。可以通过菜单 Desktop→Profiler，选择复选框 Profiler 打开 Profiler 平台界面，如图 1-47 所示。

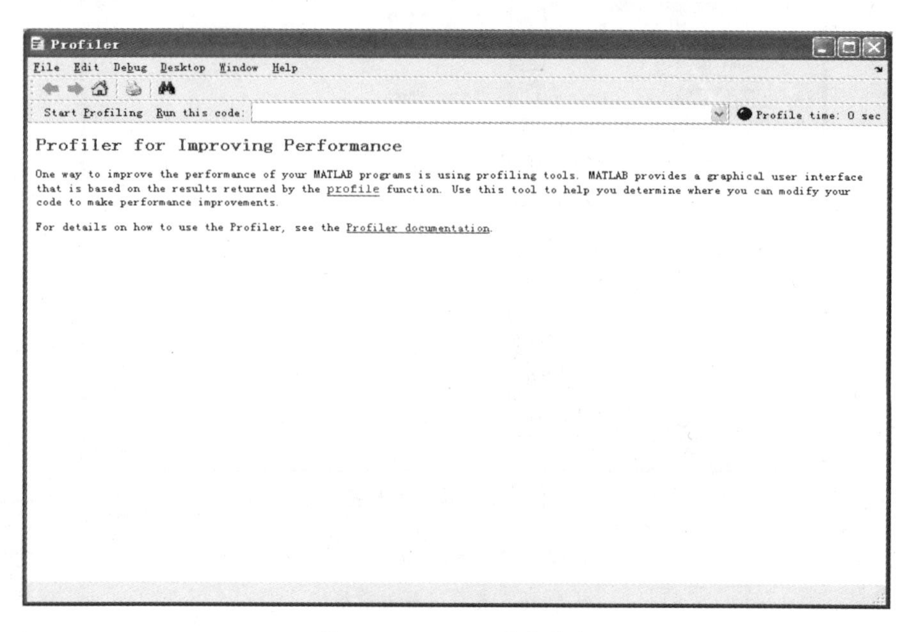

图 1-47　Profiler 平台界面

通过 Profiler 的分析可以发现程序的瓶颈，从而改进程序的执行速度。

1.3.4　属性设置

MATLAB 开发环境中的属性可以通过菜单 File→Preferences 选项来实现，单击该选项将打开“属性设置”窗口，如图 1-15 所示。在属性页面中有 4 个控制按钮，其中，OK 按钮确认已做的设置，Cancel 按钮取消所做的设置，Apply 按钮应用所做的设置，Help 按钮打开属性设置帮助文档。

1. 通用属性设置

选择“属性设置”对话框中的 General 选项就进入通用属性设置，Toolbox path caching 选项对于网际间使用 MATLAB 非常有用，若用户定义的 MATLAB 搜索路径包含多个文件夹，则启动 MATLAB 时将会花费相当多的时间在远程机器中检测，但是若从一个预设定的高速缓存中读取，则将显著提高启动速度。要启动该项功能，只要选择选项 Enable toolbox path cache，而选择第二个选项则启动工具箱路径高速缓存诊断。当用户对目录 matlabbroot/toolbox 中的文件进行改动时就需要更新高速缓存器，如果是通过安装程序来安装工具箱或者更新工具箱，则 MATLAB 会自动相应地更新高速缓存。但是如果用户通过其他途径更改了

matlabbroot/toolbox 中的文件，如果其他外部编辑器保存一个文件到该目录下或者通过操作系统命令增加或删除该目录中的文件，这时就要更新高速缓存，完成这一工作只要单击 Update Toolbox Path Cache 选项即可。

Figure window printing 选项栏将设置彩色图形输出，选项 Use printer defaults 表示按打印机默认方式输出；选项 Always send as black and white 表示按黑白输出；选项 Always send as color 表示按彩色图输出。

Default behavior of the delete function 选项栏对删除函数进行设置，选项 Move files to Recycle Bin 表示将删除的文件放到回收站，而选项 Delete files permanently 则表示永久删除文件。

单击 General 左侧的加号“+”将打开子设置界面 MAT-Files、Confirmation Dialogs，以及 Source Control，如图 1-48 所示。

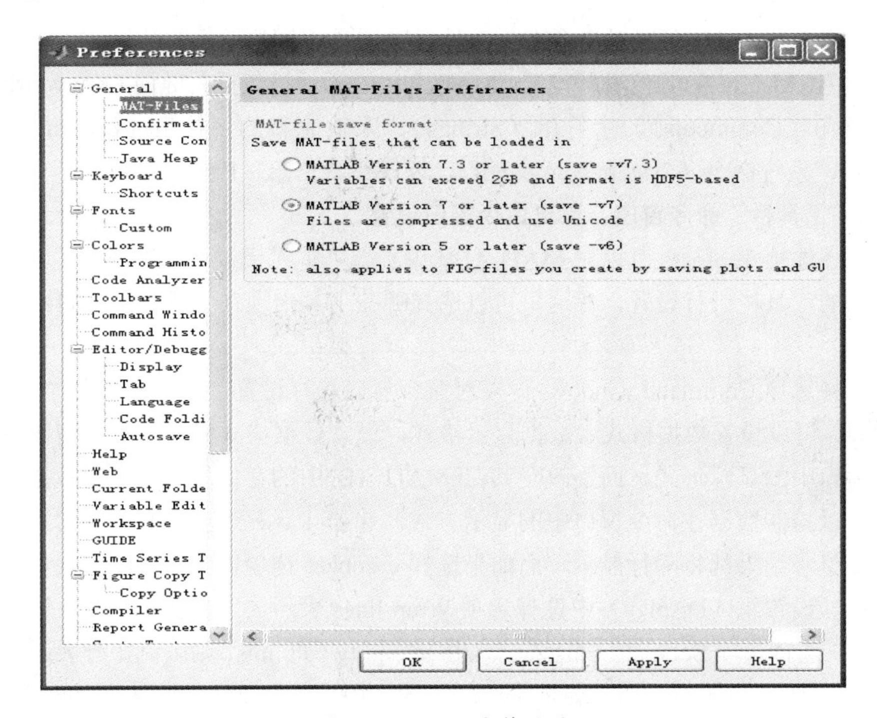

图 1-48　MAT 文件设置

MAT-Files 选项对保存为 MAT 文件的格式进行设置，使得保存的该 MAT 文件能被其他版本的 MATLAB 系统使用。Confirmation Dialogs 选项列出了需要用户确认的一系列对话框，在这里用户可以选择让这些对话框是否显示，若要某一对话框显示只要选择相应的选项。Source Control 选项可以对系统的控制源进行设置。

2. 键盘设置

单击 Keyboard 左侧的加号“+”将打开设置界面 Keyboard Preferences。其中，Tab completion 选项栏会对命令窗口、编辑/调试器中的函数是否命令补全，以及补全大小设置。Function hints 选项栏会对命令窗口、编辑/调试器中的函数是否出现提示进行设置。Delimiter Matching 选项栏是在该界面可以对命令窗口、调试编辑器中的分隔器中的分隔符是否配对作出相应的提示。

3. 字体和颜色设置

选择选项 Fonts 可以对桌面代码、桌面文件、命令窗口、历史命令窗口、编辑/调试器、帮助浏览器、当前工作目录、工作空间、变量编辑器，以及函数浏览器的字体进行设置。

选择选项 Color 可以对桌面工具颜色、M 文件不同标示符的特征颜色、超链接的颜色、M-Lint 的颜色进行设置。MATLAB 的标示符包括关键词（Keywords）、注释语句（Comments）、字符串（Strings）、未输完整的字符串（Unterminated strings）、系统命令（System commands），以及错误信息（Errors）等。

4. 工具栏、命令窗口、历史命令窗口设置

选择选项 Toolbars 可以对 MATLAB、编辑器、单元模式下的编辑器，以及工作空间的工具栏进行设置，在这里可以选择哪些工具出现在工具栏上，如图 1-49 所示。

选择选项 Command window 可以对命令窗口进行设置，文本属性设置（Text display）可以设置数据格式、数据显示格式，设置数据格式将控制数值型变量在命令窗口中的显示形式，而不改变其在 MATLAB 中的存储形式，设置数据显示格式可以控制数据在命令窗口中的显示方式，选择 loose 选项，则命令窗口中的命令及显示结果都将隔行显示，而如果选择 compact 选项则会以紧凑形式显示。显示属性设置组（Display）中选择选项 Wrap lines 表示文字自动换行，否则不自动换行；选择选项 Set matrix display width to eighty columns，则限制矩阵显示列数小于 80；选项 Show getting started message bar 用于控制函数浏览按钮是否显示；Number of lines in command window scroll buffer 可以改变保留在命令窗口中的最大行数；选择选项 Arrow keys navigate instead of recalling history 允许上下方向键在命令窗口中上下移动光标，而不是显示历史命令；Tab key 选项可以改变 Tab 键所显示的空格数，默认为 4 个空格。

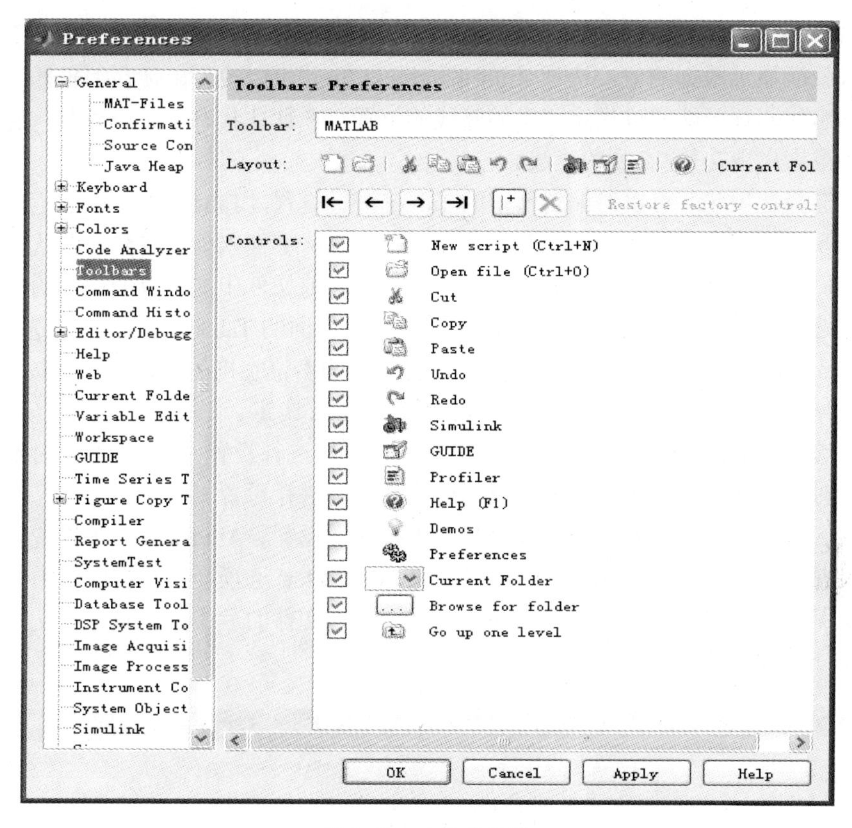

图 1-49　工具栏设置

5. 编辑/调试器、帮助、浏览器、当前目录、变量编辑器、工作空间、GUIDE、时间序列工具及图像复制设置

选择选项 Editor/Debugger 进入编辑器设置，Editor 栏可以选择 MATLAB 内置编辑器或其他编辑器如 Emacs，vi；Most recently used file list 栏可以改变菜单 File 最下面显示的最近打开文件的个数，默认是 4 个：Opening files in editor 栏中选择选项 On restart reopen files from previous MATLAB session 则当重新启动 MATLAB 时自动打开最近一次关闭 MATLAB 时处于打开状态的文件；Automatic file changes 栏若选择选项 Reload unedited files that have been externally modified，则若 MATLAB 内置编辑器与外部编辑器同时打开同一个文件时，当外部编辑器修改文件时 MATLAB 内置编辑器会自动重新载入在外部编辑器中修改过的版本。

单击 Editor/Debugger 左边的加号“+”则打开子设置界面 Display、Tab、Language、Code Folding 及 Autosave。选择选项 Display 则对编辑器/调试器进行设置，如图 1-50 所示。选项 General display options 有 3 个选项分别指是否在

编辑器突出显示当前行、是否在编辑器显示行的个数以及在调试状态下是否不用设置就能显示数据的值。选项 Right-hand text limit 可以改变出现在编辑器中间用来标志代码行可能超过指定宽度的竖线的位置，在默认状态下是一条灰色的宽为一个像素出现在第 75 列的竖线。

选择选项 Tab 可以对编辑器中的 Tab 键进行设置，Tabs and indents 栏可以改变 Tab 键的缩进量，Tab size 栏设置用户按下 Tab 键插入的空格数，默认为 4 个空格，当用户改变 Tab size 时，它同时改变了当前文件中的所有的 Tab 的大小，除非选择了选项 Tab key inserts spaces 就不会对前面的 Tab 起作用。选择选项 Tab key inserts spaces 可以设置按下 Tab 键时产生的多位空格的特点，否则按下 Tab 键将只产生一个多位的空格，其大小的由 Tab size 决定。

选项 Language 可以对不同编程语言的编辑器进行设置，在这里可以对不同语言所对应的文件后缀、突出显示及缩进注释长度进行设置。

选项 Code Folding 可以对代码是否折叠进行设置。Autosave 选项设置自动保存属性，选择 Enable autosave in the MATLAB Editor 选项会对正在编辑中的文件自动保存，这时可以对多久自动保存一次，保存文件的后缀，以及保存文件的位置进行设置。

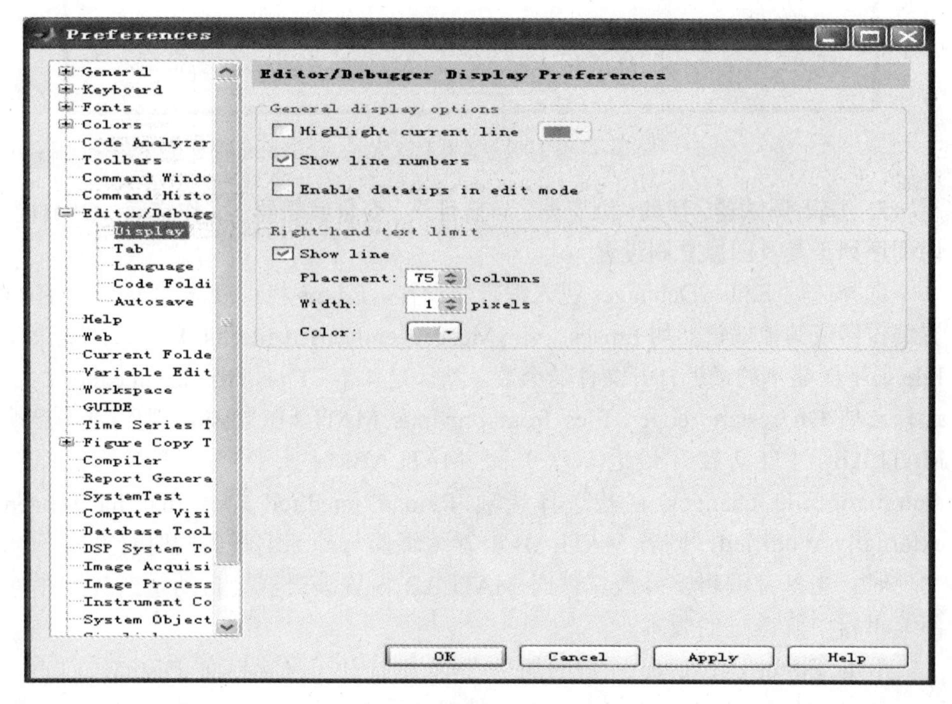

图 1-50 Display 选项设置

选择选项 Help 会对帮助中显示的内容、窗口大小及显示形式进行设置：选择选项 Web 可以对网络进行设置，如果需要代理可以在这里设置；选项 Current Folder 可以设置保存在历史列表中最近用过的目录列表的个数、当文件发生变化时多久更新一次，以及文件过滤器是否出现在地址栏等，选项 Variable Editor 设置变量编辑器显示的格式(默认是 short)、输入回车后光标接下来出现的位置，以及复制或剪切变量编辑器中的数据然后粘贴到其他位置时十进制数据的显示方式；选项 Workspace 可以设置数组的大小，以及是否在计算中忽略 NaNs。选项 GUIDE 对图形用户界面进行设置，选择选项 Show names in component palette 会将图标与名称显示在组件面板中，如果没选择该选项则图标分成两列显示名称作为工具提示，选项 Show file extension in window title 会对是否显示文件后缀进行设置，选项 Show file path in window title 会对是否在布局编辑器窗口名中出现文件的全路径进行设置，选择选项 Add comments for newly generated callback functions 会在所有的 Callback 函数最前面加上注释行；选项 Times Series Tools 会对时间序工具进行设置。

选项 Figure Copy Template 可以选择对 Word 或 Powerpoint 中的图像复制进行设置，单击 Figure Copy Template 前面的"+"打开子设置界面，选项 Copy Options 会对图像在剪贴板上的格式、图像的背景色，以及图像的大小进行设置。

6. 报告生成器、系统测试、数据库工具箱、图像处理、仪器控制、Simulink 及 Simscape 设置

选项 Report Generator 可以对报告输出进行设置，选项栏 Out Format Options 设置报告输出的格式名称、后缀、Simulink 图像、Stateflow 图像、句柄图形图像、视图命令；选项 SystemTest 可以决定在 SystemTest 的 File 菜单中出现的最近用过的测试文档的个数（默认是 4 个），也可以对运行测试选项进行设置如是否在开始测试时最小化测试系统（SystemTest）、在运行时是否保存测试等。

选项 Database Toolbox 对数据库工具箱进行设置，在这里可以设置当将数据库导如入工作空间时数据库中的 NULL 数据所表示的意思，也可以对返回的数据设置格式，以及设置出现错误时的处理方式。

选项 Image Processing 相当于对 imtool 和 imshow 的参数，以及是否启动 Intel IPP 进行设置，这些设置与命令的对应关系如图 1-51 所示。

选项 Instrument Control 对仪器控制工具箱进行设置，Device Objects 栏对 VXIplug&play 与 IVI-C 驱动的设备对象的构造与使用进行设置，在这里可以设置创建一个组所需要的道具的最小值、所需的函数的最小值，以及默认情况下设备对象函数的输出参数个数。在 IVI Configuration Store 栏用户可以选择 Master configuration store 或用户自定义的 configuration store。

选项 Simulink 将对 Simulink 进行设置；Simscape 选项会对模型载入进行设

置，具体请参见帮助文档。

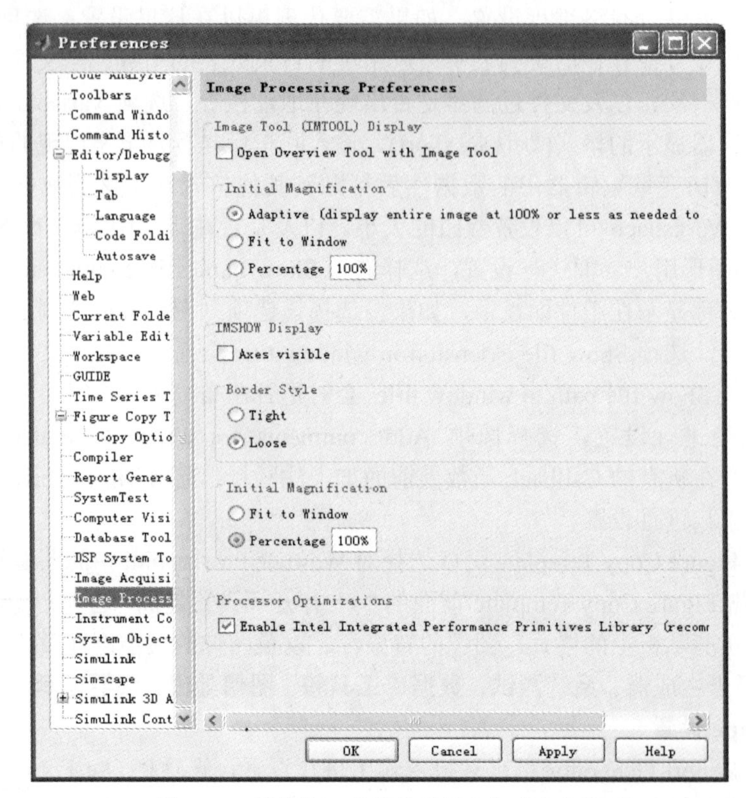

图 1-51　图像处理属性设置与命令对应关系

7. Simulink 3D Animation、Simulink Control、Video and Image Processing 设置

选项 Simulink 3D Animation 可以设置默认的 VRML 阅读器、MATLAB 中的 VRML 的数据格式及相互通信的接口。单击 Simulink 3D Animation 前面的加号打开子设置窗口 Figre、World，其具体功能可以参见帮助文档。

Simulink Control Design 选项设置仿真控制设计属性，Linearization 选项设置是否将诊断与观察到的书库存储到线性化任务图形界面中，具体参见帮助文档。Video and Image Processing 选项将对视频图像处理块进行设置，在这里可以选择是否利用硬件加快速度。

1.3.5　工作空间常用命令

Command Window 命令窗口时执行和生成数据和变量的工作区，MATLAB 系统提供了一系列常用命令，现将这些命令由表 1-2 列出。

表 1-2　工作空间常用命令

MATLAB 命令	功　能
clc	清除一页窗口命令，光标回到命令窗口左上角
clear	清除工作空间中的所有变量
clear all	清除工作空间中的所有变量和函数
clf	清除图形窗口的内存
delete<文件名>	从磁盘删除指定文件
demo	启动 MATLAB 演示程序
diary name.m	保存工作空间一段文本到文件 name.m
echo	显示文件中 MATLAB 命令
help<命令名>	查询命令名的帮助信息
load name	提取文件“name”中的所有变量到工作空间中
load name x y	提取文件“name”中的所有变量 x，y 到工作空间中
lookfor name	在帮助信息中查找关键字 name
path	设置或查询 MATLAB 路径
save name	将工作空间的变量保存到文件 name.m
save name x y	将工作空间的变量 x，y 保存到文件 name.m
type name.m	在工作空间中查看文件 name.m
what	列出当前目录下的 M 文件和 MAT 文件
which<文件名>	查找指定文件的路径
who	列出当前工作空间中的变量
whos	列出当前工作空间中的变量及信息

1.4　模块化的分析工具

MATLAB 之所以成为科学计算、建模仿真，以及信息工程系统设计开发中的首选工具，是由于它拥有强大的功能模块辅助工具箱。经过不断的补充和多年的发展，目前 MATLAB 已拥有适用于不同专业领域的四十多种辅助工具箱，通过使用这些工具箱，可以最大程度地减少科研工作者，以及工程技术人员编写程序时所遇到的困难。

1.4.1　基础仿真模块

MATLAB 的基础工具有 MATLAB、MATLAB report generator (MATLAB 报告生成器)、Simulink（仿真）、Simulink report generator(Simulink 报告生成器)、Stateflow(状态流)、以及 Real-Time workshop(实时工作空间)，现逐一介绍。

MATLAB 是 MathWorks 的所有产品的基础，它提供的强大功能使得它成为科学计算中标准的软件工具之一，这部分内容将在接下来的一章中作相信的介绍。

MATLAB report generator 和 Simulink report generator 能够将多种格式的 MATLAB、Simulink 及 Stateflow 中的模型和数据生成文档，包括 HTML、RTF、XML 和 SGML 格式。利用这两个工具可以自动对大型系统进行文档生成，还可以建立可重复使用的、可扩展的模块帮助在各部门之间传递信息。文档中可以包含从 MATLAB 工作空间得到的任何信息，如数据、变量、函数、MATLAB 程序、模型和框图等，文档甚至可以包含 M 文件或模型所生成的所有图片。MATLAB report generator 提供了核心工具和文档生成工具，从 MATLAB 的 M 文件中生成文档，而 Simulink report generator 在 MATLAB report generator 的支持下，能够进一步生成 Simulink 和 Stateflow 模型的文档。

在命令窗口中输入 report 即可打开 MATLAB report generator 图形用户界面窗口，如图 1-52 所示。

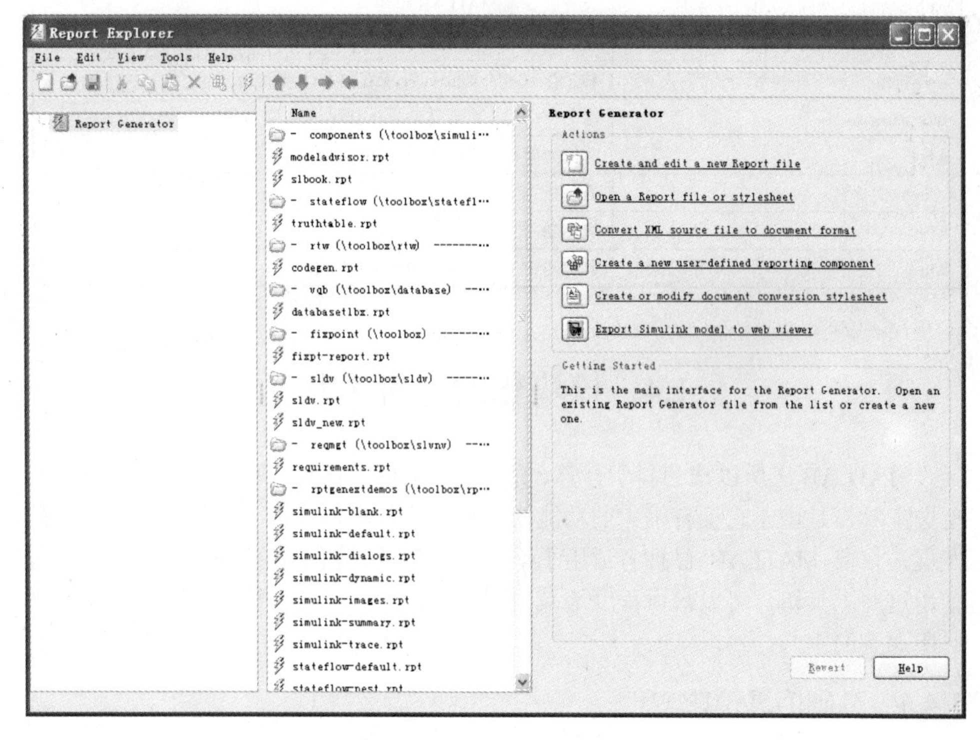

图 1-52 Report Explorer 界面

第一列是大纲面板，它显示了大纲各个部分的继承关系，大纲的各个部分可以与其他大纲的各个部分之间存在父母、子女、兄弟姐妹的关系。第二列是选项面板，它列出了左边大纲中所有可能的选项，若没有打开任何报告，则显示的是系统中所有课件的 report 名称。

Simulink 是用来建模、分析和仿真各种动态系统的交互环境，包括连续系统、离散系统和混杂系统，它提供了采用鼠标拖放的方法建立系统框图模型的图形交互平台。通过 Simulink 提供的丰富的功能模块，可以迅速地创建动态系统模型，而不需要书写一行代码。同时 Simulink 还集成了 Stateflow，用来建模、仿真复杂事件驱动系统的逻辑行为。另外，Simulink 也是实时代码生成工具 Real-Time Workshop 的支持平台。

Stateflow 是一个建模和仿真事件驱动系统的集成设计工具，它为嵌入式系统提供了一流的解决方案，包括复杂的逻辑管理。它加入了图形化建模和动态仿真，把系统概况和设计结合得更加紧密。Stateflow 是一个基于传统的状态转移图和控制流程图的结合体，它能够图形化表示层次和并行状态和事件驱动的转移，同时它比传统的状态转移图又新增了控制流图、图形函数、时间操作、直接事件广播和模型对现有代码的支持。

Real-Time Workshop 是从 Simulink 模型生成优化的、可移植的和可定制的 ANSI C 代码，利用它可以针对某种目标来创建整个系统或者部分分子系统可下载执行的 C 代码，以开展硬件在回路仿真，同时它支持离散时间系统、连续时间系统和混合系统代码生成。它生成的代码能够准确地表达对应的 Simulink 模型，并且不针对特定的处理器。

1.4.2 控制理论分析模块

MATLAB 的控制模块提供了如下一些工具箱：Control System toolbox（控制系统工具箱）、Fuzzy Logic toolbox（模糊逻辑工具箱）、Fixed-Point toolbox（定点工具箱）、System Identification toolbox（系统辨识工具箱）、Model Predictive Control toolbox（模型预测控制工具箱）、Simulink Control Design（控制设计仿真），以及 Robust Control toolbox（鲁棒控制工具箱）。

Control System toolbox 可以帮助完成自动控制系统的建模、分析和设计，该工具箱中的函数可以实现通用的古典传递函数和现代状态空间的控制技术。利用控制系统工具箱。可以对连续时间系统和离散时间系统进行建模、仿真和分析，可以快速计算和绘制系统的时间响应、频域响应和根轨迹图。

Fuzzy Logic toolbox 提供了一个简单的基于鼠标单击的图形用户界面，使得用户可以容易地完成模糊逻辑设计过程。它提供了内置的最新模糊逻辑设计方法，如模糊群、模糊自适应神经网络学习。交互式的图形界面使得用户可以精细地调节系统行为并使之可视化。

Fixed-Point toolbox 在 MATLAB 中提供定点数据类型和计算，用户可以使用它采用 MATLAB 句法设计定点算法，并以编译的 C 代码速度执行它们。用户可以在 Simulink 中再次使用这些定点算法，并在 Simulink 模型中传出/传入定点数据，以加速定点系统的模拟、实现和分析，也可以生成用于验证定点软件的用硬件实现的测试序列。

System Identification toolbox 提供了基于预先得到的输入/输出数据，建立动态系统数学模型的工具，这种数据驱动的方法可以帮助对那些根据第一原理不易建立模型的系统进行描述，如化学反应过程和发动机动力学。该工具箱的显著特点是采用灵活的图形用户界面，帮助管理数据模型，这个工具箱提供的辨识技术可以应用到许多领域，包括动态仿真、控制系统设计、模型预测控制、信号处理、时序分析和振动分析。

Model Predictive Control toolbox 提供了在 MATLAB 和 Simulink 中设计和模拟模型预测控制的有关的 MATLAB 、图形用户界面，以及 Simulink 功能模块。这些技术主要用来解决大规模多变量输入/输出控制问题的优化，这种过程对运算量及受控变量都有一定约束，模型预测控制典型地被运用于化工工程及连续过程控制领域。

Simulink Control Design 使得 Simulink 的非线性设备模型控制系统的设计和分析流水线化，用户可以自动提取模型的线性近似然后进行频域分析，在这过程中可以直接利用一系列的技术和工具在 Simulink 中对控制系统参数进行修改。它提供的图形用户界面大大降低了线性化模型的复杂性，从而节约了时间。

Robust Control toolbox 提供了设计鲁棒控制系统的工具，是现代控制理论与实际控制应用之间的桥梁。现实工程系统建模时有建模误差，或者系统动力学不完全清楚，或者系统的参数是变化的，该工具箱中功能强大的算法能让用户在考虑一系列系统参数摄动时进行复杂的分析及设计。

1.4.3 实时目标系统模块

MATLAB 实时目标系统提供了如下一些工具箱：Real-Time Workshop Embedded Coder（实时工作空间内置编码器）、Embedded IDE Link CC(嵌入 IDE 编码链接)、Target Support Package FM5（FM5 目标支持包）、Target Support Package TC2（TC2 目标支持包）、Target Support Package TC6（TC6 目标支持包）、Real-Time Windows Target（实时 Windows 目标）及 xPC Target（xPC 目标）。

Real-Time Workshop Embedded Coder 能够为 Simulink 和 Stateflow 模型生成 C 代码，其生成的代码同专业手写代码一样清晰、高效，能够满足以结构紧凑、运行快速为首要需求的嵌入式系统、目标快速原型板、批量生产中使用的微处理器和实时模拟器。Real-Time Workshop Embedded Coder 完全支持对原有应用程序、函数及数据的集成，它可定义、实现和检验工业级软件。其生成的代码与 ANSI/ISO

C 兼容，并能在任意微处理器和实时处理系统（PTOS）中运行。Embedded Target 产品为 Real-Time Workshop Embedded Coder 扩展了支持特定目标的工具包。

Embedded IDE Link CC 可以让用户使用 MATLAB 的函数与 Code Composer Studio，以及目标存储在内存中的信息和存储在寄存器中的信息进行交流。利用这个工具箱，用户可以与 Code Composer Studio 相互交换信息，除了在项目中的信息之外，用户还可以得到嵌入式目标存储在内存或寄存器总的数据和函数，另外，用户还可以利用 MATLAB 中的可视化功能及数学函数可视化来分析 Code Composer Studio 的数据。

Target Support Package FM5 使用户可以直接将 Real-Time Workshop Embedded Coder 产生的代码下载到 MPC555 处理器，Target Support Package FM5 依靠 Real-Time Workshop Embedded Coder 生成产品级代码并根据 Motorola MPC5xx 处理器进行剪裁。通过 Target Support Package FM5，开发人员可以在 Motorola MPC5xx 处理器上运行实时代码或将在这些代码应用到嵌入式系统开发中去。

Target Support Package TC2 提供了将 MATLAB 和 Simulink 与 Texas Instruments ExpressDSP 工具、TI C2000 DSP 处理器，集成在一起进行系统开发的手段，它通过 Real-Time Workshop 和 TI 的开发工具将 Simulink 模型转变成实时 C 代码，这样就可以利用这些产品在 TI C2000 DSP 系统上实现自动代码生成、产品原型和嵌入式系统实现。

Target Support Package TC6 提供了将 MATLAB 和 Simulink 与 Texas Instruments ExpressDSP 工具、TI C6000 DSP 处理器，集成在一起进行系统开发的手段，它通过 Real-Time Workshop 使用户直接将在 Simulink 中建立的系统模型生成高效的针对 C6000 系统处理器代码，从而有效地消除了 DSP 算法研究和实现之间的软件鸿沟。

Real-Time Windows Target 使得用户可以实时运行 Simulink 和 Stateflow 模型，用户可以通过 Simulink 来创建实时程序并可以控制该程序的执行。使用 Real-Time Windows Target 可以生成 C 代码，经过编译及连接后，通过 PC 的 I/O 接口可以和硬件连接，在整个操作过程中，可以同时运行其他 Windows 程序。

xPC Target 使用户的工具箱可以在 Simulink 的框图中加入 I/O 方块图，并用 RTW 产生代码，最后下载到另一个运行 xPC Target 实时内核的 PC 上。对于控制和 DSP 系统来说，xPC Target 是理想的快速原型和硬件的回路测试工具，它可以使用户在一台标准的 PC 上运行实时模型。如果附加 xPC Target 嵌入模块选项，用户可以把实时嵌入系统放入一台计算机上，应用于生产、数据采集、标定和测试应用程序等过程中。

1.4.4 应用接口模块

MATLAB 系统提供的应用接口有 MATLAB Compiler（MATLAB 编译器）、MATLAB Builder EX（Excel 的 MATLAB 编译器）、MATLAB Builder NE（.NET 的 MATLAB 编译器），以及 MATLAB Builder JA（Java 的 MATLAB 编译器）。

MATLAB Compiler 使得用户可以将 M 语言函数文件自动转化产生独立的 C++代码，这些 M 语言函数包含了大多数利用语言开发的 MATLAB 应用程序，包括数学、图形和 GUIDE 开发的图形用户界面等。通过将 MATLAB M 语言函数算法转换为 C/C++源代码，可以利用 MATLAB 的算法开发速度快的优势，经 Compiler 自动转化代码之后，允许用户将 MATLAB 的已有算法同自己的工程结合起来，有效地加快了 MATLAB 应用程序的开发速度和应用程序的运行速度。

MATLAB Builder EX 能够将复杂的 MATLAB 算法转变成 Excel 的插件，转变得到的文件可以在 Excel 表格中使用。无论是功能强大的 MATLAB 数学函数还是复杂的图形函数算法，都可以被转变成 Excel 插件，供用户任意地使用。

MATLAB Builder NE 为台式机或网络服务器产生基于.NET 和.COM 的 MATLAB 部件，因而用户可以将 MATLAB 的应用产品与用户公司的.NET 和.COM 程序集成。通过对 MATLAB 函数加密然后产生一个基于.NET 或者.COM 的 MATLAB 部件。

MATLAB Builder JA 可以使基于 Java 类的 MATLAB 应用程序与用户公司的 Java 程序集成，这些功能模块可以被计算机或者网络服务器所用。用户可以像引用其他 Java 类一样引用这些基于 Java 类的 MATLAB 程序。

1.4.5 数值分析与金融模块

MATLAB 的数学与金融模块提供了如下一些工具箱：Curve Fitting toolbox（曲线拟合工具箱）、Database toolbox（数据库工具箱）、Financial Derivatives toolbox(金融衍生工具箱)、Financial toolbox(财经工具箱)、Fixed-Income toolbox（固定收入工具箱）、Datafeed toolbox（数据供给工具箱）、Symbolic Math toolbox（符号数学工具箱）、Optimization toolbox（优化工具箱）、Partial Differential Equation toolbox（偏微分方程工具箱）、Spline toolbox（样条工具箱）、Statistics toolbox（统计工具箱）、Neural Network toolbox（神经网络工具箱）、Bioinformatrics toolbox（生物信息工具箱）。

Curve Fitting toolbox 扩展了 MATLAB 的环境，集成数据管理、拟合、显示、检验和输入分析过程等功能，所有能通过 GUI 使用的功能都可以通过命令来进行。

Database toolbox 提供了同任何支持 ODBC/JDBC 标准的数据库进行数据交换

的能力，利用在工具箱中集成的 Visual Query Builder 工具，无须学习任何 SQL 语句就可以实现在数据库中查询数据的功能。这样 MATLAB 就能够对存储在数据库中的数据进行各种各样的复杂分析。

Financial Derivatives toolbox 主要扩展了 MATLAB 的 Financial toolbox，用于进行固定收益、金融衍生生物及风险投资评估分析，可以用于计算各种金融衍生物的定价策略及敏感度分析。

Financial toolbox 提供了一个基于 MATLAB 的财务分析支持环境，可以完成许多中财务分析统计任务，从简单的计算到全面的分布式应用。财务工具箱能够用来定价证券、计算收益、分析偏差及优化业务量。

Fixed-Income toolbox 扩展了 MATLAB 在金融财经方面的应用，包括固定收益模型的计算，如定价、收益和现金流动等有价证券固定收益计算。支持的固定收益类型包括低价证券、抵押回报、社会债券、保险金等，同时该工具箱还能处理相应的金融衍生物的计算。

Datafeed toolbox 用于从数据提供商获取实时金融数据，把数据提供给专业投资者，使投资者获得最新的企业信息。

Symbolic Math toolbox 将符号数学与变精度运算集成到 MATLAB 中，它将 Maple 内核集成进来，扩展后的工具箱支持全部 Maple 编程和专业库。通过符号数学工具箱，MATLAB 用户可以方便地将数学与符号运算纳入统一的环境当中，并且完全不丧失速度和精度。

Optimization toolbox 使用了对非线性函数求极大、极小值时最广泛使用方法的最新算法，它具有很多非线性优化程序，可以使用标量、矢量或矩阵作为其变量，要优化的函数写成 MATLAB 函数或表达式的形式，用户可以自定义默认的优化参数。它为解决许多应用中的费用指标、可靠性指标，以及其他性能指标寻优等复杂问题提供了强有力的工具。

Partial Differential Equation toolbox 在二维空间域和时间域利用有限元方法研究和解决 PDE 问题。它提供了命令行函数和图形用户界面，对工程和科学中广泛的实际运用问题，如结构力学、电磁学、热传递和扩散等建立数学模型，它完全依照求解 PDE 问题过程中有限元分析的步骤来设计。

Spline toolbox 是用户学习和利用样本进行工作的理想环境，样本是存在 n 阶连续导数的分段光滑连续多项式函数。由于样条是光滑的，简单而易于操作，可以用来给任意函数建模，如曲线建模、曲线拟合、函数逼近及函数方程求解等。

Statistics toolbox 提供了许多用于统计分析的工具，它将界面易用性和编辑能力两者完美地集成起来。交互图形显示使得用户能够方便一致地应用统计方法，同时 MATLAB 编程功能使得用户能勉励建立自己的统计方法并进行分析。

Neural Network toolbox 为工程师和科学家们提供了一些开发、分类和区数据的模式，它全面支持许多工作常用的网络形式的设计、训练和仿真，从简单的感知器到高级的关联记忆及自组织网络。该项工具箱可以用于信号处理、非线性控制和金融建模等领域的应用研究当中。

Bioinformatrics toolbox 是可以直接用于读取、分析和可视化基因组、蛋白质组数据的强大工具，它充分利用 MATLAB 提供的强大灵活的计算能力和 Simulink 工具箱丰富的数据统计分析能力，可以读取丰富的数据文件类型，完成各种数据分析工作。

1.4.6 信号处理模块

MATLAB 的信号通信处理及系统开发模块提供了如下一些工具箱：Communication toolbox（通信工具箱）、Image Processing toolbox（图形处理工具箱）、Image Acquisition toolbox（图像获取工具箱）、Signal Processing toolbox（信号处理工具箱）、Filter Design toolbox（滤波器设计工具箱）、Filter Design HDL Coder（滤波器设计 HDL 编码器），以及 Wavelet toolbox（小波工具箱）。

Communication toolbox 提供了一整套的综合工具，可用来设计、分析与仿真数字和模拟通信系统。工具箱中包括一百多个 MATLAB 函数，可用于算法的开发、系统分析及设计。它适用于诸如无线设备、调制解调器及存储系统的应用程序开发，也可以用于通信工程方面的研究及教育。

Image Processing toolbox 提供了一套完整的用于图像处理和分析的函数，它总共有二百多个图像处理函数，与 MATLAB 的数据分析、算法开发和数据可视化环境集成在一起，使得专业人士从耗时的图像处理和操作中解脱出来。

Image Acquisition toolbox 使得用户可以从 PC 中获取图像视频然后直接输入 MATLAB 和 Simulink 系统。将 MATLAB、Image Acquisition toolbox 以及 Image Processing toolbox 三者结合起来，构成了一个完整的图像应用处理环境，用户可以获取图像与视频图像，进行图像数据分析，以及产生图形用户界面。

Signal Processing toolbox 是建立在 MATLAB 计算环境和 Signal Processing toolbox 基础上的一系列工具，它提供了设计、分析和仿真滤波器的先进技术。通过添加针对复杂实时 DSP 应用的滤波器构架和设计方法来扩展 Signal Processing toolbox 的功能，同时它也提供了函数来简化定点滤波器的设计和量化效果的分析。

Filter Design HDL Coder 增加了 MATLAB 的硬件处理能力，它让用户能够产生有效的、综合的、便捷的 VHDL，它产生模拟和综合脚本，同时它可以对产生的代码进行控制、优化。

Wavelet toolbox 提供了研究局部、多尺度和非平稳现象的综合工具，对于任何应用到 Fourier 技术的领域，小波方法提示了更多的内部特性。该工具箱可用于大多数信号处理系统，包括语音处理、通信、地球物理、财务和医学。

1.4.7 测试与测量模块

MATLAB 的测试测量模块提供了如下一些工具箱：Data Acquisition toolbox（数据获取工具箱）和 Instrument Control toolbox（仪表控制工具箱）。

Data Acquisition toolbox 提供了一套完整的工具集，用于对基于 PC 的数据采集硬件进行控制并与之通信，它能让用户设定外部采集硬件的参数，并将采集的数据写入 MATLAB 工作区进行分析。由于 Data Acquisition toolbox 是基于开放的、可扩展的 MATLAB 环境，因而它能够使得用户方便时配置自己的采集方案，充分利用外部硬件设备提供的特点，并配合运用 MATLAB 及其他工具箱强大的分析和可视化功能。

Instrument Control toolbox 可以依托 MATLAB 让用户直接与仪器，如示波器、信号发生器及分析工具等进行通信，利用这个工具箱用户可以将 MATLAB 产生的数据发送给一个仪器或者从仪器中读取数据传送给 MATLAB。它支持 GPIB 通用接口总线、VISA、TCP/IP、UDP 等多个协议，具有同步和异步读写功能，以及事件处理和回调操作功能，可读写和记录二进制、ASCII 文本数据。

1.4.8 其他工具箱

除了上面介绍的工具箱之外，MATLAB 还提供了如下一些工具箱：Aerospace toolbox（航空航天工具箱）、Model-Based Calibration toolbox（模型校正工具箱）、Mapping toolbox（地图工具箱）、RF toolbox（RF 工具箱）、OPC toolbox（OPC 工具箱）等，这里就不逐一介绍了。

1.5 数据输入/输出与文件操作

一个计算机程序在运行过程中总要与外部数据打交道，有时要从外部设备中输入数据，有时要把程序处理过的数据输出到外部设备。文件操作是一种重要的输入/输出方式，即从数据文件读取数据或者将结果写入数据文件。MATLAB 用多种文件格式打开和保存数据，有的文件格式是为 MATLAB 定制的，有些是世界上标准的文件格式，还有一些是为其他应用程序定制的文件格式。MATLAB 提供了一系列低层输入/输出函数，专门用于文件操作，本节主要介绍 MATLAB 系统中的主要文件操作。

1.5.1 数据输入与输出

数据的输出由函数 save 来完成，它的功能是将工作区中的变量以磁盘文件的形式保存，其调用格式如下：

```
save
save filename
save filename content
save filename options
save filename content options
save ('filename', 'varl', 'vars',…)
```

第 1 种调用格式是将当前工作区中所有 MATLAB 变量保存到名为 maltab.mat 文件中，在默认情况下，MAT 文件是双精度二进制文件。

第 2 种调用格式将当前工作区中所有 MATLAB 变量保存到名为 filename 文件中，如果没有指定文件的后缀，MATLAB 会默认为.mat 文件。如果要保存到其他目录，则 filename 应该包括全路径的文件名。

第 3 种调用格式是将当前工作区中列在 content 里的变量保存到名为 filename 文件中，如果 filename 省略，则 MATLAB 会将数据保存到文件 maltab.mat 中。content 有如下几种形式，如表 1-3 所列。

表 1-3　content 的几种形式

content 的值	描　　述
varlist	仅保存出现在 varlist 中的变量，这里可以使用通配符*来保存满足一定条件的变量
-regexp exprlist	仅保存满足 exprlist 中任意一个表达式的变量
-structs	将结构体 *s* 中的所有域保存为单一变量
-structs fieldist	将结构体 *s* 中出现在 fieldist 中的域保存为单一变量

第 4 种调用格式是将当前工作区中列在 options 里的变量保存到名为 filename 文件中，如果 filename 没有给出，则 MATLAB 会将数据保存到文件 maltab.mat 中。options 有如下几种形式，如表 1- 4 所列。

表 1-4　options 的几种形式

options 的值	描　　述
-append	若文件已经存在，则将新的变量保存添加到已经存在的文件中的变量后面
-format	用某种特殊的二进制或 ASCII 格式保存变量，这些特殊的格式如表 1-5 所列
-version	将变量保存为更早的 MATLAB 版本能够读取的格式，版本的兼容性选项如表 1-6 所列

表 1-5　MAT 文件 format 选项

format 选项	描　　述
-ascii	保存数据为 8 位的 ASCII 格式
-ascii -tabs	保存数据为 8 位的 ASCII 格式，并以 Tab 为间隔
-ascii -double	保存数据为 16 位的 ASCII 格式
-ascii –double –tabs	保存数据为 16 位的 ASCII 格式，并以 Tab 为间隔
-mat	保存数据为二进制 mat 格式，这是默认的格式

表 1-6　版本兼容性选项

版本选项	选项对应的可以使用的版本	能读取保存的数据版本
-v7.3	Version7.3 或更新	Version7.3 或更新
-v7	Version7.3 或更新	Version7.0~7.2 或更新
-v6	Version7 或更新	Version5 和 6 或更新
-v4	Version5 或更新	Version1~4 或更新

第 5 种调用格式是将当前工作区中包含在 content 中的变量按选项 option 的设置保存到 filename 文件中。

第 6 种调用格式相当于将 save 命令写成函数的形式，它相当于执行了 save filename var1 var2 …。

数据的输入由函数 Load 来完成，它的功能是从磁盘文件中加载（恢复）工作区变量，其调用格式如下：

```
Load
load filename
load filename  X Y Z
load filename  -regexp expr1 expr2…
load -ascii filename
load -mat filename
S = load('arg1','arg2','arg3',…)
```

第 1 种调用格式读取文件 matlab.mat 中的所有变量，如果文件 matlab.mat 不存在则返回一个错误。

第 2 种调用格式读取文件 filename 中的所有变量，filename 是一个字符串型的文件名，它包括文件的扩展名和全局或相对路径。如果文件名没有后缀则默认为 filename.mat 并把它看做二进制 MAT 文件，如果它有除了.mat 以外的后缀则把它看成 ASCII 数据。

第 3 种调用格式读取文件 MAT 中名为 X Y Z…的变量，扩展符*的可用形式是“×*”，它相当于读取满足某种条件的所有变量，但扩展符仅对 MAT 文件适用。

第 4 种调用格式读取满足表达式 expr1 expr2 expr3…中任意一个表达式的变量。

第 5 种调用格式强迫 load 命令将 filename 当成 ASCII 处理，而不管文件的后缀。如果文件 filename 不是 MAT 文件，则返回一个错误。

第 6 种调用格式强迫 load 命令将 filename 当成 MAT 文件而不管文件的后缀。

如果文件文件 filename 不是 MAT 文件，则返回一个错误。

最后一种调用格式将 load 命令写成函数的形式，它相当于 s=load arg1 arg2 arg3…。

一般来说，当一个 M 文件在运行时，文件的命令不在屏幕上显示，而 echo 命令则可以使当 M 文件运行时，命令在屏幕上显示，这对于调试、演示相当有用。它的一般格式如下：

echo on：使得所有脚本文件中的 echo 处于开的状态，即显示其后所有执行文件的指令。

echo off：使得所有脚本文件中的 echo 处于关闭的状态，即不显示其后所有执行文件的指令。

echo：切换当前脚本的 echo 状态，即上面两种状态之半切换。

echo fcnname on：将名为 fcnname 的函数的 echo 处于开的状态，即显示名为 fcnname 的文件中执行的指令。

echo fcnname off：将名为 fcnname 的函数的 echo 处于关闭的状态，即不显示名为 fcnname 的文件中执行的指令。

echo fcnname：查询名为 fcnname 的函数的 echo 的状态。

echo on all：设置所有函数的 echo 处于开的状态，即显示所有函数文件中执行的指令。

echo on all：设置所有函数的 echo 处于关闭状态，即不显示所有函数文件中执行的指令，有时需要用户交互地输入变量的值，函数 input 就有此功能，可以用 input 命令建立驱动 M 文件的菜单。它的调用格式有以下两种：

```
use_entry = input('prompt')
use_entry = input('prompt', 's')
```

第 1 种调用格式将 prompt 的内容当做提示显示在屏幕上，然后等待用户从键盘输入并把用户从键盘输入的值赋变量 use_entry。

第 2 种调用格式将用户输入的字符串当做一个文本变量而不是给变量赋一个名称或数值。

keyboard 语句常用在程序调用和运行中的变量修改，用户在程序中使用 keyboard 语句，当系统执行到该语句时，将停止文件的执行，显示提示符“K>>”，并把控制权交给键盘，等待用户的输入。当用户输入 return 指令，按 Enter 键则控制权交回程序，程序继续执行。

用户在执行程序设计时，往往需要在程序执行的过程中，暂停或者终止程序的运行，pause 语句就是常用的可以实现这项功能的语句之一。pause 语句执行时，系统暂停执行，等待用户按任意键继续执行。pause 语句常用于程序的调试过程和用户需要查看程序执行结果的时候。它的调用格式如下：

pause：暂停程序的执行，等待用户按任意键继续。

pause（n）：暂停程序的执行，n 秒后继续继续执行（n 可以是分数）。

pause on：使后续的 pause 或者 pause（n）指令予以执行。

pause off：使后续的 pause 或者 pause（n）指令不予以执行。

1.5.2 文件的打开和关闭

在读写文件之前，必须先用函数 fopen 打开或创建文件，并指定对该文件的操作方式，默认情况下是以二进制文件的形式打开文件的。函数 fopen 有如下几种调用格式：

```
fid = fopen(filename)
fid = fopen(filename,permission)
fid = fopen(filename,permission_tmode)
```

第 1 种调用方式以只读方式打开一个名为 filename 的文件。filename 是文件名的字符串表示，返回的 fid 是唯一标识文件的一个 MATLAB 整数，或者说是一个文件句柄值，相当于文件代号，它与文件是一一对应的。当打开文件失败时，返回值 fid 为-1，整数标识 0、1 与 2 已经被系统占用（0 是标准输入，1 是标准输出，2 是标准错误），因而这两个整数不能对应于一个文件。

第 2 种调用方式 permission 的方式打开一个名字为 filename 的文件，permission 是一个字符串，它表示了所要求的读写权限。permission 可能的字符串有以下几种方式，如表 1-7 所列。

表 1-7 permission 可能的值

permission 的值	描　述
‘r’	以只读方式打开文件，该文件必须先存在，这也是默认的打开方式
‘w’	若存在名为 filename 的文件，则先清除原内容再进行只读操作；若不存在名为 filename 的文件，则以只写方式创建一个名为 filename 的新文件
‘a’	在文件后面添加数据，若文件不存在，则新建一个文件，再添加数据
‘r+’	以读写方式打开文件，该文件必须存在
‘w+’	以读写方式打开文件，若打开的文件有内容则先清除内容再进行读写操作，若文件不存在，则新建一个文件
‘a+’	以读写方式打开文件，并在文件后面添加数据，若文件不存在则新建一个文件来添加
‘A’	打开文件供添加数据用，无自动刷新功能
‘W’	打开文件供写数据用，无自动刷新功能

第 3 种调用方式以文本的形式打开一个名为 filename 的文件，文件的打开方式由 permission_tmode 决定，permission_tmode 的值与表 1-3 的值类似，只是在相应的值后面加上一个字符‘t’,如‘rt’、‘a+t’,其表示的含义亦相同。

函数 fopen（‘all’）返回一个由所有已打开文件的标识组成的矢量，矢量的维数等于已打开文件的个数。

文件在进行读、写等操作之后就及时关闭，以免数据丢失。文件关闭用函数 fclose 来完成，其调用格式如下：

```
status = fclose(fid)
status = fclose('all')
```

第 1 种格式表示关闭 fid 标识所对应的文件，若 fid 标识的文件已打开且关闭成功则返回 0，否则返回-1，若 fid 标识的不是一个文件如 0、1、2，则产生一个错误。

第 2 种格式表示关闭已打开的文件(除了系统占用的标准的输入/输出及错误的标识)，若关闭成功则返回 0，否则返回-1。

1.5.3 二进制文件的读/写操作

文件在默认情况下是以二进制的形式打开的，写二进制文件是由函数 fwrite 来实现的，其调用格式如下：

```
count = fwrite(fid,A)
count = fwrite(fid,A, 'precision')
count = fwrite(fid,A, 'mode')
count = fwrite(fid,A, 'precision', 'mode')
```

count 返回所写数据元素的个数（可默认），fid 为文件标识，A 为用来存放写进去的数据，precision 代表数据精度，mode 为模块。

第 1 种调用方式为将 A 中所存放的二进制数据写到文件 fid 中去。

第2种调用方式为将A中所存放的二进制数据按精度precision写到文件fid中去，默认情况下是无符号 8 位字符（uchar）。MATLAB 支持的 precision 参照表 1-8 所列。

第 3 种调用格式将 A 中所存放的二进制数据以 mode 的模式写到文件 fid 中去，若 mode 的值为 sync，则数据是同步写入且命令行是锁定的；若 mode 的值为 async，则数据不是同步写入且命令行不是锁定的。默认情况下是 sync。

第 4 种调用格式将 A 中所存放的二进制数据以 mode 的模式按精度 precision 写到文件 fid 中去。

表 1-8　precision 支持的格式

数据类型	precision 的值	描　　述
字符	uchar	8 位无符号字符
	schar	8 位有符号字符
	char	8 位有符号字符或无符号字符
整数	int8	8 位整数
	int16	16 位整数
	int32	32 位整数
	uint8	8 位无符号整数
	uint16	16 位无符号整数
	uint32	32 位无符号整数
	short	16 位整型
	int	32 位整型
	long	32 或 64 位整型
	ushort	16 位无符号整型
	uint	32 位无符号整型
	ulong	32 或 64 位无符号整型
浮点数	single	32 位浮点数
	float 32	32 位浮点数
	float	32 位浮点数
	double	64 位浮点数
	float64	64 位浮点数

二进制文件的读取由函数 fread 来实现的，函数 fread 的调用格式如下：

```
[A.count] = fread(fid)
[A.count] = fread(fid,size)
[A.count] = fread(fid,size, precision)
[A.count] = fread(fid,size, precision,skip)
```

其中：A 是用来存放读取出来的数据的矩阵；count 是返回所读取的元素个数；fid 是文件标识；size 是读取元素的个数，它是可选项，若不选择读取整个文件的内容，若选用则它的值可以是下列值：N（读取 N 个元素到一个矢量）、inf(读取整个文件)、[M,N]（读取数据到 M 行 N 列的矩阵，数据按序列存放）；precision 用来控制所写数据的精度，其所取的值同函数 fwrite；skip 为跳跃位置。

第 1 种调用格式表示将文件 fid 中的数据读取到 A 中。

第 2 种调用格式表示读取文件 fid 中的 size 个数据到 A 中；

第 3 种调用格式表示读取文件 fid 中的 size 个数以精度 precision 到 A 中去。

第 4 种调用格式表示读取文件 fid 中的 size 个数以精度 precision 到 A 中去，它与第 3 种调用格式的区别在于它每读完一个元素就跳 skip 个位接着读下一个元素。

1.5.4 文本文件的读/写操作

当文件以文本形式打开时，就要对文本文件进行读写操作。文本文件的写操作是由函数 fprintf 来实现的，其调用格式如下：

```
fprintf(fid,A)
fprintf(fid,format,A)
fprintf(fid,A,'mode')
fprintf(fid,format,A, 'mode')
```

其中：fid 为文件标识；A 用来存放要读到文件的数据；format 是一个字符串，它的定义可以参照函数 fscanf；mode 表示形式，它的定义可以参照函数 fwrite。在默认情况下，format 为%s\n；mode 的默认形式为 sync。

第 1 种调用格式将 A 中保存的数据写到文件 fid 中。

第 2 种调用格式将保存的数据以格式 format 写到文件 fid 中。

第 3 种调用格式将 A 中保存的数据以 mode 的模式写到文件 fid 中。

第 4 种调用格式将 A 中保存的数据以格式 format 及 mode 的模式写到文件 fid 中。

文本文件的读操作由函数 fscanf 来实现，它的调用格式如下：

```
[A,count,msg] = fscanf(fid)
[A,count,msg] = fscanf(fid,format)
[A,count,msg] = fscanf(fid,format,size)
```

其中：A 用来存放读取的数据；count 返回所读取的元素的个数；msg 为读取不成功所返回的信息，若读取成功则为空字符串；fid 是文件标识；format 是一个字符串，它定义了用户所希望的格式，它非常严格地遵守 NASI 的标准 C。format 格式有%s 字符串；%d 十进制整数；%e、%f、%g 浮点数；%i 有符号十进制数；%o 有符号的八进制数；%u 有符号的十进制数；%x 有符号的十六进制数。格式指定符 e 表示指数表达式，f 表示固定小数位数表达式，g 表示在小数点后要显示几位小数。而对 g 格式而言，小数点前面的数字指定了总共显示出来的字符串的宽度，小数点后面的数字表示数值总共显示多少位，若小数点后面的数字大于前面的数字时忽略前面指定的宽度。size 是读取元素的个数，它是可选项，若不选则读取整个文件的内容，若选用则它的值可以是下列值：N（读取 N 个元素到一个矢量值）、inf（读取整个文件）、[M,N]（读取数据到 M 行 N 列的矩阵，数据按列存放）。

从文本文件中读取一行有两个函数 fgetl 与 fgets。函数 fgetl 从文件中读取行，并删除换行符，其调用格式如下：

```
tline = fgetl (fid)
[tline,count] = fgetl (fid)
[tline,count,msg] = fgetl (fid)
```

其中：tline 表示从文本文件中读取的行，不包括换行符；count 表示从文本文件中读取的元素个数包括换行符；msg 表示文件是否读取成功的信息；fid 表示文件标识。

函数 fgetl 的功能是读取文件 fid 中的一行数据并存放在 tline 中，不包括换行符，并返回从文件读取的元素个数与文件是否读取成功的信息，其中 count 与 msg 是可选参数。

函数 fgets 从文件中读取一行，并保留换行符，其调用的格式如下：

```
tline = fgets (obj)
[tline,count] = fgets (obj)
[tline,count, msg] = fgets (obj)
```

输入/输出参数 tline、count、msg 及 fid 的含义同函数 fgetl 的输入/输出参数的含义。函数 fgets 是读取文件 fid 中的一行数据并存放在 tline 中，包括换行符，并返回从文件读取的元素个数与文件是否读取成功的信息，其中 count 与 msg 是可选参数。

1.5.5 数据文件定位

在数据文件进行操作时，经常要用到对文件进行定位，MATLAB 提供了文件函数 ferror、feof、fseek、ftell、frewind 等来实现文件定位功能。

函数 ferror 获取文件 I/O 错误状态信息，其调用格式如下：

```
[message,errnum] = ferror(fid)
[message,errnum] = ferror(fid,'clear')
```

第 1 种调用方式返回 fid 所标识的文件 I/O 错误状态信息 message 及文件 I/O 操作的常用错误状态 errnum，若文件 fid 操作成功则 errnum 返回 0。

第 2 种调用格式表示清除文件 fid 的错误指示值。

函数 feof 的调用格式如下：

```
eofstat = feof(fid)
```

它的功能是判断文件 fid 是否到文件尾，若已经到了文件尾则返回 1 否则返回 0。

函数 fseek 的调用格式如下：

```
status = fseek(fid,offset,origin)
```

其中：fid 是文件标识；offset 表示移动的字节数，若 offset 为正整数则表示向文件尾方向移动，若为负整数则表示向文件头方向移动，若为 0 则表示不移动；origin 表示位置指针移动的参照位置，它的值可能有 3 种可能：'bof' 表示文件的开始位置用逻辑值-1 表示；'cof' 表示文件的当前位置用逻辑值 0 表示；'eof' 表示文件的结束位置用逻辑值 1 表示；status 是输出参数，若定位成功则返回 0，否则返回-1。

函数 ftell 的调用格式如下：

```
position = ftell(fid)
```

它的功能是返回文件 fid 指针的当前位置，返回值是从文件开始到指针当前位置的字节数，若获取文件当前指针位置失败则返回-1。

函数 frewind 的调用格式如下：

```
frewind(fid)
```

其功能就是将文件 fid 的定位指针设置到文件的开头。

1.6 在线帮助使用方法

MATLAB 提供了完善的帮助信息，同时也提供了多种获得帮助的方法。

1. 命令窗口帮助

在 MATLAB 出现 GUI 之前，只能使用 help 和 lookfor 函数在命令窗口查看帮助，这些功能在最新版本里，仍然可以使用。

help 的使用方式有 2 种，第 1 种 help '子目录名'，即显示子目录中的所有函数及帮助信息；第 2 种 help 函数或命令：显示该函数或命令的说明部分。如果只知道函数名，但不清楚它的输入/输出参数，这时可以使用 help 空一格，然后加想要查询的函数名，如图 1-53 所示。

```
>> help sin
 sin     Sine of argument in radians.
    sin(X) is the sine of the elements of X.

    See also asin, sind.

    Overloaded methods:
       codistributed/sin

    Reference page in Help browser
       doc sin
```

图 1-53 sin 函数的帮助信息

从图 1-53 中可以看出 sin 的函数名是小写的，在 MATLAB 中所有函数都是使用小写字母的。

如果无法确定使用何种函数来执行给定的工作，但是知道与函数相关的关键字，这时可以通过使用函数 lookfor 来查找所需要的函数。例如，想要求一个矩阵的特征矢量，但不知道用哪个函数，但不知道用哪个函数，这时可以用 lookfor 函数来找到所需要的函数，如图 1-54 所示。

```
>> lookfor eigenvector
expmdemo3                   - Matrix exponential via eigenvalues and eigenvectors.
eig                         - Eigenvalues and eigenvectors.
eigs                        - Find a few eigenvalues and eigenvectors of a matrix
nnd6eg                      - Eigenvector game.
psv                         - Diagonal scaling via Perron eigenvector approach.
reig                        - Real ordered eigenvalue/eigenvector.
peig                        - Frequency estimate via the eigenvector method.
pmusic                      - Frequency estimate via the MUSIC eigenvector method.
```

图 1-54 lookfor 函数的应用

一旦用 lookfor 函数来查找相关的函数，MATLAB 就打开搜索路径上的所有函数 M 文件，在第一行注释中寻找给定的关键字，然后返回相匹配的行。

2. Help 菜单

除了函数 help 与 lookfor 之外，MATLAB 还提供了帮助窗口，这可以通过选择前面介绍过的菜单 Help 相应的选项来打开相应的帮助窗口（可以参见前面介绍过的桌面平台的菜单）或者在 MATLAB 命令行窗口输入 helpwin 命令打开帮助窗口。

帮助窗口提供了 4 个选项卡，分别是 Contents、Index、Search Results 及 Demos。Contents 选项卡提供了 MATLAB 和所有工具箱的在线帮助文档帮助列表；Index 选项卡提供了所有在线帮助文档的条目索引；Search Results 选项卡显示用户的搜索结果；Demos 选项卡提供的是 MATLAB 的演示系统。与文本帮助相比，帮助浏览器更加便于搜索与阅读，有了这些选项卡可以方便地使用帮助窗口来浏览查看帮助信息。

helpwin 加函数名，执行相同的功能，只是它是在帮助窗口中显示的。实际上 MATLAB 执行的操作是先打开函数所在的文件夹，读取帮助文档，然后将文件转换成 HTML 格式，并在帮助窗口中显示，而且大写的函数都被转换成小写的，列出 See also 行的函数都被转换成能够链接到相应函数的 HTML 链接，另外，如果函数还有扩展的联机帮助文档，那么会在所显示的帮助文档的顶端出现一个到该文档的链接。例如，在命令窗口中输入 helpwin sin 得到结果，如图 1-55 所示。

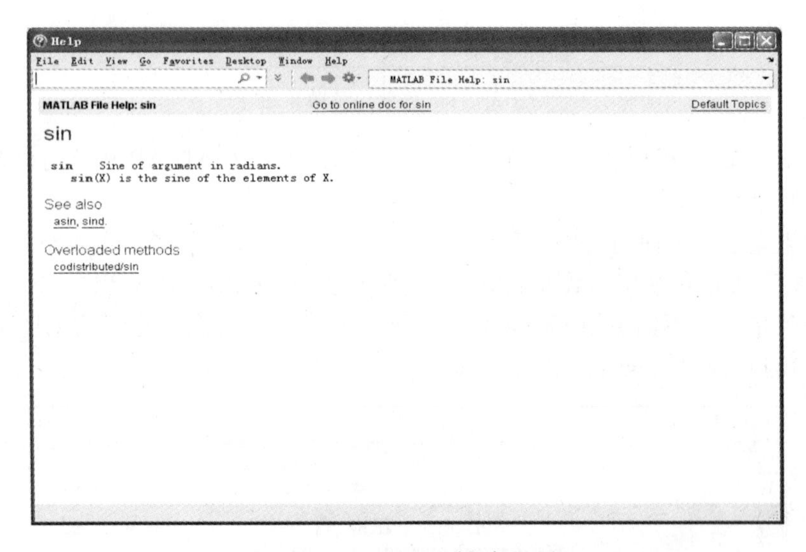

图 1-55 helpwin sin 得到的函数

函数 doc 会绕过 M 文件的帮助文本直接链接在线文档，而且得到的信息比函数 helpwin 更加丰富，如图 1-56 所示。

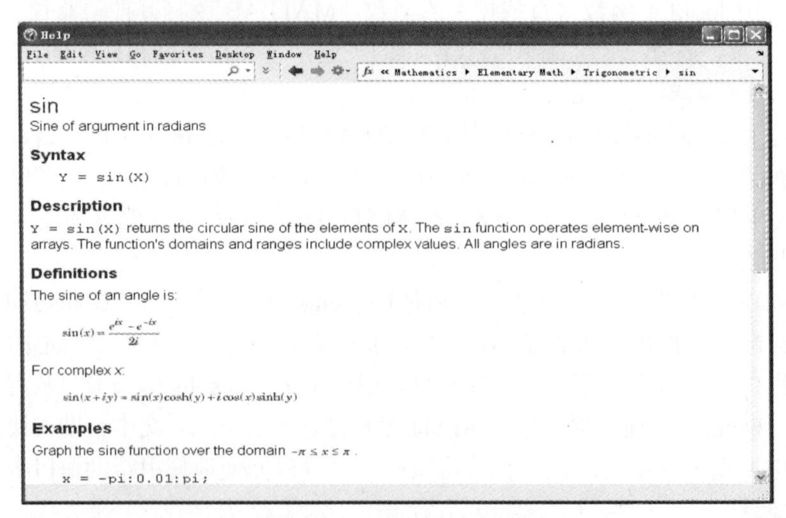

图 1-56 doc sin 得到的函数

函数 whatsnew 和 whatsnewtoolboxname 可以在帮助窗口中显示 MATLAB 或

者选定工具箱的发布信息和最后修改信息。

3. 因特网帮助信息

MATLAB 的制造商 MathWorks 网站上有大量的信息，在浏览器中输入 http://www.mathworks.cn/，这是 MathWorks 中国的网站。也可以在 MathWorks 主页上选择国家（中国）进入。网站提供了很多信息，涵盖了 MATLAB 的各个方面，而且网站上的内容会经常更新。网站主要分为几块，产品和服务、行业、教育、支持、用户中心及公司。产品和服务介绍 MATLAB 主要产品及服务，以及应用到各个领域的工具箱；行业提供了各个行业如何利用 MATLAB 提供的产品提供效率；教育提供了 MATLAB 在学习、教育、科学研究中所起的作用；支持提供了 MATLAB 的技术支持；用户中心为用户提供了学习 MATLAB 相互交流的平台，用户可以在这里交换自己写的程序、提供解答问题，以及介绍经验；公司主要介绍了 MathWorks 公司的发展历史及近况。

因特网上的新闻组 Newsgroup 是一个很热门的 MATLAB 论坛，很多非常有经验的 MATLAB 用户会经常查看此新闻并对提出的问题进行解答，在这里可以解答那些在线帮助无法解答的问题。即使没有什么想问的问题，经常查看新闻组的内容也会对学习 MATLAB 有所帮助。

当然现在网络上有很多关于 MATLAB 应用的论坛，只要在浏览器中搜索一下就可以查到很多信息，如 MATLAB 中文论坛网址 http://www.ilovematlab.cn/，MATLAB 中国论坛 http://www.labfans.com/bbs/等，相信这些论坛会对大家学习 MATLAB 有所帮助。

1.7 掌握 MATLAB 工具的学习策略

MATLAB 功能强大，简单易学，非常灵活，涉及的内容非常丰富。要学好 MATLAB 总的来看，可以归纳如下几点：

（1）多写程序，多调试。如果不动手写程序，不调试，编程水平是不会提高的。遇到问题，多想想，多试试，有时候一个小问题可能要想好久才能解决，写程序容易调试难，等到终于解决问题时，或许会发现在这个过程中学到了很多东西。编程就是在解决问题的过程中不断积累经验，从而将原来不是自己的知识变成自己的知识，这样以后解决问题的能力就大大提高了。在学习当中要对自己有信心、有耐心，有了问题先自己努力想一遍，实在想不出来再请求别人帮助。

（2）学会利用 MATLAB 的帮助工具。任何问题都可以在 MATLAB 的帮助里找到解决方法，大问题可以转换为小问题，小问题转换为函数，函数或许就可以在帮助中找到，从而解决问题。MATLAB 里的函数实在太多，要想一下子记住所有的函数是有困难的，有了帮助就可以解决问题。

（3）善于学习别人的程序。在解决问题的过程中，有时候发现别人用了更加简便的方法实现了相同的功能，这时就要好好学习别人的编程经验，努力使之成为自己的东西，然后在以后的编程过程中，不断提高编程能力。多读读高手写的程序可以更快地提高编程能力，同时要学会举一反三，学会变通。

（4）要大胆地去试。试过才知道对不对、可不可以，学习都是一个从不懂到懂的过程。在不断的过程中可以学到更多的知识，或许还可以从中发现一片新天地呢。

（5）学会利用网络的搜索你所需要的 MATLAB 技巧和发现问题。此前，人们都晓得“知识就是力量”这句名言，随着信息技术的发展，我们进入了网络时代，网络让知识共享，所以，目前“知识已经不再是力量，而知识转化才是力量”。利用网络，将 MATLAB 的共享知识转化为你所需要的东西。

1.8 MATLAB（R2011b）的安装方法

在应用和学习 MATLAB 之前，必须先安装 MATLAB，在这里就如何在 Windows 下安装 MATLAB(R2011b)作一的介绍。

随着软件功能的不断完善，MATLAB 对计算机系统的要求越来越高，安装 32 位 MATLAB(R2011b)产品对硬件的要求如下:

操作系统：Window XP（Sevice Pack 2 or 3），Window Vista Sevice Pack 1，Windows Server 2003（Sevice Pack 2 or R3）, Windows Server 2008。

处理器：Intel Pentium and above，Intel Xeno，Intel Celeron，Intel Core，AMD Athlon 64，AMD Operon，AMD Opteron。

内存：至少 512MB。但推荐 1024MB

硬盘：视安装方式不同要求不统一，但至少预留 4GB（安装后不一定有 4GB）。

显卡：16 位、24 位或者 32 位。

编译器：Intel Visual Fortran 10.1，Miscrosoft C/C++ Prof.Edition 6.0, Miscrosoft Visual C++ 2008 SP1 Prof.Edition 9.0,Sun Java Development Kit(JDK)1.5。Word 2002，2003，2007 等用于使用 MATLAB Notebook；Excel 2002，2003，2007 等，用于使用 MATLAB Buijder EX 或者电子表格 Excel EX。

在安装 MATLAB 之前需要有一些预备工作，首先要得到用户注册的信息码，然后关闭所有运行的其他版本的 MATLAB 程序，确保系统满足安装 MATLAB(最新版)的要求。这里就在操作系统为 Window XP 的 PC 上安装 MATLAB(最新版)的安装过程作一一介绍。

（1）将 MATLAB（R2011b）的光盘放入光驱，系统将自动运行安装，或者也可以手动执行 MATLAB 安装盘中 setup.exe 文件启动安装程序。启动安装程序之后，屏幕上将显示 MATLAB 安装的初始界面，如图 1-57 所示。

图 1-57　安装 MATLAB 的初始界面

（2）接下来会出现 MATLAB 的欢迎界面，如图 1-58 所示，这时如果不想安装，单击 Cancel 按钮退出安装。如果选择 install using the internet 选项，然后单击 Next 按钮，这时 MATLAB 检查连接 MathWorks，而如果选择第二个选项则不会检查，然后单击 Next 按钮。这里就选择不连接 Internet 时 MATLAB 的安装过程，在安装过程的任何时候都可以单击 Help 按钮来获取帮助，单击 Cancel 按钮将推出安装 MATLAB。

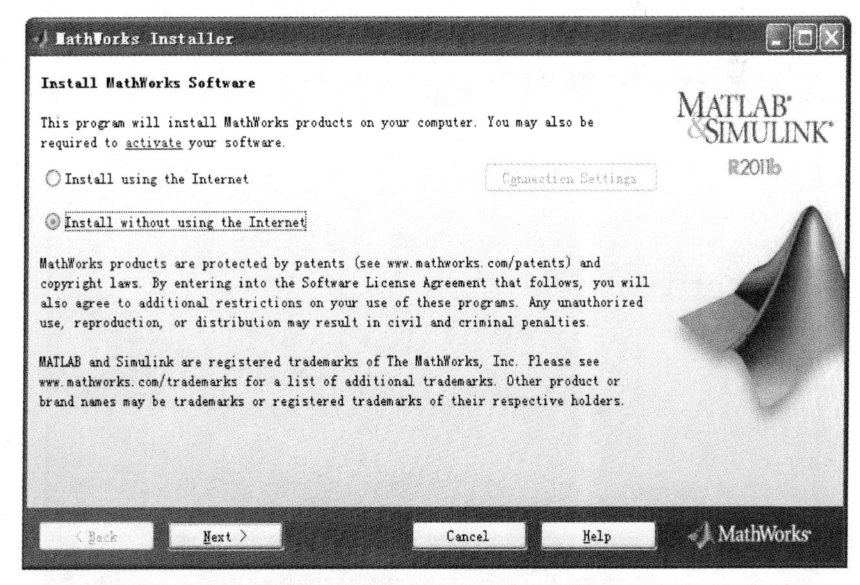

图 1-58　安装 MATLAB 的欢迎界面

（3）接着安装程序会跳到许可协议界面，如图 1-59 所示。这时请选择Yes选项，否则将不能接下来安装MATLAB，然后单击Next>按钮。在安装过程中单击<Back按钮将回到第（2）步的安装界面。

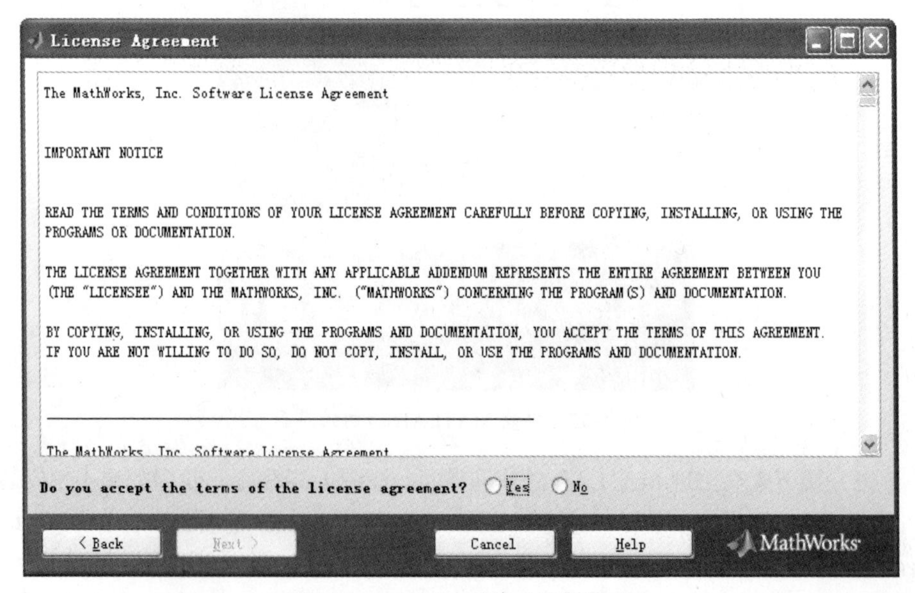

图1-59 MATLAB许可协议界面

（4）这时安装程序会出现“输入安装文件注册”窗口，如图1-60所示。输入好了之后单击Next>按钮。

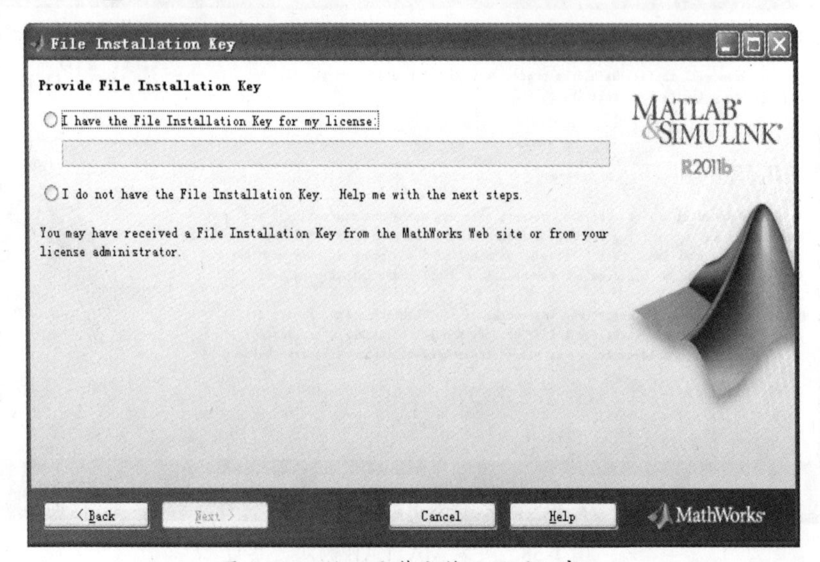

图1-60 “输入安装文件注册码”窗口

（5）输入相关的信息之后，接下来进入选择类型界面，如图1-61所示。Typical

选项不需要用户决定安装哪些产品，也不需要设置安装选项，系统会默认设置安装。而 Custom 选项需要用户决定要安装哪些产品并设置安装选项。选择其中一个选项，然后单击 Next>按钮。

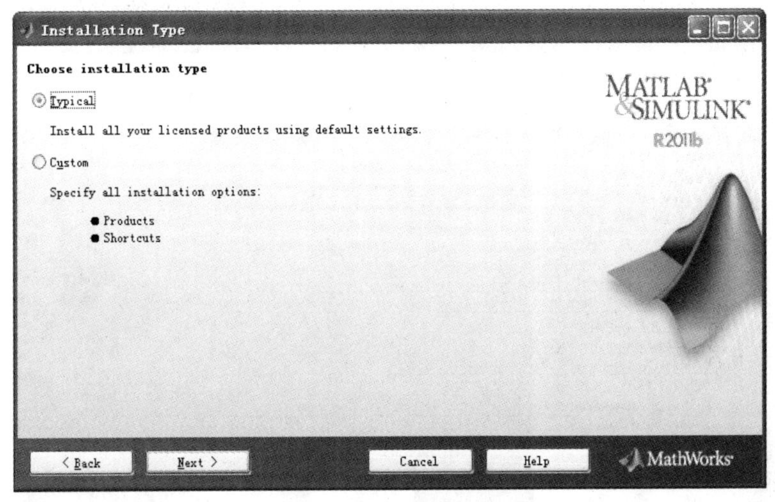

图 1-61 选择安装类型界面

（6）如果第（5）步选择了 Typical 选项，则会出现安装目录选择界面，如图 1-62 所示。这时单击 Browse...按钮可以对安装目录进行设置，设置好了之后单击 Next>按钮。

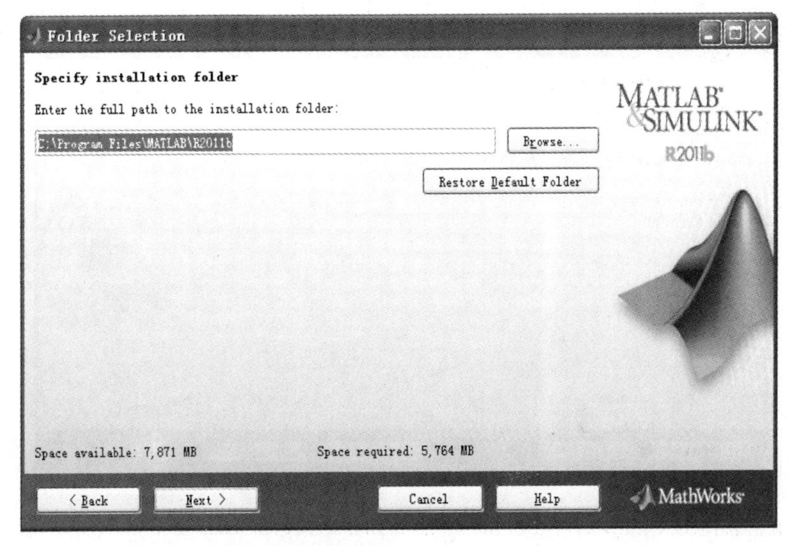

图 1-62 安装目录选择界面

如果在第（5）步选择了 Custom 选项，同样接着会出现安装目录选择界面如

图 1-62 所示，安装目录选择好了之后单击 Next>按钮，进入安装产品选择界面，如图 1-63 所示。这时用户可以选择要安装的产品，然后在相应的方框前打钩，选择好了之后单击 Next>按钮。

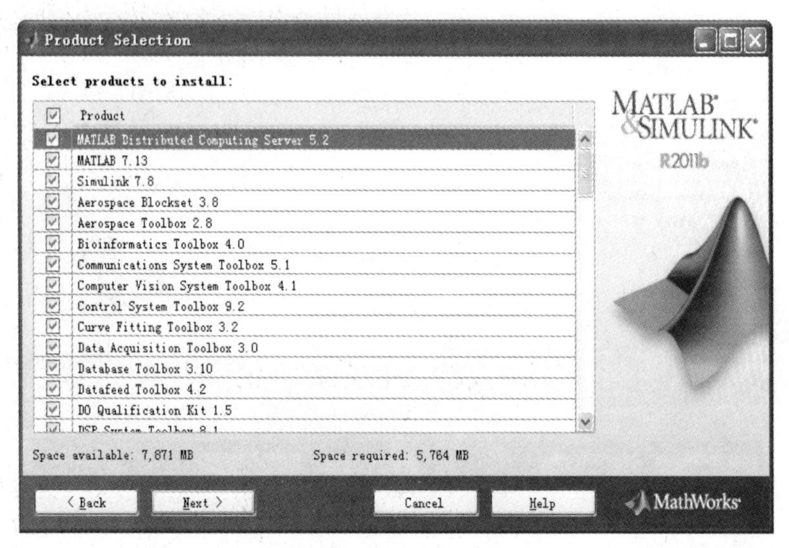

图 1-63　安装产品选择界面

接着进入安装选项设置界面，如图 1-64 所示。相应的选项设置好了之后，单击 Next>按钮进入第（7）步。

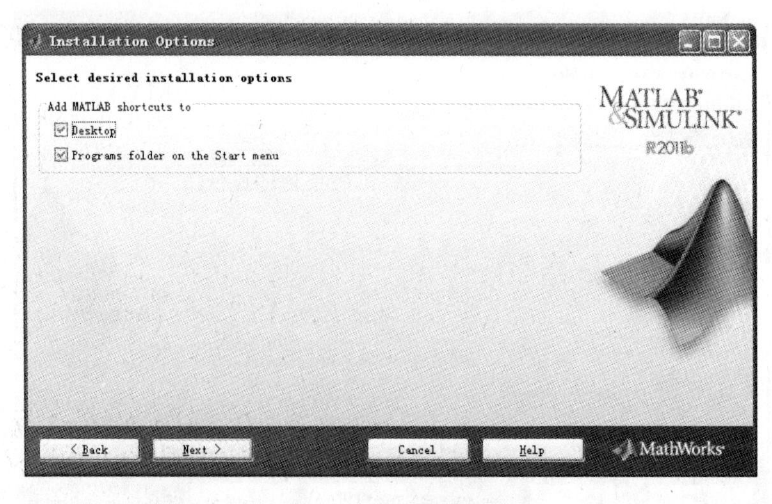

图 1-64　安装选项设置界面

（7）上述步骤完成之后，进入安装信息确认界面，如图 1-65 所示，如果对前面的设置不满意可以单击<Back 按钮然后重新设置选项，当所有的设置完成后，

单击 Install>按钮。

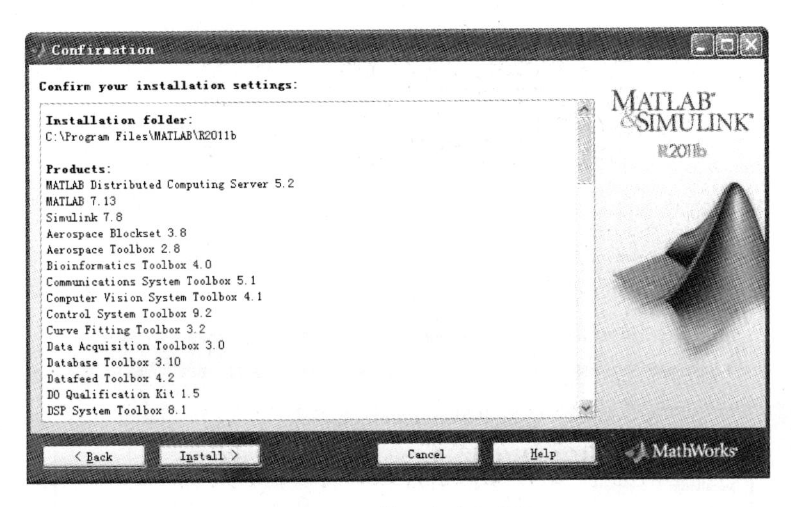

图 1-65　安装信息确定界面

（8）这时 MATLAB 安装程序进入正式安装界面，如图 1-66 所示。

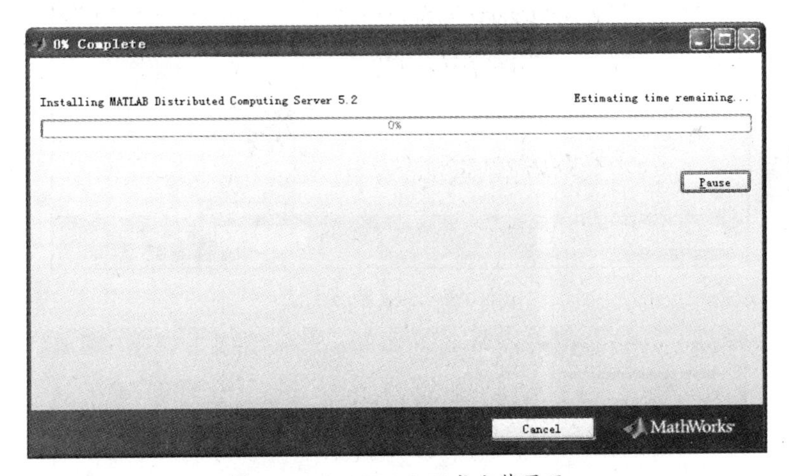

图 1-66　MATLAB 正式安装界面

经过一段时间的加载后，安装进入产品配置界面，如图 1-67 所示。

然后单击 Next>按钮，则屏幕上将显示安装完成界面，如图 1-68 所示，单击 Finish 按钮完成对 MATLAB 的安装。

（9）安装完成之后要先激活 MATLAB 才能使用，激活界面如图 1-69 所示。这里有两种激活方式，一种是有网络支持的；另一种是没有网络支持的。这里介绍第二种情况，选择好了之后，单击 Next>按钮。

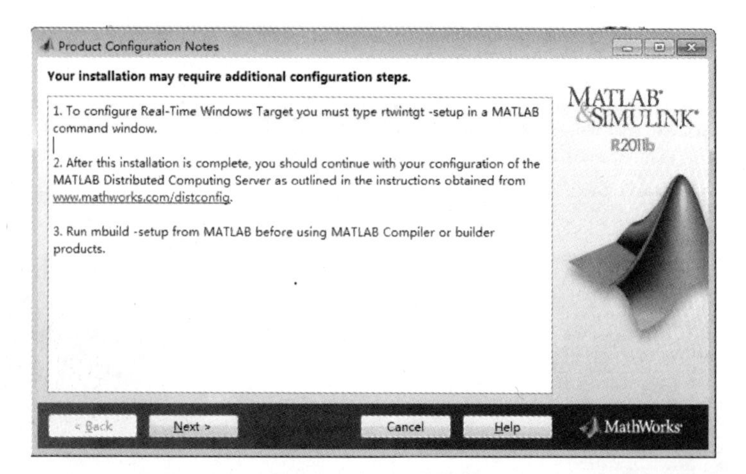

图 1-67　产品配置界面

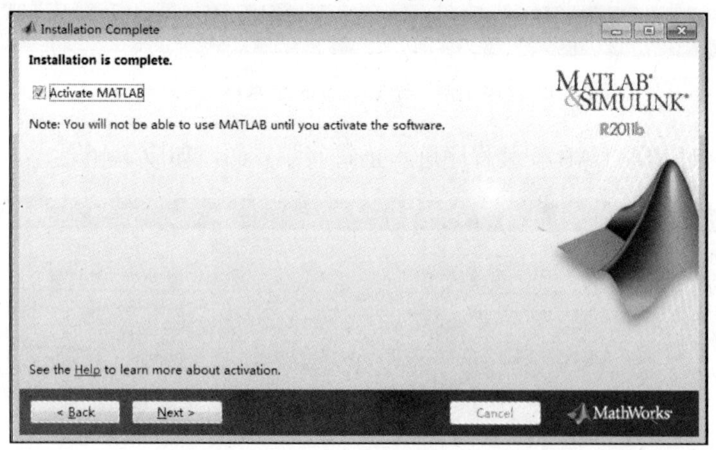

图 1-68　安装界面完成

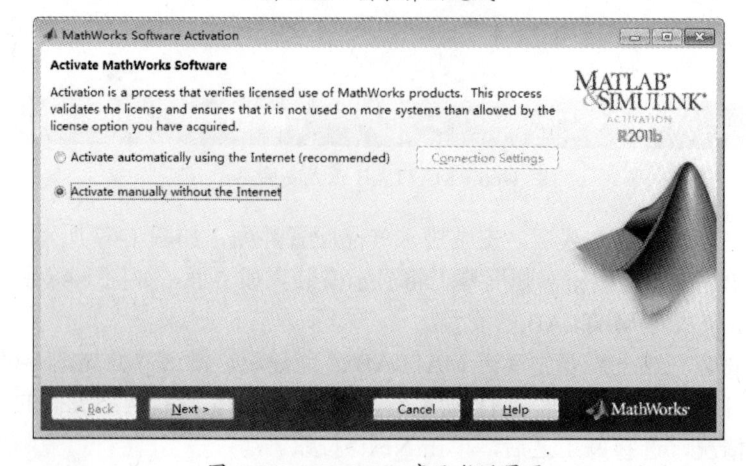

图 1-69　MATLAB 产品激活界面

（10）这时出现脱机激活界面，如图 1-70 所示，按 Browse...键，输入许可文件，然后单击 Next>按钮。

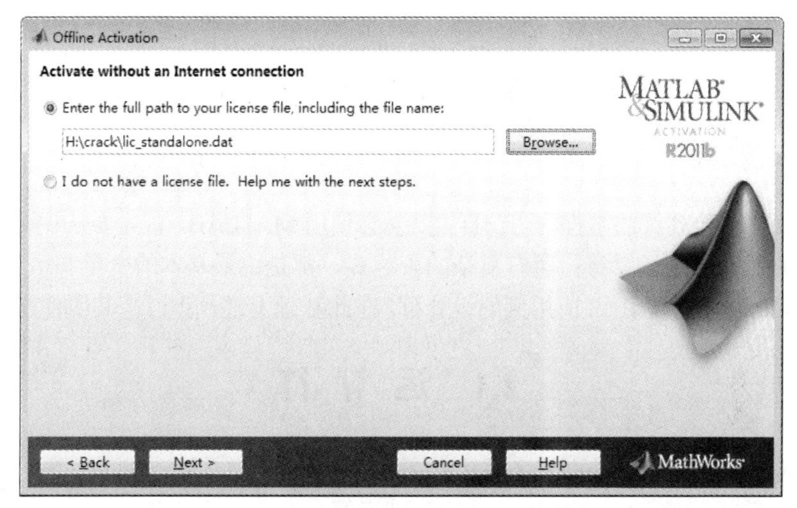

图 1-70 脱机激活界面

（11）激活成功，单击随后出现的 Finish 按钮完成激活，这时可以使用 MATLAB。

第 2 章　变量与表达式

像任何其他高级的编程语言一样，要学会使用 MATLAB，首先要认识 MATLAB 所使用的变量以及运算符；所有复杂的表达式，都是由最基本的变量和运算符组成的。本章则先讨论 MATLAB 所用到的运算符，在此基础上进一步讨论其所使用的变量。

2.1　运 算 符

MATLAB 中所用到的运算符共有 3 类：

（1）算术运算符，诸如加减乘除四则运算，开方，立方等。

（2）关系运算符，用来进行数值间的比较，如大于，小于等。

（3）逻辑运算符，进行逻辑运算，如与（AND），或（OR），非（NOT）等。

2.1.1　算术运算符

现将 MATLAB 用到的算术运算符以表格的形式罗列如下，如表 2-1 所列，这些运算符既可以直接在命令窗口（Command Window）中输入，也可以在编写 M 文件时使用。

表 2-1　MATLAB 用到的算术运算符

运算符	语　法	释　义	运算符	语　法	释　义
+	plus	相加	/	mrdivide	矩阵右除
+	uplus	正号	./	rdivide	阵列右除
-	minus	相减	\	mldivide	矩阵左除
-	uminus	负号	.\	ldivide	阵列左除
*	mtimes	矩阵相乘	^	mpower	矩阵次方
.*	times	阵列相乘	.^	power	阵列次方

下面通过一系列范例来体会这些运算符的用法。

例 2.1.1　设 a=9，b=25，c=a+b，求 c 的值。

在命令窗口中输入：

a=9 ↙, b=25 ↙, c=a+b ↙

在命令窗口中显示：

```
>> a=9
a =
     9
>> b=25
b =
    25
>> c=a+b
c =
    34
```

依加法定律可得，结果 c 即为 a 与 b 的“和”。此处每给 a 或 b 赋值一次，回车键按下之后，命令窗口即显示变量的值，有的时候这样显示会影响阅读，可在表达式末尾加上“;”，这样同样可以运算，但结果不会显示出来。

例 2.1.2 设 a=9，b=25，求 plus(a,b)的值。

在命令窗口中输入：

```
>> a=9;
>> b=25;
>> plus(a,b)
```

在命令窗口中显示：

```
ans =
    34
```

这里是使用函数 plus(x,y)来求 a 与 b 的“和”，函数 plus(x,y)是 MATLAB 自带的一个函数，其返回的结果即为参数 x 和 y 的“和”。这里的 ans 是 MATLAB 自动生成的一个临时变量，如果在命令窗口输入命令或在编写 M 文件时编写指令时不指定返回值赋给的变量，则 MATLAB 自动生成一个变量 ans 用于保存该步运算的结果。同时可以看出，此处 a、b 的赋值语句后面都加上了“;”，所以按下 Enter 键（↵），命令窗口中并未显示所赋的值。

例 2.1.3 设 a=[1,3,5]，b=[6,4,2]，求 a+b 的值。

在命令窗口中输入：

```
>> a=[1,3,5];
>> b=[6,4,2];
```

```
>> a+b
```
在命令窗口中显示：
```
ans =
     7     7     7
```

可以看出，结果是一个1×3维的矩阵，结果的每个元素都是a和b的对应元素的“和”，在进行矩阵加减法的时候要求两个矩阵的维数相同。

例2.1.4 设a=3，b=4，求a*b的值。

在命令窗口中输入：
```
>> a=3;
>> b=4;
>> a*b
```
在命令窗口中显示：
```
ans =
    12
```

由乘法定律可知，结果即为两者的“积”。

例2.1.5 设a=[1 2 3]，b=[4 5 6]，求a*b的值。

在命令窗口中输入：
```
>> a=[1 2 3];
>> b=[4 5 6];
>> a*b
```
在命令窗口中显示：
```
 Error using ==> *
 Inner matrix dimensions must agree.
```

结果报错。由于“*”表示矩阵相乘，那么相乘的两个矩阵必须满足前一个矩阵的列数等于后一个矩阵的行数的原则，此处a与b都是1*3的矩阵，显然不满足该条件，所以结果报错。另外，本例中矩阵赋值语句与例2.1.3有所区别，例2.1.3中每两个元素之间都以“,”隔开，而本例中以空格代替“,”，这两种做法是等效的。

例2.1.6 设a=[1 2 3]，b=[4 5 6]'，求a*b的值。

在命令窗口中输入：
```
>> a=[1 2 3];
```

```
>> b=[4 5 6]';
>> a*b
```

在命令窗口中显示：

```
ans =
    32
```

符号“'”表示矩阵的转置，加上这一符号之后，矩阵 a 和 b 即满足矩阵相乘的条件，结果如上所示是对应元素乘积的代数和。

例 2.1.7 设 a=[1 2 3]，b=[4 5 6]，求 a.*b 的值。

在命令窗口中输入：

```
>> a=[1 2 3];
>> b=[4 5 6];
>> a.*b
```

在命令窗口中显示：

```
ans =
     4    10    18
```

可以看出，阵列相乘“.*”的结果是两矩阵对应元素分别相乘，因此要求两个矩阵维数必须相同，a 与 b 阵列相乘的结果仍然是一个 1×3 维的矩阵。

右除“/”的运算与常见的除法“/”相同，这里不赘述，下面讨论左除\的使用。

例 2.1.8 设 a=9，b=3，求 a\b 的值。

在命令窗口中输入：

```
>> a=9;
>> b=3;
>> a\b
```

在命令窗口中显示：

```
ans =
    0.3333
```

由此可见，左除即表达式中“\”的右侧是被除数，左侧是除数。

此处 MATLAB 的结果保留小数点以下 4 位数字，若想保留更多位数，可以在命令窗口中使用指令“format long”，例如：

```
>>format long
```

```
>>a\b
```

在命令窗口中显示：

```
ans =
0.333333333333
```

例 2.1.9　设 a=[1 2 3]，b=[3 6 9]，求 a/b 的值。

在命令窗口中输入：

```
>> a=[1 2 3];
>> b=[3 6 9];
>> a/b
```

在命令窗口中显示：

```
ans =
    0.3333
```

例 2.1.10　设 a=[1 2 3]，b=[3 6 9]，求 a.\b 的值。

在命令窗口中输入：

```
>> a=[1 2 3];
>> b=[3 6 9];
>> a.\b
```

在命令窗口中显示：

```
ans =
     3     3     3
```

阵列左除与阵列相乘类似，同样要求两矩阵维数相同，对应位上的元素分别左除，a 与 b 运算的结果也是 1×3 维的矩阵。

2.1.2　关系运算符

MATLAB 常用的关系运算符如表 2-2 所列：

表 2-2　MATLAB 使用的关系运算符

运算符	语　法	释　义	运算符	语　法	释　义
>	gt	大于	>=	ge	大于或等于
=	eq	等于	<=	le	小于或等于
<	lt	小于	~=	ne	不等于

下面以一个例子加以说明用法。

例 2.1.11 设 a=[1,-1,-3;2,3,5;2,-2,-4]，设计一个程序将 a 中小于 0 的元素所处的位置找出来。

此例我们用 M 文件来实现，M 文件的具体创建方法将在后续章节中介绍。

M 文件命名为 ex020111,内容如下：

```
%找出小于 0 的数的位置
a=[1,-1,-3;2,3,5;2,-2,-4]
b=find(a<0)
```

在命令窗口中输入：

```
>> ex020111
```

在命令窗口中显示：

```
a =

     1    -1    -3
     2     3     5
     2    -2    -4

b =

     4
     6
     7
     9
```

M 文件中的“%”是注释标识符，表示该行往后的语句都是注释。矩阵 a 的赋值语句中，“;”表示换行。“find(条件表达式)”是 MATLAB 自带的一个函数，作用是找出符合条件的元素在所搜索的矩阵中的位置。在命令窗口中调用 M 文件的方法是直接输入文件名，或者在“Current Directory”窗口中右击文件，单击“Run”。由结果可知，MATLAB 中的元素编号是以“列”为顺序的，即由上到下，由左到右的顺序，而 b 的值表示小于 0 的元素的位置的值，此处小于 0 的值为-1，-2，-3，-4，而他们所对应的元素位置的值为 4，6，7，9，即为 b 的值。

2.1.3 逻辑运算符

MATLAB 所用到的逻辑运算符如表 2-3 所列：

表 2-3　MATLAB 用到的逻辑运算符

运算符	语 法	释义	运算符	语 法	释 义
&	and	逻辑与		xor	逻辑异或
|	or	逻辑或		any	只要有一个元素不为 0 即为真
~	not	逻辑非		all	必须所有的元素都不为 0 才为真

下面举几个例子加以说明。

例 2.1.12　设 a=[1 0 1 0]，b=[1 1 0 1]，求 a 和 b 逻辑与的值。

此例我们仍然使用 M 文件实现。

M 文件命名为 ex020112，内容如下：

```
%求 a 和 b 的逻辑与
a=[1 0 1 0]
b=[1 1 0 1]
and(a,b)
```

在命令窗口中输入：

```
>> ex020112
```

在命令窗口中显示：

```
a =
     1     0     1     0

b =
     1     1     0     1

ans =
     1     0     0     0
```

此处 and(x,y)仍然是 MATLAB 的自带函数，用于求两数的逻辑与，也可以使用语句 a&b，达到同样的效果，但都要求两个参量的维数相同。由结果可以看出，只有两个矩阵对应位上的数同时为 1，结果才为 1，否则结果为 0。

例 2.1.13　设 a=[1 0 1 0]，b=[1 1 0 1]，求 a 和 b 逻辑或的值。

此例我们仍然使用 M 文件实现。

M 文件命名为 ex020113，内容如下:

```
%求 a 和 b 的逻辑或
a=[1 0 1 0]
```

```
b=[1 1 0 1]
a|b
```

在命令窗口中输入：

```
>> ex020113
```

在命令窗口中显示：

```
a =
      1     0     1     0


b =
    1     1     0     1


ans =
      1     1     1     1
```

这个例子与上例相似，只是改求两者的逻辑或而已，M 文件中的 a|b 可以用 or(a,b)来代替，结果是一样的。

2.2 变量的基本规定与运算

MATLAB 有一个很大的优点，就是它能进行各种变量之间的运算，这其中包括实数，虚数以及复变量的运算。本节先对 MATLAB 使用到的变量做一定的讨论，然后就这些变量的基本规定与运算做一定的介绍。

2.2.1 标量与矢量

我们知道，物理上将自然界中所用到的各种物理量规定为标量和矢量。

所谓标量，是指只有大小，而没有方向的量，标量之间的运算是简单的代数运算。例如，今天的气温是 15℃，小明有 5 个苹果等，这里的 15 和 5 只表示大小，没有方向的意义，因此都是标量。而明天气温上升 5℃和小明吃掉 1 个苹果则只要分别用 15 加上 5 和 5 减去 1 即可得到后来的温度和苹果数，均是简单的代数运算。

所谓矢量，就是指既有大小，又有方向的量。例如，流星以每小时 60 万 km 的速度撞向地球，则对于流星的速度，我们不仅要考虑到它的大小，同时也要关注它的方向。矢量的计算再也不是简单的代数相加减，例如，一个人先向东走了 500m，然后向南走了 200m，在求这个人距离起点多远时就不可以简单地用 500 加上 200，因为矢量是要考虑方向的。

在 MATLAB 中，阵列计算和矩阵计算是全然不同的。阵列是一连串具有逻辑相关的标量的组合，有行或者列的性质，或者同时具有行和列的性质，但其中的每个元素都是标量。而矩阵则是矢量的一种延伸，即矩阵中元素之间不是标量的组合，而是矢量的组合。

矩阵和阵列的计算的差异可以参照例 2.1.6（矩阵相乘）和例 2.1.7（阵列相乘）。有关计算本书会在后续章节中详细讨论。

2.2.2 复变量与虚数

在日常生活中，我们涉及到的大多是实数领域，而在工程运用上，实数域是不够用的，例如，在电学领域，只使用实数会使计算非常困难，因此我们引入了复数。复数的定义如下：

$$z = a + b\mathrm{i}$$

式中：z 为复数，a 和 b 都是实数，a 为复数的实数部分（简称“实部”），b 为复数的虚数部分（简称“虚部”），i 为虚数符号，且规定 $\mathrm{i}^2=-1$。可以看出，实数和虚数都只是复数的特例，这两者合成，才能构成完整的数值系统，即复数系统。

2.2.3 变量的基本规定与运算

MATLAB 可以轻而易举地进行实数、虚数和复数运算，下面我们讨论一下这些变量的基本规定与运算规则。

（1）变量的名称可以由英文字母、数字或符号组成，但第一个字母必须是英文，而符号中，只可以使用下划线“_”，不可以使用中文，但是在 MATLAB Editor/Debugger 中所编写的程式，可以使用中文进行存档。MATLAB 字母大小写严格区分，例如 A 和 a 分别表示不同的变量。变量名称可以任意长，但是 MATLAB 只鉴别前 19 个字符。在定义变量名时，应采用具有意义的名称以便于阅读。

（2）矩阵的表示：

一维矩阵可表示为

`a=[1 2 3]`，或者 `a=[1,2,3]`

则在命令窗口中显示：

```
a =
     1     2     3
```

二维矩阵可表示为：

`a=[1 2 3;4 5 6]`或 `a=[1,2,3;4,5,6]`

则在命令窗口中显示：

```
a =
     1     2     3
     4     5     6
```

同理，三维矩阵可表示为

```
a=[1 2 3;4 5 6;7 8 9]或者 a=[1,2,3;4,5,6;7,8,9]
```

显示如下：

```
a =
     1     2     3
     4     5     6
     7     8     9
```

若在三维矩阵上加一个转置符号“'”即输入 a'，则显示为

```
ans =
     1     4     7
     2     5     8
     3     6     9
```

由此可以总结：矩阵表示中，每一行各元素之间可以用空格或“,”分隔，而行与行之间则以“;”相隔。

（3）凡是以“i”或“j”结尾的变量都视为虚数变量。

例如，在命令窗口中输入：

```
>>a=5i
```

则按下 Enter 键后显示如下：

```
a =
  0 + 5.0000i
```

若是输入为复数形式 z=a+bi，则结果如下：

例如，输入

```
z=3+4i
```

则显示如下：

```
z =
3.0000 + 4.0000i
```

如前所述，此处 MATLAB 保留小数点以下的 4 位数字，也可使用语句“format long”保留更多位数。需要注意的是，复数的后部即“bi”表示的是“b*i”，输入时省略了乘号“*”，而只有在表示虚数的时候我们能够省略乘号，在别的时候若将其省略则会报错，例如，“5a”就是错误的表示方法。i 或 j 在也可以表示变量名，例如，“i=50”，这时候应把它看成一个变量，而不再是虚数符号了。

下面通过一系列范例来体会 MATLAB 中的各种变量的用法。

例 2.2.1 设 a=3+4i，b=5+6i，求 c=a+b 等于多少。

在命令窗口中输入：

```
>> a=3+4i;
>> b=5+6i;
>> c=a+b
```

在命令窗口中显示：

```
c =
    8.0000 +10.0000i
```

由此可见，复数的相加就是将实部与虚部分别相加，其结果仍然是一个复数。

例 2.2.2 设 a=3+4j，b=5+6j，求 c=a*b 等于多少。

在命令窗口中输入：

```
>> a=3+4j;
>> b=5+6j;
>> c=a*b
```

在命令窗口中显示：

```
c =
   -9.0000 +38.0000i
```

首先要注意，这里的 a 和 b 中都以“j”代替了“i”，这是因为在电学中，“i”代表的是电流，为了加以区别，虚数符号用“j”来表示，其性质和“i”一样，由此可见 MATLAB 人性化的一面。从结果可以看出，复数相乘，类似于因式分解，即两复数的实部、虚部乘以 i 或 j 分别看成一个因数，但要注意“i^2”或“j^2”需要用“-1”代替。

例 2.2.3 求 A=[3 4;5 6]+i*[1 2;7 8]等于多少。

在命令窗口中输入：

```
>> A=[3 4;5 6]+i*[1 2;7 8]
```

在命令窗口中显示：

```
A =
  3.0000 + 1.0000i   4.0000 + 2.0000i
  5.0000 + 7.0000i   6.0000 + 8.0000i
```

对于这个例子，可以看出，结果中每个元素的实部都是左边矩阵的对应部分，每个元素的虚部都是右边矩阵的对应部分。很多人误解为 A 应该看成一个实数矩阵和一个虚数矩阵相加，其实这是不准确的，事实上，应该把 A 看成一个矩阵。

例 2.2.4 求 A=[3 4;5 6]+[1 2;7 8]i 等于多少。

在命令窗口中输入：

```
>> A=[3 4;5 6]+[1 2;7 8]i
```

在命令窗口中显示：

```
??? A=[3 4;5 6]+[1 2;7 8]i
Error: Missing operator, comma, or semicolon.
```

在这个例子中，由于[1 2;7 8]i 这种写法没有规定矩阵与虚数符号 i 的关系，因此 MATLAB 无法识别，所以报错。

例 2.2.5 设 A=[3 4;5 6]+i*[1 2;7 8]，求 A+10 等于多少。

在命令窗口中输入：

```
>> A=[3 4;5 6]+i*[1 2;7 8];
>> A+10
```

在命令窗口中显示：

```
ans =
   13.0000 + 1.0000i  14.0000 + 2.0000i
   15.0000 + 7.0000i  16.0000 + 8.0000i
```

我们知道，矩阵加上一个数，等于矩阵的每一个元素都加上这个数，在本例中，矩阵的每个元素都加上了 10，而复数运算实部和虚部应该分别对待，由结果可知，实部都加上了 10，而虚部不变。

例 2.2.6 设 A=[3 4;5 6]+i*[1 2;7 8]，求 A+10i 等于多少。

在命令窗口中输入：

```
>> A=[3 4;5 6]+i*[1 2;7 8];
>> A+10i
```

在命令窗口中显示：

```
ans =
    3.0000 +11.0000i   4.0000 +12.0000i
    5.0000 +17.0000i   6.0000 +18.0000i
```

这个例子和上一个例子类似，结果是实部不变，虚部都加上 10。

2.2.4 数值表示语法整理

现在将数值表示的方法列在表格 2-4 中，便于查阅。

这里需要注意如下几个问题：

（1）表示虚数时，字母 i 和 j 不可以使用大写 I 和 J，否则将会出现下列错误信息：

```
Error: Missing operator, comma, or semicolon.
```

（2）描述复数时不可以写成 a=3+j4 的形式，因为 j4 将会被看做另一个变量，会出现一下错误信息：

```
??? Undefined function or variable 'j4'.
```

（3）可以用变量 A=[]来表示一个空矩阵。

（4）设 A=[2 3 4;6 7 8;0 1 2]，则可以通过下列方式取出 A 中的元素：

```
A(1,2)=3
A(3,3)=2
```

括号中左边的数表示元素所在的行标，右边的数表示元素所在的列标，即矩阵 A 的第 1 行第 2 列的元素是 3，第 3 行第 3 列的元素是 2。

（5）变量小数点后保留的位数可以用 format 指令来调整。

表 2-4　MATLAB 的数值表示方法

表　示	解　释	表　示	解　释
a=5	整数	a=[3 4]	矢量
a=3.14	实数	a=[1 2;3 4]	二维方阵
a=3+4i 或 a=3+4j	复数	a=[1 2 3;4 5 6;7 8 9]	三维方阵
a=5i 或 a=5j	虚数		

习　题

1．设 A=[2 3 4;1 5 6;9 8 7]，B=[3 2 1;6 5 4;7 8 3]，分别求下列表达式的值：

A+B，A−B，A*B，A.*B，A/B，A./B，A^2。

2．设 A=3+4j，B=5+6j，分别求下列表达式的值：

A+B，A−B，A*B，A.*B，A/B，A./B，A^2。

3．在命令窗口中输入下列表达式，查看结果，思考为什么。

A=[3 4;5 6]+i*[1 2;7 8]

A=[3 4;5 6]*i+[1 2;7 8]

A=[3 4;5 6]+[1 2;7 8].*i

A=[3 4;5 6]+[1 2;7 8]*I

（参考答案见光盘）

第 3 章 矩阵的特性与基本运算

从本章开始，进入 MATLAB 的矩阵运算编程的学习与实践，为了方便自学，本章引用大量的实例，帮助读者迅速理解 MATLAB 的各种矩阵运算函数。

“MATLAB”是“Matrix Laboratory”的简称，一般将其翻译为“矩阵实验室”，顾名思义，“MATLAB”从字面上看就是一个虚拟的矩阵信息处理的实验室。实际上，MATLAB 所处理的数据就是以矩阵的形态构成的，也就是说，矩阵是“MATLAB”的基本数据单位，并且 MATLAB 最基本的功能就是进行矩阵运算或矩阵分析。

3.1 MATLAB 与矩阵运行的关系

MATLAB 平台是一个具有非常完整的矩阵分析及其相关运算的指令集的工具，特别是在如下领域：

- 矩阵分析；
- 控制系统；
- 信号处理；
- 影像处理；
- 神经网络；
- 系统仿真；
- 任务优化；
- 金融财务；
- 人机界面。

MATLAB 针对在这 9 大领域，以工具箱的模式奉献给用户，且每个工具箱都包含着该领域的最新研究成果，所以，MATLAB 不单单是一款非常强大的矩阵运算工具软件，更是一门具有紧密结合应用领域进行设计与分析的辅助设备，所以它为用户，尤其是众多科学工作者带来了极大的便利。

本章从基础的矩阵运算开始，逐步引领读者学习和掌握 MATLAB 编程过程和技巧。

3.2 矩阵的基本概念

首先，重新温习一下矩阵的概念：

由 $m \times n$ 个数 a_{ij}（i=1,...,m; j=1,...,n）排成的 m 行，n 列的数表，定义

$$A=\begin{bmatrix} a_{11} & a_{12} & \cdots & a_{1n} \\ a_{22} & a_{22} & \cdots & a_{2n} \\ \vdots & \vdots & \vdots & \vdots \\ a_{m1} & a_{m2} & \cdots & a_{mn} \end{bmatrix}$$

称为一个 $m \times n$ 矩阵，常用字母 $\boldsymbol{A}$，$\boldsymbol{B}$，$\boldsymbol{C}$，…表示，或记作 $(a_{ij})_{m\times n}$。其中，组成矩阵的每一个数称为矩阵的元素，位于第 i 行，第 j 列交点处的元素称为矩阵的 $(i\times j)$ 元。若一个矩阵的行数等于列数，即 $m=n$，则称这个矩阵为 n 阶矩阵或 n 阶方阵。

特别地，一个 $m\times 1$ 矩阵 $\boldsymbol{A}=\begin{bmatrix} a_1 \\ a_2 \\ \vdots \\ a_m \end{bmatrix}$，也称为一个 m 维列矢量，而一个 $(1\times n)$ 矩阵 $\boldsymbol{A}=[a_1\ a_2 \cdots a_n]$，称为一个 n 维行矢量。元素全为零的矩阵则为零矩阵。

从定义中可知这些数只有在排成数表的情形下，才可以称为矩阵；也就是说，在每一行（或列）的数值前后（或上下）彼此之间必然有着某种极为紧密的关系存在。所以，一堆杂乱无章的数字，即便是成横纵式地排列，也不能称为矩阵。

在工程科学领域，人们所要处理的数据，绝大部分具有矢量的性质，所以 MATLAB 的矩阵运算功能可以说是极大地显现出了其工程运用的广适性。

3.3 矩阵的操作

3.3.1 矩阵的生成

应用 MATLAB 工具软件，生成矩阵的方式有多种，下面依次介绍几种常见的方法。

1. 在命令窗口（Command window）中直接列出

一些规模较小的矩阵，可以按照一定的要求直接输入。输入时，矩阵主体用

方括号括起，元素间用空格或逗号分隔，行与行之间用分号分隔。

如：X=[x_{11} x_{12} … x_{1n} ↙ …… ↙ x_{m1} x_{m2} … x_{mn}] ↙

例 3.3.1 在 MATLAB 中创建实数矩阵 A 与复数矩阵 B 。

在命令窗口中输入：

```
A=[1 2 3; 4 5 6; 7 8 9] ↙
```

在命令窗口中显示：

```
>> A=[1 2 3; 4 5 6;7 8 9]
A =
     1     2     3
     4     5     6
     7     8     9
```

亦可分行输入，例如：

在命令窗口中输入：

```
B=[1+i 1+2i 3i↙ 2i 2 0↙ 3i i -i] ↙
```

在命令窗口中显示：

```
>> B=[1+i 1+2i 3i
     2i 2 0
     3i i -i]
   B =
     1.0000 + 1.0000i   1.0000 + 2.0000i        0 + 3.0000i
          0 + 2.0000i   2.0000                  0
          0 + 3.0000i        0 + 1.0000i        0 - 1.0000i
```

另外，矩阵中的元素也可以是变量式表达，如例 3.3.2。

例 3.3.2 通过变量式表达矩阵。

在命令窗口中输入：

```
a=1,b=2,c=3;M=[ a,b,c;a+b,b+c,c+a;a*b,b*c,c*a]
```

在命令窗口中显示：

```
>> a=1,b=2,c=3;M=[a,b,c;a+b,b+c,c+a;a*b,b*c,c*a]
    a =
        1
    b =
        2
    M =
```

```
1   2   3
3   5   4
2   6   3
```

注意：①由上面两个例子的语句可观察出，在一行的语句中使用逗号、分号或 Enter 键，最后命令窗口中显示的结果是不一样的。②按下 Enter 键后，同一行无法继续输入语句，随即显示以逗号和回车结尾的分句，而不显示以分号结尾的分句结果。

2. 利用函数直接产生特殊性质的矩阵

除了上述直接输入的方法，还可以利用一些特殊的函数直接产生一些具有特殊性质的矩阵。

表 3-1 给出了一些创建常用特殊矩阵的函数及其对应含义解释。

表 3-1 MATLAB 中创建特殊矩阵的函数

函 数	含 义	函 数	含 义
[]	生成空矩阵	zeros	生成零矩阵
ones	生成全 1 矩阵	eye	生成单位矩阵
diag	生成对角矩阵	tril	取某矩阵的下三角
meshgrid	生成网格	triu	取某矩阵的上三角
magic	生成魔方矩阵	pascal	生成 pascal 矩阵
rand	生成 0~1 之间的随机分布矩阵	randn	生成零均值单位方差正态分布随机矩阵
sparse	生成稀疏矩阵	full	还原稀疏矩阵为完全矩阵
company	伴随矩阵		

下面详细地介绍这些函数的用法。

1）空矩阵

```
A=[]                                %生成一个行数和列数都为零的矩阵
```

2）零矩阵与全 1 矩阵

```
B=zeros(n)                          %生成 n×n 的零矩阵
B=zeros(m,n)                        %生成 m×n 的零矩阵
B=zeros([m n])                      %生成 m×n 的零矩阵
B=zeros(d1,d2,d3,…)                 %生成 d1×d2×d3…的零矩阵
B=zeros([d1 d2 d3…])                %生成 d1×d2×d3…的零矩阵
B=zeros(size(A))                    %生成与矩阵 A 相同规模的零矩阵
```

生成全 1 矩阵与零矩阵的语句格式是相同，只需将对应的函数名“zeros”换成“ones”。

3）单位矩阵

```
B=eye(n)                               %生成 n×n 的单位矩阵
B=eye(m,n)                             %生成 m×n 的单位矩阵
B=eye([m n])                           %生成 m×n 的单位矩阵
B=eye(size(A))                         %生成与矩阵 A 相同规模的单位矩阵
```

这里需要注意的是，单位矩阵不存在多维的情况，所以当输入如 E=eye（m,n,s...）时，MATLAB 将报错。

4）对角矩阵

```
M=diag（v）              %抽取矩阵 v 的主对角线元素
M=diag（v）              %表示以矢量 v 作为其主对角线元素，其余为零
v=diag（A）              %表示抽取 A 矩阵的主对角线元素构成矢量
M=diag（v，k）           %以矢量 v 的元素作为矩阵的第 k 条对角线元素
N=diag（M，k）           %表示抽取矩阵 M 第 k 条对角线元素构成矢量
```

其中 k 带有符号，其正或负号分别代表该对角线在主对角线的上或下位置。

例 3.3.3 创建对角矩阵。

```
>> v=[1 2 3 4 5];                      %创建一个 5 维矢量
>> Da=diag(v)                          %取 V 为其主对角线生成矩阵 Da
  Da =
     1     0     0     0     0
     0     2     0     0     0
     0     0     3     0     0
     0     0     0     4     0
     0     0     0     0     5

>> Db=diag(v,0)                        %k=0，v 作为主对角线使用
  Db =
     1     0     0     0     0
     0     2     0     0     0
     0     0     3     0     0
```

```
     0     0     0     4     0
     0     0     0     0     5

>> Dc=diag(v,-1)        %k=-1,v作为主对角线以下第一条对角线使用
  Dc =
      0     0     0     0     0     0
      1     0     0     0     0     0
      0     2     0     0     0     0
      0     0     3     0     0     0
      0     0     0     4     0     0
      0     0     0     0     5     0

>> Dd=diag(v,1)          %k=1，v作为主对角线以上第一条对角线使用
  Dd =
      0     1     0     0     0     0
      0     0     2     0     0     0
      0     0     0     3     0     0
      0     0     0     0     4     0
      0     0     0     0     0     5
      0     0     0     0     0     0

>> M=[1.1 1.2 1.3;2.1 2.2 2.3;3.1 3.2 3.3]       %创建3×3矩阵M
  M =
      1.1000    1.2000    1.3000
      2.1000    2.2000    2.3000
      3.1000    3.2000    3.3000

>> Dx=diag(M)                        %抽取矩阵M的主对角线构成矢量Dx
  Dx =
      1.1000
      2.2000
      3.3000

>> Dy=diag(M,0)                           %k=0,Dy由其主对角线元素构成
  Dy =
      1.1000
      2.2000
      3.3000
```

```
>> Dz=diag(M,-1)     %k=-1，Dz 由其主对角线以下第一条对角线元素构成
  Dz =
      2.1000
      3.2000

>> Dq=diag(M,1)       %k=1，Dq 由其主对角线以上第一条对角线元素构成
  Dq =
      1.2000
      2.3000
```

由上例可以看出，diag（X）语句中，若 X 为矢量，则生成对角矩阵，若 X 为矩阵（维数大于 1），则实质为抽取其相应对角线所得的矢量。

5）三角矩阵

```
T=tril(M)                   %表示抽取矩阵 M 中主对角线的下三角部分构成矩阵
T=tril(M,k)                 %表示抽取矩阵 M 中第 k 条对角线的下三角部分
T=triu(M)                   %表示抽取矩阵 M 中主对角线的上三角部分构成矩阵
T=triu(M,k)                 %表示抽取矩阵 M 中第 k 条对角线的上三角部分
```

例 3.3.4 创建三角矩阵。

```
>> M=[16 2 3 13;5 11 10 8;9 7 6 12;4 14 15 1]
   M =
     16     2     3    13
     5     11    10     8
     9      7     6    12
     4     14    15     1

>> t1=tril(M)          %表示抽取矩阵 M 中主对角线的下三角部分构成矩阵
    t1 =
     16     0     0     0
     5     11     0     0
     9      7     6     0
     4     14    15     1
>> t2=tril(M,0)    %k=0，表示抽取矩阵 M 中主对角线的下三角部分构成矩阵
    t2 =
     16     0     0     0
     5     11     0     0
```

```
    9     7     6     0
    4    14    15     1

>> t3=tril(M,2) %k=2,表示抽取矩阵 M 中主对角线以上第 2 条对角线的下三角部分

t3 =

   16     2     3     0
    5    11    10     8
    9     7     6    12
    4    14    15     1

>> t4=tril(M,-1) %k=-1，表示抽取矩阵 M 中主对角线以下第 1 条对角线的下三角部分

t4 =

    0     0     0     0
    5     0     0     0
    9     7     0     0
    4    14    15     0

>> tu1=triu(M)     %表示抽取矩阵 M 中主对角线的上三角部分构成矩阵

tu1 =

   16     2     3    13
    0    11    10     8
    0     0     6    12
    0     0     0     1

>> tu2=triu(M,1)  %k=1，表示抽取矩阵 M 中主对角线以上第 1 条对角线的上三角部分

tu2 =

    0     2     3    13
    0     0    10     8
    0     0     0    12
    0     0     0     0

>> tu3=triu(M,-1)%k=-1，表示抽取矩阵 M 中主对角线以下第 1 条对角线的上三角部分

tu3 =

   16     2     3    13
    5    11    10     8
```

```
    0     7     6    12
    0     0    15     1
```

6）魔方矩阵

魔方矩阵是一类比较有趣的矩阵。通常定义一个 n 阶的魔方矩阵是由自然数 $1\sim n^2$ 排列而成的，且满足条件：

在魔方矩阵中每行、每列及两条主对角线上的 n 个数的和都等于 $\frac{n(n^2+1)}{2}$。

魔方矩阵的约束条件虽多，但用 MATLAB 来创建魔方矩阵则可谓信手拈来。

```
M=magic(k)                              %创建一个 k 阶魔方矩阵
```

其中 k≥3，否则输出的矩阵不满足魔方矩阵定义。

例 3.3.5 创建魔方矩阵。

```
>> M1=magic(1),M2=magic(2),M3=magic(3)

M1 =
     1

M2 =
     1     3
     4     2

M3 =
     8     1     6
     3     5     7
     4     9     2
```

由上例可知，magic（k）中的 k 值虽可以取 1 和 2，但是明显不能算作魔方矩阵，请读者注意这一点。

7）帕斯卡（Pascal）矩阵

帕斯卡（Pascal）矩阵就是由杨辉三角形表组成的方阵。

杨辉三角形表是数学上的概念，是由在二次项（$x+y$）^{n} 展开式中依升幂取得的系数所组成的一个数表。

帕斯卡矩阵是对称且正定的，其逆矩阵的所有元素都为整数。

```
M=pascal(n)                                  %表示生成一个 n 阶帕斯卡矩阵
```

例 3.3.6 创建一个 6 阶帕斯卡矩阵。

```
>> P=pascal(6)
   P =
        1     1     1     1     1     1
        1     2     3     4     5     6
        1     3     6    10    15    21
        1     4    10    20    35    56
        1     5    15    35    70   126
        1     6    21    56   126   252
```

8）随机矩阵

```
rand                         %生成一个随机一阶矩阵，即一个随机数
rand(n)                      %生成一个 n 阶随机矩阵
rand(m,n)                    %生成一个 m×n 随机矩阵
rand([m,n])                  %生成一个 m×n 随机矩阵
rand(size(M))                %生成一个与矩阵 M 维度相同的随机矩阵
randn(n)                     %生成 n×n 正态分布随机矩阵
randn(m,n)                   %生成 m×n 正态分布随机矩阵
randn([m.n])                 %生成 m×n 正态分布随机矩阵
randn(size(M))               %生成与 M 维度相同的正态分布随机矩阵
```

例 3.3.7 创建随机矩阵。

```
>> A=rand(4)                                 %创建一个 4 阶随机矩阵
   A =
       0.0540    0.1299    0.3371    0.5285
       0.5308    0.5688    0.1622    0.1656
       0.7792    0.4694    0.7943    0.6020
       0.9340    0.0119    0.3112    0.2630

>> B=rand(2,4) %创建一个 2×4 的随机矩阵
```

```
B =
    0.6541    0.7482    0.0838    0.9133
    0.6892    0.4505    0.2290    0.1524

>> C=rand(size(B))%创建一个与B维度相同的随机矩阵
C =
    0.8258    0.9961    0.4427    0.9619
    0.5383    0.0782    0.1067    0.0046

>> An=randn(3)%创建一个3阶正态分布随机矩阵
An =
    1.7308   -1.0582    1.0984
    0.8252   -0.4686   -0.2779
    1.3790   -0.2725    0.7015

>> Bn=randn(2,3)%创建一个2×3的正态分布随机矩阵
Bn =
   -2.0518   -0.8236    0.5080
   -0.3538   -1.5771    0.2820

>> Cn=randn(size(Bn))%创建一个与Bn维度相同的正态分布随机矩阵
Cn =
   -0.2620   -0.2857   -0.9792
   -1.7502   -0.8314   -1.1564
```

9）稀疏矩阵

```
S=sparse(F)                         %将完全矩阵转化为稀疏矩阵的排布
S=sparse(m,n)                       %生成m×n阶全零稀疏矩阵
S=sparse(i,j,s)                     %生成由i、j、s矢量定义的稀疏矩阵
S=sparse(i,j,s,m,n)                 %生成(i,j)对应元素为s的m×n阶稀疏矩阵
S=sparse(i,j,s,m,n,num)%同上的基础上必须含有num(大于i和j的长度)个非零元素
F=full(s)                           %将稀疏矩阵转化为完全矩阵
```

例 3.3.8 稀疏矩阵的创建及相关操作。

```
>> M=[0 0 0 0 2;0 0 0 1 0;0 0 0 4 0;3 0 0 0 0] %创建一个完全形式矩阵
M =
     0     0     0     0     2
     0     0     0     1     0
```

```
     0     0     0     4     0
     3     0     0     0     0

>> S=sparse(M)                          %将完全形式转化为稀疏矩阵的排布
   S =
      (4,1)        3
      (2,4)        1
      (3,4)        4
      (1,5)        2

>> i=[1 2 3],j=[4 5 6],s=[7 8 9]                    %创建3个同维行矢量
   i =
     1     2     3
   j =
     4     5     6
   s =
     7     8     9

>>s1=sparse(2,3)  %生成2×3全零稀疏矩阵
  s1 =
    All zero sparse: 2-by-3

>>s2=sparse(i,j,s)  %表示稀疏矩阵中非零元素的位置为(in,jn),值为sn
  s2 =
     (1,4)        7
     (2,5)        8
     (3,6)        9

>> F=full(s2)    %根据稀疏矩阵的排布还原其完全形式,查看s2的维度
   F =
      0     0     0     7     0     0
      0     0     0     0     8     0
      0     0     0     0     0     9
>>s3=sparse(i,j,s,5,6)        %5和6表示s3的设定维度，需满足5≥Max(in),6≥
Max(jn)
  s3 =
     (1,4)        7
     (2,5)        8
     (3,6)        9
```

```
>> F=full(s3)        %根据稀疏矩阵的排布还原其完全形式,查看 s3 的维度
   F =
        0     0     0     7     0     0
        0     0     0     0     8     0
        0     0     0     0     0     9
        0     0     0     0     0     0
        0     0     0     0     0     0

>> s4=sparse(i,j,s,5,6,3)   %同 s3 的基础上必须含有 3 个非零元素

   s4 =
        (1,4)        7
        (2,5)        8
        (3,6)        9
```

由例 3.3.8 可以看出，sparse(i,j,s,m,n)命令中，m，n 的默认值分别为 $Max(i_n)$ 和 $Max(j_n)$，所以在设定 m 与 n 时，一定不能小于其默认值，否则 MATLAB 将报错。

10）伴随矩阵

```
A=company(M)                                    %生成矩阵 M 的伴随矩阵
```

例 3.3.9 生成伴随矩阵。

```
>> v=[1 6 11 6];%矢量 v 为(s+1)(s+2)(s+3)=s^3+6s^2+11s+6 多项式的系数矩阵
>> A=compan(v)%生成相应的伴随矩阵
   A =
       -6   -11    -6
        1     0     0
        0     1     0

>> eig(A)%该伴随矩阵的特征值即为多项式值为零所得的根
  ans =
     -3.0000
     -2.0000
     -1.0000
```

3. 通过 MATLAB 中的 M 文件产生

对于一些规模较大的矩阵，我们还可以通过编辑 MATLAB 自带的 M 文件来存写我们需要的矩阵数据。

例 3.3.10 通过 M 文件创建矩阵。

建立文件名为 ex030310data.m 的文件，其中包括正文如下：

```
A=[1 2 3;4 5 6;7 8 9];
B=[1:10;10:-1:1];
```

如图 3-1 所示。

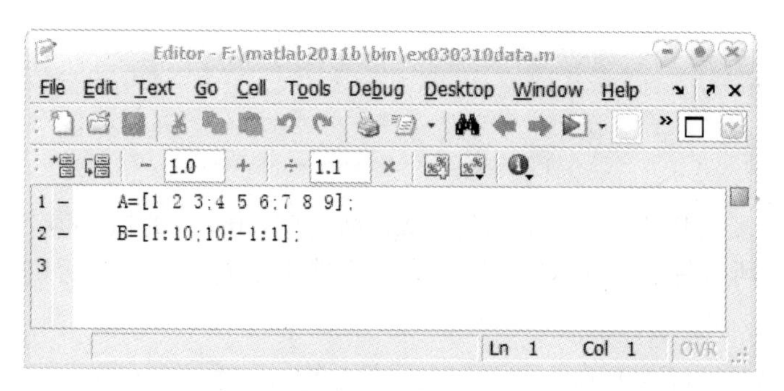

图 3-1 在 M 文件中创建矩阵数据

调用步骤：在命令窗口中输入 M 文件名，M 文件中的矩阵便自动保存至工作空间中了，如图 3-2 所示。

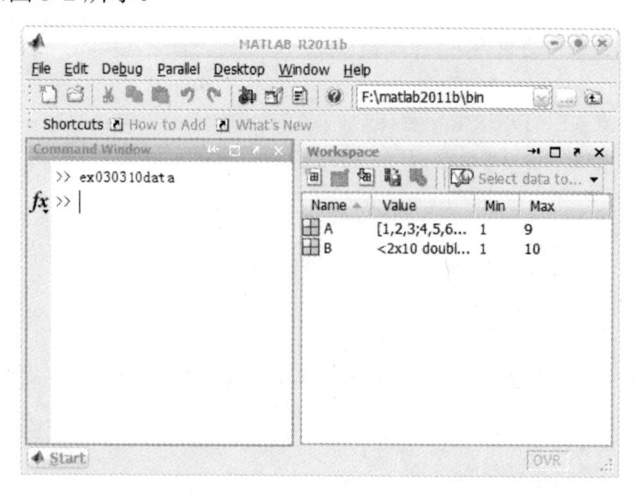

图 3-2 命令窗口中调用 M 文件

然后就可以在命令窗口中自由使用这些矩阵数据了，如图 3-3 所示。

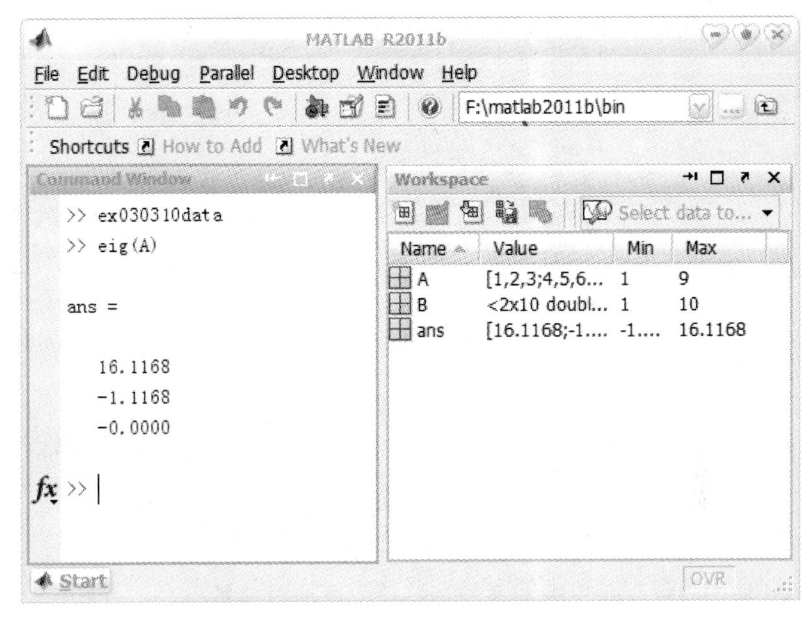

图 3-3　M 文件中的矩阵数据使用

用这种方法，既方便了对矩阵数据的输入与修改，还避免了对命令窗口产生视觉干扰。

4. 通过调用外部文件产生

MATLAB 中的矩阵数据还可以通过编辑文本文件创建。

先建立一个后缀为 txt 的文本文件，再在命令窗口中用 load 函数调用该 txt 文件便可。

例 3.3.11　通过文本文件创建矩阵。

过程如下：创建相关 txt 文件，如图 3-4 所示。

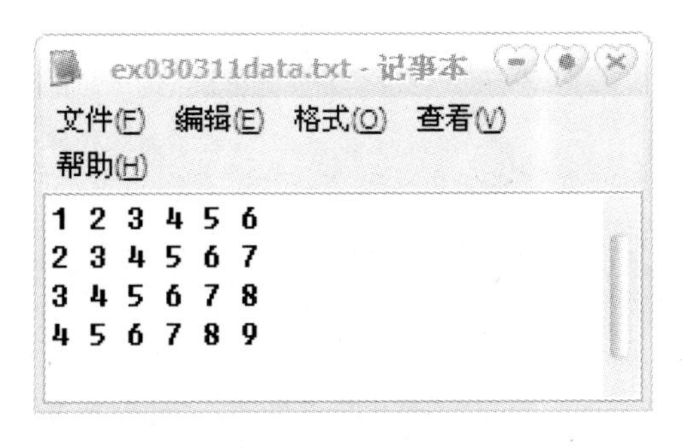

图 3-4　在文本文件编辑矩阵数据

接着 load 函数进行调用，如图 3-5 所示。

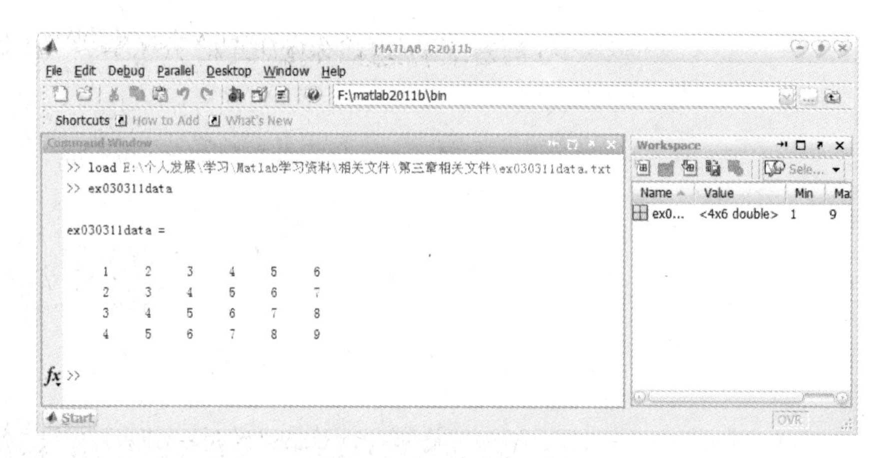

图 3-5 load 函数调用文本文件

load 后面不仅仅是单纯的文件名，还应包括路径名。

同样的，从矩阵的定义中可以知道，矩阵总是以数表形式存在的数据，由此，还可以通过 Excel 或 Dat 文件生成我们想要的矩阵。

3.3.2 矩阵的基本操作

1. 元素操作

1）元素扩充

```
M=[A0;A1 A2]                    %矩阵 A0 经加入 A1、A2 的扩充后存入矩阵 M
```

2）元素删除

```
M(:,n)=[]                       %表示删除矩阵 M 的第 n 列元素
M(m,:)=[]                       %表示删除矩阵 M 的第 M 行元素
```

3）元素修改

```
M(m,n)=a                        %表示将 M 矩阵中的第 m 行第 n 列元素改为 a
M(m,:)=[a b …]                  %表示将 M 矩阵中第 m 行元素替换为[a b …]
M(:,n)=[a b …]                  %表示将 M 矩阵中第 n 列元素替换为[a b …]^T
```

2. 数据变换

1）元素取整

```
floor(M)                                    %所有元素向下取整
ceil(M)                                     %所有元素向上取整
round(M)                                    %所有元素四舍五入取整
fix(M)                                      %所有元素按相对零就近的原则取整
```

2）有理数形式变换

```
[n,d]=rat(M)          %将矩阵 M 表示为两个整数矩阵的点除，即 M=n./d
```

3）元素取余数

```
R=rem(M,x)                                  %表示各元素对模 x 取余
```

例 3.3.12 矩阵元素的取余操作。

```
>> M=[1 2 3;2 3 4;3 4 5],R1=rem(M,0),R2=rem(M,2),R3=rem(M,5)
M =

     1     2     3
     2     3     4
     3     4     5

R1 =

   NaN   NaN   NaN
   NaN   NaN   NaN
   NaN   NaN   NaN

R2 =

     1     0     1
     0     1     0
     1     0     1
```

```
R3 =

     1     2     3
     2     3     4
     3     4     0
```

由例 3.3.12 可知，当取模为 0 时，默认取余皆为 NaN，即为不确定之意。

3. 结构变换

1）翻转

```
fliplr(M)                    %左右翻转
flipud(M)                    %上下翻转
flipdim(M,dim)               %按指定的维数翻转，特别地，dim=1 时为上下翻转，
                             dim=2 时为左右翻转
rot                          %逆时针旋转 90°
rot(M,k)                     %逆时针旋转 k×90° ，其中 k=±1， ±2 ，…
```

2）平铺

```
%矩阵由 m×n 块矩阵 M 平铺而成
repmat(M,m,n)
repmat(M,[m,n])
%矩阵由 m×n×p…块矩阵 M 平铺而成
repmat(M,m,n,p…)
repmat(M,[m,n,p…])
```

3）变维

```
%表示将 B 的元素依次填入 A 的对应位置中，A 与 B 的元素个数必须相同
A(:)=B(:)
%reshape 函数法,使矩阵 M 的元素维数=m×n
reshape(M,m,n)
reshape(M,[m,n])
%使矩阵 M 的元素维数=m×n×p…
reshape(M,m,n,p,…)
reshape(M,[m,n,p,…])
```

例 3.3.13 矩阵元素的结构变换。

```
>> A=magic(3),B=pascal(3),C=[1 2 3 4 5 6 7 8 9]     %创建待变换矩阵

A =
     8     1     6
     3     5     7
     4     9     2

B =
     1     1     1
     1     2     3
     1     3     6

C =
     1     2     3     4     5     6     7     8     9

>> fliplr(A),D=flipud(A)          %左右翻转,上下翻转

ans =
     6     1     8
     7     5     3
     2     9     4

D =
     4     9     2
     3     5     7
     8     1     6

>> repmat(B,2,3)          %将矩阵 B 以 2×3 的格式平铺

ans =
     1     1     1     1     1     1     1     1     1
     1     2     3     1     2     3     1     2     3
     1     3     6     1     3     6     1     3     6
     1     1     1     1     1     1     1     1     1
     1     2     3     1     2     3     1     2     3
     1     3     6     1     3     6     1     3     6
```

```
>> E=repmat(B,2,1)        %构成矩阵E，E由矩阵B按2×1格式平铺所得

E =
     1     1     1
     1     2     3
     1     3     6
     1     1     1
     1     2     3
     1     3     6

>> B(:)=C(:)              %将C中数据按B的格式排布，注意排布的行列顺序

B =
     1     4     7
     2     5     8
     3     6     9

>> reshape(A,1,9)       %将矩阵A按1×9的格式排布

ans =
     8     3     4     1     5     9     6     7     2
```

3.3.3 矩阵的引用

本章开始提到，矩阵是一种数据的存在形式，所以，当建立好相关矩阵数据的同时，也标志着关于矩阵的引用语句也可以为我们所用。

下面列出了矩阵数据引用的一般语句：

```
%引用矩阵的第m个元素
Matrixname(m)
%引用矩阵的第i行第j列元素
Matrixname(i,j)
%引用矩阵的第i行所有元素
Matrixname(i,:)
%引用矩阵的第j列所有元素
Matrixname(:,j)
%引用矩阵第i行中j1和j2列的元素
Matrixname(i,j1:j2)
%引用矩阵第j列中i1和i2行的元素
Matrixname(i1:i2,j)
```

```
%引用矩阵第 i 行中 j1 和 j2 列的元素
Matrixname(i,[j1 j2])
%引用矩阵第 j 列中 i1 和 i2 行的元素
Matrixname([i1 i2],j)
```

3.4 矩阵的运算

3.4.1 数组运算与矩阵运算的区别

考虑矩阵的运算，则不得不提数组的运算。一个 $1\times n$（或 $n\times 1$）矩阵（矢量）与一维数组在实际意义中一个很明显的区别便是方向性，由此而来的，各自运算的方式、方法和意义都有着鲜明的个性。放到 n 维中来看同样如此。

表 3-2 列出了一些适用于数组和矩阵的运算符及其对应含义。

表 3-2 数组运算符与矩阵运算符

含 义	数组运算符	矩阵运算符	含 义	数组运算符	矩阵运算符
加/减法	+/-	+/-	右除	.\	\
乘法	.*	*	左除	./	/
次方	.^	^	转置	.'	'

一般的，数组所强调的是元素与元素的代数运算，而矩阵采取的则更多体现线性运算的特性，在符号方面的表现就是，数组运算为点运算，而矩阵的默认一般运算是线性运算，矩阵运算符前加点才会使之成为元素与元素间的运算。也就是说，在 MATLAB 中，数组与矩阵的主要差异体现在运算符上，在形式表达上则有高度的一致性。

与矩阵的生成方式一样，数组可以直接输入，也可通过一定的函数生成。

其格式如下：

```
X=[x0 x1 x2…]                   %直接输入数组 X 的值 x0,x1,x2,…
X=first: increment: last         %增量法创建数组
X=linspace(first,last,num)       %首尾定数创建数组
X=logspace(first,last,num)       %10 倍频首尾定数创建数组
```

下面给出数组运算的实例。

例 3.4.1 数组点运算的演示。

```
>> A=[1 2 4],B=1:2:4,C=linspace(1,2,4),D=logspace(1,2,4)
```

```
A =
     1     2     4

B =
     1     3

C =
    1.0000    1.3333    1.6667    2.0000

D =
   10.0000   21.5443   46.4159  100.0000

>> S1=A.*A,S2=A./A,S3=A.\A,S4=A.^2,S5=A.' %数组的基本运算

S1 =
     1     4    16

S2 =

     1     1     1

S3 =
     1     1     1

S4 =
     1     4    16

S5 =
     1
     2
     4
```

注意：①关于左除与右除可能会混淆的问题，这里请大家牢记，只要是除法符号（斜杠），在下方的就是除数，上方的就是被除数，像分式除法一样。②数组运算勿忘加点。

3.4.2 矩阵的基本运算

下面介绍矩阵的一些基本运算。

1. 加减运算

```
%矩阵 C 为矩阵 A 与矩阵 B 的和，其中 A 与 B 的维度相同
C=A+B
%矩阵 D 为矩阵 A 与矩阵 B 的差，其中 A 与 B 的维度相同
D=A-B
```

2. 乘法运算：

1）矩阵间相乘

```
%矩阵 M 为矩阵 A 与矩阵 B 的乘积，当 A 为一维矩阵时表示对 B 矩阵的数乘
M=A*B
```

2）矢量内积

```
%C 为 A 与 B 的内积
C=dot(A,B)
%返回 A 与 B 的内积
sum(A.*B)
%C 为 A 与 B 在 dim 维上的内积
C=dot(A,B,dim)
```

3）矢量叉乘

```
%C 为 A 与 B 的叉乘
C=cross(A,B)
```

例 3.4.2 矢量叉乘运算的演示。

```
>> A=magic(3),B=pascal(3)%生成 3 阶魔方矩阵和帕斯卡矩阵

A =
     8     1     6
     3     5     7
     4     9     2

B =
     1     1     1
```

```
     1     2     3
     1     3     6

>> C=cross(A,B)
C =
    -1    -3    36
    -4     6   -34
     5    -3    11
```

使用 cross(A,B)时需注意，若 A，B 为矢量，则有且仅能含有 3 个元素；若都为矩阵，仅能为 3×n 的矩阵，且 C 同为一个 3×n 的矩阵，其中的列是 A 与 B 对应列的叉积。

4）混合积

乘法运算函数可根据不同表达式进行嵌套使用。

例 3.4.3 混合积求解。

```
>> a=[1 2 3];b=[-1 -2 -3];%创建原矩阵
>> X=dot(b,cross(a,b))%求解 X=b·(a×b)

X =
     0
```

5）矩阵卷积与解卷

```
%求 A 与 B 的卷积，即多项式乘法
C=conv(A,B)
%解卷，即多项式除法
deconv(A,B)
[m,n]=deconv(A,B)
```

例 3.4.4 多项式乘法与除法演示。

```
>> A=[1 1]; %对应多项式 s+1
>> C=conv(A,A)  %求解(s+1)*(s+1)

C =
     1     2     1
```

```
>> B=[1 3 3 1];V=[1 1];%对应多项式 B=s^3+3s^2+3s+1, V=s+1
>> deconv(B,V) %求解 B/V

ans =
     1     2     1
%答案为 s^2+2s+1

>> [m,n]=deconv(B,V)%m 为两多项式的商多项式，n 为其余式
m =
     1     2     1


n =
     0     0     0     0
```

3. 除法运算

1）矩阵除法

```
%矩阵的右除
X=A/B
%矩阵的左除
X=A\B
```

2）点除运算

```
%对应元素之间的右除
X=A./B
%对应元素之间的左除
X=A.\B
```

例 3.4.5 矩阵的除法演示。

```
>> A=magic(3),B=pascal(3)%创建 A，B 矩阵

A =

     8     1     6
     3     5     7
     4     9     2
```

```
B =

     1     1     1
     1     2     3
     1     3     6

>> C1=A/B,C2=A\B%右除，B 在下；左除，A 在下

C1 =

    27   -31    12
     1     2     0
   -13    29   -12

C2 =

    0.0667    0.0500    0.0972
    0.0667    0.3000    0.6389
    0.0667    0.0500   -0.0694

>> C1=A./B,C2=A.\B  %右点除，B 在下；左点除，A 在下

C1 =

    8.0000    1.0000    6.0000
    3.0000    2.5000    2.3333
    4.0000    3.0000    0.3333

C2 =

    0.1250    1.0000    0.1667
    0.3333    0.4000    0.4286
    0.2500    0.3333    3.0000
```

一般情况下 X=A/B 是方程 A*X=B 的解，而 X=B/A 是方程 X*A=B 的解。

4. 乘方运算

```
%B 为方阵 A 各元素求 n 次方
>>B=A^n
```

n＞0 时表示为 A 的 n 次方，n<0 时表示为 A-1 的|n|次方。

```
%C 表示矩阵 A 中各元素对矩阵 B 中各元素求幂次方，A，B，C 维数相同
>>C=A.^B
```

3.4.3 矩阵的相关函数

1. expm 函数：计算方阵指数

```
Y=expm(A)                       %Pade 近似算法（内部函数）计算 e^A
Y=expm1(A)           %使用一个 M 文件和内部函数相同的算法计算 e^A
Y=expm2(A)                                  %利用泰勒级数计算 e^A
Y=expm3(A)                          %利用特征值和特征矢量计算 e^A
```

2. logm 函数：计算方阵的对数

```
Y=logm(X)                       %计算矩阵 X 的对数，为 expm 的反函数
[Y es]=logm(X)                                %es 为相对残差的估计值
```

3. funm 函数：供生成方阵的函数

```
F=funm(A,fun)            %fun 可为任意基本函数，如 F=funm(A,'exp')
[F,es]=funm(A,fun)                          %es 为其结果相对误差估计值
```

4. sqrtm 函数：计算矩阵的方根

```
X=sqrtm(A)                                          %满足 X*X=A 的 X 矩阵
X=sqrtm(A,re)                                   %re 为结果相对误差估计值
```

5. ployvalm 函数：计算以矩阵 A 为系数的多项式

```
Ployvalm(C,s)           %C 为多项式系数矢量，方阵 s 为其变量，返回多项式值
```

3.4.4 矩阵的特殊运算

1. 矩阵的转置

```
B=A'
```

例 3.4.6 矩阵转置的演示。

```
>> A=magic(3),B=A+[j,0,0;0,j,0;0,0,j]    %创建实矩阵 A 与复数矩阵 B

A =
     8     1     6
     3     5     7
     4     9     2

B =
   8.0000 + 1.0000i   1.0000             6.0000
   3.0000             5.0000 + 1.0000i   7.0000
   4.0000             9.0000             2.0000 + 1.0000i

>> A'    %实矩阵的转置

ans =
     8     3     4
     1     5     9
     6     7     2

>> A.'    %实矩阵加点转置

ans =
     8     3     4
     1     5     9
     6     7     2

>> B'    %复数矩阵的转置

ans =
  Columns 1 through 2
   8.0000 - 1.0000i   3.0000
```

```
  1.0000              5.0000 - 1.0000i
  6.0000              7.0000
 Column 3
  4.0000
  9.0000
  2.0000 - 1.0000i
```

```
>> B.'%   复数矩阵加点转置

ans =
  Columns 1 through 2
   8.0000 + 1.0000i   3.0000
   1.0000             5.0000 + 1.0000i
   6.0000             7.0000
  Column 3
   4.0000
   9.0000
   2.0000 + 1.0000i
```

由上例看出，实数矩阵的转置，无论加点与否，结果总与线性代数中相同，而复数矩阵转置后的元素则为单纯位置转置后各元素的共轭复数，若仅仅需要复数矩阵的位置转置，则需加点转置。

2. 矩阵的逆

1）求逆矩阵

```
Y=inv(X)      %若 X 为奇异矩阵或近似奇异矩阵，matlab 将会有提示信息
```

2）求伪逆矩阵

```
Z=pinv(A)                                         %Z 为 A 的伪逆矩阵
Z=pinv(A,tol)                                         %tol 为误差
```

当矩阵为长方阵时，方程 AX=I 和 XA=I 至少有一个无解，这时 A 的伪逆矩阵在某种意义上可以代表矩阵的逆。当 A 为非奇异矩阵时，则有 pinv(A)=inv(A)。

3. 矩阵的秩

```
R=rank(A)                                        %R 为矩阵 A 的秩
R=rank(A,tol)                                    %tol 为给定的误差
```

4. 矩阵的迹：求解矩阵的迹，即矩阵的对角线元素之和

```
G=trace(A)
```

5. 方阵的行列式

```
D=det(A)                                         %返回方阵 A 的行列式值
```

6. 范数求解

1）norm 函数

```
N=norm(A)%求矩阵 A 的欧几里得范数
N=norm(A,1)%求矩阵 A 的列范数
N=norm(A,2)%求矩阵 A 的欧几里得范数
N=norm(A,inf)%求矩阵 A 的行范数
N=norm(A,'fro')%求矩阵 A 的 Frobenius 范数
```

2）normest 函数

```
Nt=normest(A)%矩阵 A 的欧几里得范数估计值
Nt=normest(A,tol)%tol 为指定误差
[Nt,coutnum]=normest(…)%coutnum 为计算估计值的迭代次数
```

7. 矩阵的集合运算

将矩阵看作集合，我们又可以进行更多的数据操作了。

下面介绍矩阵的集合运算。

1）检验集合中的元素

```
K=ismember(a,S)%a 为 S 中元素时，k 为 1，反之为 0
K=ismember(A,S,'rows')%A 和 S 有相同的列，返回行相同取 K=1，反之为 0
```

例 3.4.7 检验集合元素的演示。

```
>> A=magic(3),C=[8,2,9;3,7,5;4,9,2]%创建矩阵 A, C

A =
     8     1     6
     3     5     7
     4     9     2

C =
     8     2     9
     3     7     5
     4     9     2
>> K1=ismember(5,A),K2=ismember(19,A)%判断 A 矩阵中有无元素 5 和 19

K1 =
     1

K2 =
     0

>> K=ismember(C,A,'rows')%A 和 C 的第 1 列相同, 第 3 行相同

K =
     0
     0
     1
```

2）取集合的单值元素

```
x=unique(S)%取集合 S 中不同元素构成的矢量
x=unique(S,'row')%返回 x、S 不同行元素构成的矩阵
[b,i,j]=unique(S,'rows')%i, j 体现 b 中元素在原矢量中的位置
```

3）两集合的交集

```
C=intersect(A,B)%表示集合运算关系: C=A∩B
C=intersecrt(A,B,'rows')%A、B 列数相同, 返回元素相同的行
```

[C,iA,iB]=intersect(A,B)%C 为 A，B 的公共元素，iA 与 iB 分别表示公共元素在集合 A，B 中的位置

例 3.4.8 交集运算的演示。

```
>> A=[1 2 5;3 8 4;5 5 5];
>> B=[1 2 5;5 5 5;3 8 4]; %创建 3 阶方阵
>> C=intersect(A,B)
Error using intersect (line 55)
A and B must be vectors, or 'rows' must be specified.

>> C=intersect([1 2 3],[3 2 1])%instersect(A,B)形式中，A，B 只能为矢量

C =
     1     2     3

>> C=intersect(A,B,'rows')%只有加上‘rows’时才可处理矩阵集合形式

C =
     1     2     5
     3     8     4
     5     5     5

>> [C i j]=intersect([1 2 3],[3 2 1])%i 和 j 表示相同元素分别在对应集合
    中的位置

C =
     1     2     3

i =
     1     2     3

j =
     3     2     1

>> [C i j]=intersect(A,B,'rows') %i 和 j 分别返回相同行在 A、B 中的行数

C =
```

```
    1     2     5
    3     8     4
    5     5     5

i =

    1
    2
    3

j =
    1
    3
    2
```

4）两集合的并集

```
C=union(A,B)                    %表示集合运算关系：C=A∪B
C=union(A,B, 'rows')            %返回矩阵A，B不同的行矢量构成的矩阵，
                                相同行矢量取一
[C,iA,iB]=union(A,B, 'rows')  %iA，iB分别表示C中行矢量在原矩阵中的位置
                                用法同交集，不再举例。
```

5）两集合的差

```
C=setdiff(A,B)                %集合运算关系：C=A-B
C=setdiff(A,B,'rows')         %返回属于A但不属于B的不同行
[C,i]=setdiff(A,B,'rows')  %i为C中元素在A中的位置
```

6）两集合交集的非

```
C=setxor(A,B)%返回A∩B的非
C=setxor(A,B,'rows')%返回矩阵A，B交集的非，A，B列数相同
[C,iA,iB]=setxor(A,B,'rows')%iA，iB分别表示C中元素分别在A，B中的位置
```

8. 矩阵的关系运算

同维矩阵间还可以进行关系运算，相关运算符与其含义由表3-3列出。

表 3-3 矩阵的关系运算符

运算符	含义	运算符	含义
>	大于	<	小于
==	等于	~=	不等于
>=	大于或等于	<=	小于或等于

矩阵的关系运算中，同维矩阵的相对应元素，若关系满足则结果所得的矩阵对应元素为 1，否则为 0。

例 3.4.9 矩阵的比较关系运算演示。

```
>> A=magic(3),B=pascal(3) %创建同为 3 阶的魔方矩阵和帕斯卡矩阵

A =
     8     1     6
     3     5     7
     4     9     2

B =
     1     1     1
     1     2     3
     1     3     6

>> C1=A==B,C2=A~=B,C2=A>B,C3=A>=B%关系运算演示

C1 =
     0     1     0
     0     0     0
     0     0     0

C2 =
     1     0     1
     1     1     1
     1     1     1

C2 =
     1     0     1
     1     1     1
     1     1     0
```

```
C3 =

     1     1     1
     1     1     1
     1     1     0
```

9. 矩阵的逻辑运算

矩阵还可以进行逻辑运算。

首先，需要明确，矩阵 A 和 B 能够进行逻辑运算的条件是，A 和 B 都为 m×n 矩阵，或者其中一个量为标量。

据此，有相关的逻辑运算语句如表 3-4 所列。

表 3-4　矩阵的逻辑运算符

意　义	语　句	意　义	语　句
与运算	C=A&B 或者 C=and(A,B)	非运算	C=~A 或者 C=not(A)
或运算	C=A|B 或者 C=or(A,B)	异或运算	C=xor(A,B)

例 3.4.10　矩阵的逻辑运算演示，A，B 矩阵同例 3.4.9。

```
>> C1=A&B,C2=A|B,C3=~A,C4=xor(A,B)

C1 =

     1     1     1
     1     1     1
     1     1     1


C2 =

     1     1     1
     1     1     1
     1     1     1


C3 =

     0     0     0
     0     0     0
     0     0     0


C4 =

     0     0     0
     0     0     0
```

3.5 矩阵的应用

显而易见的，MATLAB 在矩阵数据处理方面的优势给以矩阵运算为代表的线性代数领域带来了极大的便利。故在熟悉掌握了矩阵的相关简单操作之后，本节进一步开始讨论矩阵的一些应用性操作。其在线性代数领域中的应用。

3.5.1 线性代数中一些简便运算

1. 特征值和特征矢量

```
[X,Y]=eig(A)
```

例 3.5.1 求解矩阵的特征值极其对应的特征矢量。

```
>> A=[2 2 1;2 0 2;1 0 2],[V D]=eig(A)

A =
     2     2     1
     2     0     2
     1     0     2

V =
   -0.7428   -0.5883   -0.7071
   -0.5571    0.7845    0.0000
   -0.3714    0.1961    0.7071

D =
    4.0000         0         0
         0   -1.0000         0
         0         0    1.0000
```

求得 A 矩阵的特征值为 4、-1、1，其中特征所对应的矢量依次为

(-0.7428　-0.5571　-0.3714)′,

(-0.5883　0.7845　0.1961)′,

(-0.7071　0.0000　0.7071)′。

2. 平衡矩阵

```
B=balance(A)           %求 A 的平衡矩阵 B
```

```
[T,B]=balance(A)    %求 A 的相似变换矩阵 T 和平衡矩阵 B，满足 B=T-1AT
```

例 3.5.2 平衡矩阵和相似变换矩阵的求解演示。

```
>> A=[3 5 7;0 0 6;4 2 3]

A =
     3     5     7
     0     0     6
     4     2     3

>> [T B]=balance(A)

T =
     2     0     0
     0     1     0
     0     0     1

B =
    3.0000    2.5000    3.500
    0         0         6.0000
    8.0000    2.0000    3.0000
```

3. 正交基

```
B=orth(A)                   %将 A 正交规范化
```

例 3.5.3 矩阵的正交规范化演示。

```
>> A=[1 0 3;0 1 1;2 0 0];
>> B=orth(A)
B =

   -0.9239   -0.1604   -0.3473
   -0.2923   -0.2900    0.9113
   -0.2469    0.9435    0.2210

>> C=B'*B
C =
```

```
1.0000    0.0000    0.0000
0.0000    1.0000    0.0000
0.0000    0.0000    1.0000
```

3.5.2 线性方程组求解

在线性代数中，线性方程组的一般式可表示为

$$\boldsymbol{AX=B}$$

其中，**A** 为线性方程组的系数矩阵，**X** 为未知项，**B** 则为已知常数项。

而对线性方程组的求解一般有两种：求方程组的唯一解，即特解；求方程组的无穷解，即通解。

通常在线性代数中，我们可以根据系数矩阵的秩（r）来判断解的情况：

令 r 为线性方程组系数矩阵的秩，n 为未知变量的个数。若 $r=n$，则方程组有唯一解；若 $r<n$，则方程组可能有无穷解。

并有结论：线性方程组的无穷解=对应齐次方程组的通解+非齐次方程组的一个特解。

1. 求线性方程组的特解

```
X=B\A
X=B*inv(A)
注意，其中的B为其已知项矩阵的转置。
```

例 3.5.4 求解线性方程组$\begin{cases} x_1+x_2=1 \\ x_1-x_2=-1 \end{cases}$。

```
>> A=[1 1;1 -1];        %方程组系数矩阵
B=[1 -1]                %常数项构成的矩阵的转置
>> X=B/A

X =
0    1
>> X=B*inv(A)

X =
   0    1
```

2. 求齐次线性方程组的通解

```
null(A)      %返回的列矢量为方程组的正交规范基
null(A,'r') %返回的列矢量为方程组的有理基
```

例 3.5.5 求解方程组 $\begin{cases} 2x_1 - x_2 - x_3 = 0 \\ 3x_1 + 4x_2 - 2x_3 = 0 \end{cases}$ 的通解。

```
>> A=[2 -1 -1;3 4 -2];
>> B=[4 11 11];
>> null(A,'r')

ans =
    0.5455
    0.0909
    1.0000
```

3. 求非齐次方程组的通解

如同一般的线性代数解法一样，我们可以在 MATLAB 的工作环境中按部就班地先求一个线性方程组的特解和齐次通解，然后相加得到我们想要的线性方程组的通解，但 MATLAB 提供给了我们更为便利的解答方法。

利用 rref 函数：

```
rref([A B])%B 为其已知项矩阵的转置
```

例 3.5.6 求解方程组 $\begin{cases} 2x_1 + 7x_2 + x_3 + x_4 = 6 \\ 3x_1 + 5x_2 + 2x_3 + 2x_4 = 4 \\ 9x_1 + 4x_2 + x_3 + 7x_4 = 2 \end{cases}$。

```
>> A=[2 7 3 1;3 5 2 2;9 4 1 7];
>> B=[6 4 2];
>> rref([A B])
Error using horzcat
CAT arguments dimensions are not consistent.

>> rref([A B'])%rref 中的第二个参数必须为已知项矩阵的转置

ans =
```

```
   1.0000         0   -0.0909    0.8182   -0.1818
        0    1.0000    0.4545   -0.0909    0.9091
        0         0         0         0         0
```

运算结果表明，该方程组的一个特解为:

$$X_0=(-0.1818 \quad -0.9091 \quad 0 \quad 0)$$

其基础解系有两个基矢量:

$$\varepsilon_1=(-0.0909 \quad 0.4545 \quad 1 \quad 0)$$

$$\varepsilon_2=(-0.8182 \quad -0.0909 \quad 0 \quad 1)$$

最终得该方程组的解为 $X=X_0+K_1\cdot\varepsilon_1+K_2\cdot\varepsilon_2$，$K_1$ 与 K_2 可取任意常数。

习　题

1．用 excel 文件创建矩阵。

2．用 dat 文件创建矩阵。

3．求矢量组

$X_1=(1 \quad 2 \quad 3 \quad 4)$，$X_2=(-1 \quad 3 \quad 8 \quad 9)$，$X_3=(7 \quad 7 \quad 4 \quad 1)$，$X_4=(2 \quad 3 \quad 0 \quad 4)$ 的线性相关性。

4．求解方程组 $\begin{cases} 2x_1+x_2-x_3+3x_4=3 \\ 5x_1-x_2-x_4=4 \\ -3x_1+2x_2-x_3-2x_4=1 \end{cases}$。

（参考答案见光盘）

第4章　程 序 设 计

“殊途同归”这个成语大家再熟悉不过，可是在计算机世界里，我们往往更偏爱更加节约时间和空间的算法。甚至可以说程序设计的观念不仅在于解决问题，还在于如何巧妙的运用流程控制语句来编写出最佳程序。本章节将要介绍程序设计的基础知识，主要包括 M 文件，流程控制语句以及程序设计的技巧 3 个方面。MATLAB 是所有高级语言中最友善、最相容、最常用的一种高级语言，它的许多语法与人类的口语语言几乎完全相同。因此，学完本章的内容，读者将会体会到，MATLAB 是一种非常方便的软件。

4.1　M 文 件

4.1.1　M 文件概述

在介绍 M 文件前，请看图 4-1 所示的 MATLAB 窗口。

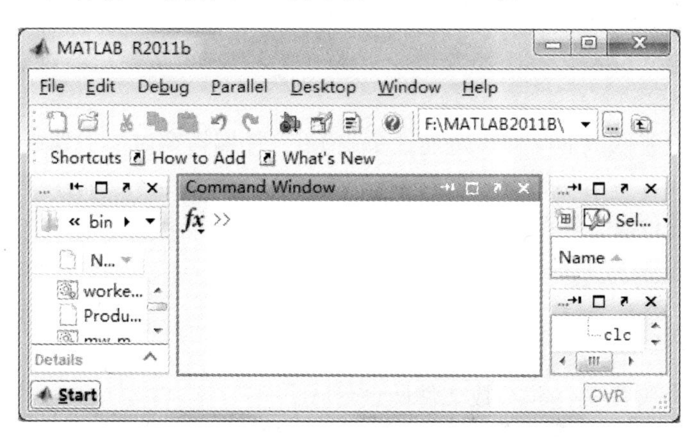

图 4-1　MATLAB 窗口

可以在图 4-1 所示的命令窗口“Command Window”中输入所要执行的命令，但这种方法不便于程序的存储、调试以及调用等。所以我们一般使用 M 文件来编辑程序。M 文件有脚本文件与函数文件两种形式，这将在 4.1.2 节作详细介绍，下面先介绍如何新建、保存与打开 M 文件。

首先，可以通过以下 3 种方法新建 M 文件：

（1）在 MATLAB 命令窗口中输入 edit，就会弹出 M 文件窗口。

（2）单击 MATLAB 窗口工具条中的图标（位置在“File”下方）。

（3）单击“File”，在下拉菜单中单击“New”，再选择“Script”即可。如图 4-2 所示。

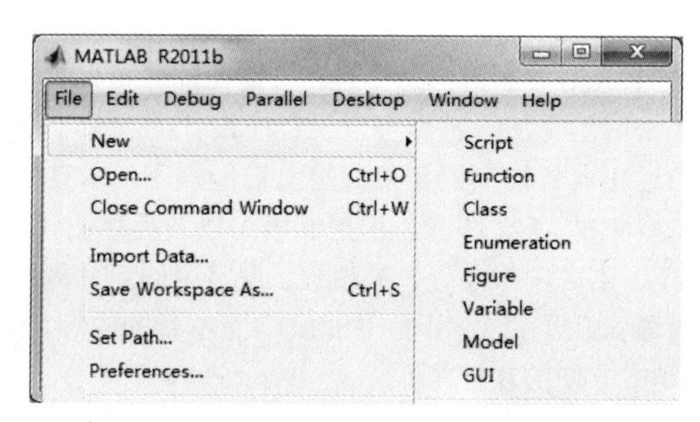

图 4-2　新建 M 文件的路径截图

若想要打开某个以编辑好的 M 文件，有以下几种方法：

（1）在命令窗口总输入“edit filename”，此处的 filename 就是指将要打开的 M 文件的文件名，可以不加扩展名。

（2）单击 MATLAB 窗口工具条中的“ ”图标，再从弹出的对话窗中选择所需打开的文件。

（3）单击“File”，在下拉菜单中单击“Open”，再从弹出的对话框中选择所需打开的文件。

经过编辑或修改的文件，可通过单击 M 文件编辑窗口中工具条上的“ ”来存储文件，或者单击编辑窗口中的 File，在下拉菜单中选择 Save，然后再将文件保存到相应的位置。保存的时候，需要注意文件名只能包含字母、数字和下划线，其后缀为“.m”。

4.1.2　M 脚本文件与 M 函数文件

M 文件有脚本文件和函数文件两种形式。

当遇到比较繁琐的计算，例如，重复计算时，使用脚本文件将比较方便。脚本文件由一串按用户意图排列的 MATLAB 指令集合构成，其运行产生的变量会留在 MATLAB 工作空间中，其运行产生的结果会在“command window”中显示，也可以以图的形式显示或者以文件形式被保存下来。下面请看一个例子。

例 4.1.1 利用 M 文件编辑的方式，作出如下函数的曲线。

```
y1=sin(2*pi*50*t)+2cos(2*pi*100*t)
y2=sin(2*pi*30*t)+2cos(2*pi*150*t)
```

其程序设计如下:

```
clear;
clc;
t=0:0.01:1;
y1=sin(2*pi*t)+2*cos(2*pi*2*t)+cos(2*pi*4*t);
y2=sin(2*pi*t)+2*cos(2*pi*3*t)+cos(2*pi*8*t);
plot(t,y1,'rp',t,y2)
```

输入程序之后，M 文件的界面如图 4-3 所示。

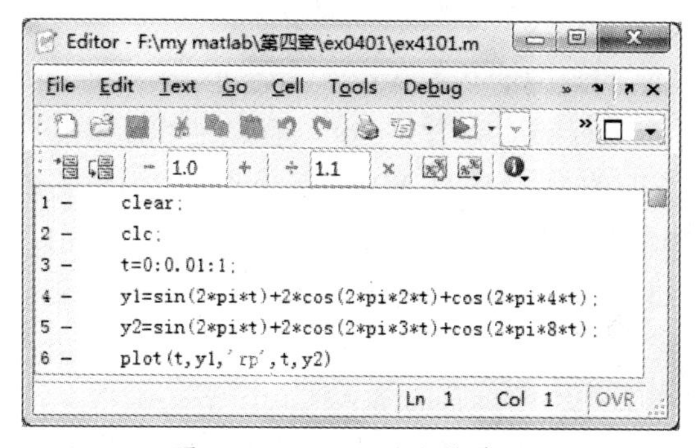

图 4-3 例 4.1.1M 文件截图

若想要运行文件，有如下 3 种方法:

（1）单击 M 文件编辑窗口工具栏中的 Debug，在下拉菜单中选择“Save File and Run”就会出现一个保存文件的窗口，选择需要保存的位置，并给编辑好的文件命名。正如 4.1.1 节所提到的，文件名只能包含字母、数字和下划线。单击保存后，运行结果就会自动弹出来。

（2）可以直接按键盘上的 f5 键，若文件还未保存，就会弹出保存窗口，接下来的步骤同上；若文件已经保存好，运行结果就会自动弹出；若文件有错，错误将会显示在“command window”中。读者可根据错误的位置自行调试。

（3）第三种方法的前提是文件已保存，并且文件名符合规范。这样，我们可以在“command window”中直接输入文件名，按 Enter 键即可得到结果。

值得注意的是，最好将 MATLAB 窗口工具栏中的文件路径改成你所存储该 M 文件的路径。即将“Current Folder”改成存储将要被运行的程序的文件夹。

例 4.1.1 的运行结果如图 4-4 所示。

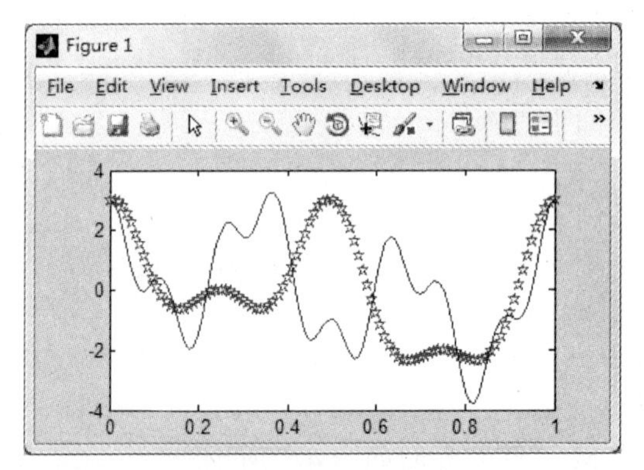

图 4-4 例 4.1.1 运行结果

例 4.1.1 所涉及到的画图的基本知识，读者可以在“command window”中输入“help plot”再按 Enter 键，查看“plot”函数的用法和相关说明，也可以参见本书第 6 章。值得说明的是，MATLAB 不能画出连续函数的图像，因此作图前要先取点，即“t=0:0.01:1”。一般情况下，我们在运行一个程序前，还应在““command window”中输入“clear”，再按 Enter 键来删除之前的程序运行时在 MATLAB 工作空间里留下的变量。

函数文件与脚本文件不同，它的格式比较严格。函数文件在工程量比较大的程序中是相当有用的。我们可以将一个比较大的问题细化到每一个函数，然后在编程过程中，各个函数可以直接拿来调用，不需要重复编辑相同的语句，否则会使整个程序看起来太过冗长。更直白的说，这些读者自行编制的函数相当于对 MATLAB 中的函数库进行了扩充，在不需要的时候就可以删去。

下面介绍函数文件的一般结构。

（1）首先，函数的第一行必须以“function”开头，称为“函数说明行”（Function Definition Line）。在函数文件运行时，系统就会为函数分配一个临时空间。函数中所包含的变量都放在这个空间中，并且在函数调用结束后释放这些空间。

（2）接下来的一行为 H1 行（The First Help Line），以“%”开头，也叫做第一注释行，一般包含大写体的函数名和用关键字形容的函数功能。当用“look for”查找时，系统只会在函数的 H1 行中搜索是否符合条件的关键字。

（3）紧接着 H1 行的为帮助文字，也是由“%”开头。主要对函数的功能进行更加详细的解释，如对函数中出现的变量的说明或者对一些函数的解释等。并且，搜索一个 M 文件的帮助时，帮助文字会同 H1 行一起出现。帮助文字与 H1

行构成的整体可以称为“在线帮助文本区”（Help Text）。

（4）“在线帮助文本区”下面空一行，仍以“%”开头，是该函数文件编辑和修改的相关记录。

（5）再下面才是函数体（Function Body），即具体实现函数功能的控制流程语句的集合。它们一般与前面的注释部分也有一个空行相隔。为了方便读者理解，函数体中有的语句后面也可以添加注释，仍以“%”开头。总之，注释部分可以根据情况自行添加，但一个函数文件中函数说明行和函数体是必不可少的。下面请看一个函数文件的例子。

例 4.1.2 在 M 文件中编制一段程序。内容如下：

```
function [m,i,j]=ex040102(A)
%FIND_GREATEST find the greatest element of an matrix
%A        表示某一矩阵
%m        指定矩阵中的最大元素，此处的指定矩阵即 A 矩阵
%randn(3,4)    随机产生一个 3 行 4 列的矩阵
%max(A)         若 A 只有一行或者一列，直接取该行或该列的最大值；
                若 A 是多行多列的，则取出各列的最大值
%find(A==m)    找出矩阵中等于 m 的元素在 A 中的位置

clear;
clc;
A=randn(3,4);
m=max(max(A));
[i,j]=find(A==m);
```

关于 M 文件的知识，暂时先介绍这么多，若读者想深入了解，可参考有关书籍。我们平时使用比较多的还是 M 脚本文件，无论怎样，组成 M 文件的指令语句是非常关键的内容。若学会灵活运用指令语句，再结合 MATLAB 工具箱中已有的函数，就可以轻而易举地利用编程解决实际工作中的问题。在 4.2 节，我们将介绍常用的流程控制语句。

4.2 流程控制语句

4.2.1 流程结构

在介绍流程控制语句之前，先了解一下常见的流程结构。常见的流程结构有

3 种：顺序结构、循环结构和选择结构。

1. 顺序结构

顺序结构是最简单的程序结构。用户在编写好程序后，系统就会按程序顺序逐一执行语句得出所需要的结果。这种顺序结构的程序虽然容易编制，但由于没有比较复杂的控制语句，其实现的功能也比较单一有限。因此，顺序结构只适用于较简单的程序。下面请看一个例题（由于程序比较简单，本节中的大部分例题都以在命令窗口中直接输入的形式给出，未用 M 文件编制）。

例 4.2.1 求数组 a、b 的商。

在命令窗口中输入：

```
>>clear;
>>clc;
>>a=[1 3 5];
>>b=[2 4 6];
>>c=a.\b
```

在命令窗口中显示：

```
c =
  2.0000    1.3333    1.2000
```

由此可见，系统会按顺序执行语句并输出结果。

2. 分支结构

分支结构一般出现在需要判断的地方，常用 if 语句来实现。有如图 4-5、图 4-6 和图 4-7 所示的 3 种形式。

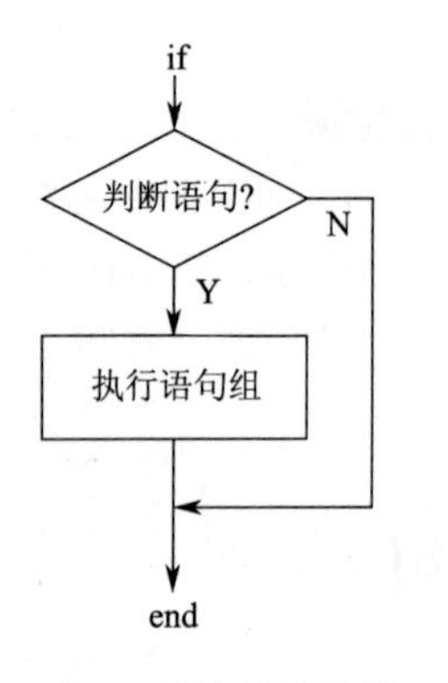

图 4-5 if…end 结构流程图

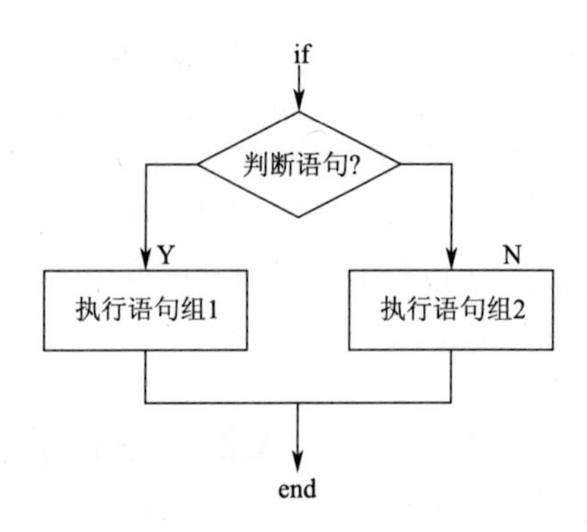

图 4-6 if…else…end 结构流程图

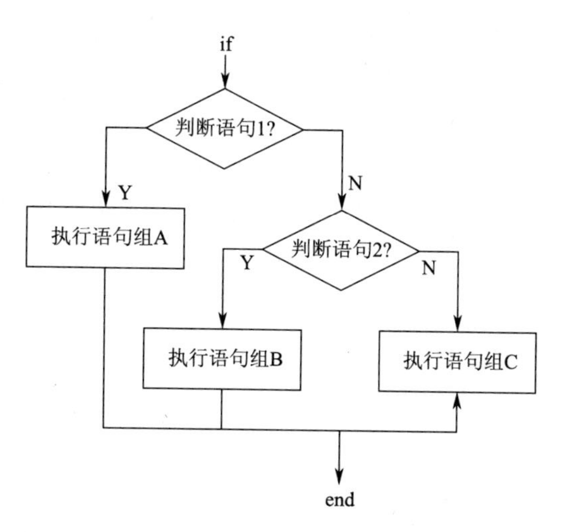

图 4-7 if…else if…else…end 结构流程图

有关 if 语句的详细运用将在 4.2.2 节说明。另外，出现选择结构时，也可以用 switch 语句实现。

3. 循环结构

循环结构一般出现在多次有规律的运算过程中。程序中，被循环执行的语句组称为循环体。另外，每循环一次，都要判断是否继续重复执行循环体，判断的依据即循环结构的终止条件。Matlab 中有 for 语句和 while 语句两种循环结构，也将在 4.2.2 节中详细介绍。

4.2.2 流程控制语句

1. for 循环结构

for 指令通常运用于循环语句，for 语句即循环语句，其关键字还包括 end、break 等。一般情况下，for 循环结构以 for 开始，以 end 结束，成为 for…end 结构，其格式如下：

```
for 循环变量=初值: 步长: 终值
语句组 A
end
```

需要说明以下几点：

（1）若“步长”省略，则以 1 为默认步长值。

（2）初值和终值可正可负，可从小到大，也可以从大到小，但必须合乎正常计数逻辑。

（3）for 后面所跟随的循环变量，有时候我们又称之为“计数器”，用以对回路控制进行计数。

（4）整个 for 指令的执行过程是：首先给循环变量赋初值，然后执行语句组 A，结束后再折返，循环变量增加一个“步长值”，然后判断是否超过了终值，若未超过则再次执行语句组 A，以此类推；若超过了，则跳过语句组 A，执行 end，整个 for 指令执行结束。

例 4.2.2 求 1+2+3+4+5+……+99+100 的和。

在命令窗口中输入：

```
>>clear
>>clc
>>sum=0;            %设定变量初值为 0
>>for n=1:100;      %设定计数器变量 n 为回路控制计数器，自 1～100 计数，
                     增量为 1
sum=sum+n;         %随计数器的增量进行累加工作，sum 初值为 0，n 的初值为 1
end                %控制回路至 end 折返
>>sum
```

在命令窗口中显示：

```
sum=
    5050
```

这个题目是循环控制最基础的一个题目。但仍有需要注意的地方，先看下面的程序：

继续在命令窗口中输入：

```
>>for n=1:100;
    sum=sum+n;
 end
>>sum
```

在命令窗口中显示：

```
sum=
    10100
```

比较原来的程序可知，若没有设置 sum 的初值，程序输出的结果就会出乎意料之外。在一般的高级语言中，若是没有设定变量的初值，则程序在执行时会以 0 为其初始值来运算。所以，许多读者习惯了这样的用法，因此，当变量初值应

该为 0 时，就把赋初值这一步省略掉了。这在 MATLAB 中是一个致命的错误。在此例中，省略 sum=0 会出现两种情况，一是答案是 sum=10100，这是因为它累计了上一次执行的结果；二是屏幕上会出现：

```
Error using sum
Not enough input arguments.
```

这是告诉我们用错了 sum 这个变量，事实上，这就是 MATLAB 的一个内涵指令。未被设定的变量，不可以使用在累加式中。如果要累加的数比较多，而变量在之前的程序中已经被赋值，所以再执行新的含有相同变量的程序时，并不能看出结果是错的。因此，最好在执行每一个新的程序之前，都用“clear”删除 MATLAB 工作空间中已有的变量，这在例 4. 1. 1 中也提到过，之后将不再说明。

例 4.2.3 设计一个程序，求 1~10 的阶乘。(1*2*……*10=?)

在命令窗口中输入：

```
>> clear
>>clc
>> x=1;
>> for  i=1:10;
        x=x*i;
        end
>> x
```

在命令窗口中显示：

```
x =
    3628800
```

这一题与例 4.2.1 极为相似，但有一个不同之处，即对变量 x 的初始值设定是 1 而不再是 0，因为 0 与任何数相乘都等于 0，得到的结果将不正确。这一题也是相当基础的重要程序，它不但可以训练我们的思维，而且还增强我们的逻辑观念与程序设计能力。

例 4.2.4 请仔细思考下列程序的执行结果，并说明原因。

在命令窗口中输入：

```
>>clear
>>clc
>> for  i=1:10;
        x(i)=i.^2;
```

```
    end
>> x
```
在命令窗口中显示：
```
x =
    1     4     9    16    25    36    49    64    81   100
```

这个题目也是相当经典的范例，若将程序运行的结果遮住，我们所预期的结果与正确答案未必一致。绝大部分人认为 x 的值会是 100，而不是一个矩阵。其他的高级语言也是如此，一个变量所代表的数值最后一定只有一个值可以存在，而不能在同一时间代表两个以上的数值存在。这就是 MATLAB 的特别之处，在 MATLAB 中，循环语句每一步得出的结果都会保存下来，例如，在这一例中，若将“x(i)=i.^2”换成“x(i)=i^2”，最后的输出结果有 10 个，依次是“x=[1],x=[1 4], x=[1 4 9],...,x=[1 4 9 16 25 36 49 64 81 100]”

例 4.2.5 以上一题为基础，进一步思考下一程序的执行结果，并说明原因。

在命令窗口中输入：
```
>>clear
>>clc
>> for  i=1:10;
        x(i)=i.^2;
   end
>> x(i)
```
在命令窗口中显示：
```
ans =
   100
```

通过例 4.2.4 与例 4.2.5，希望读者可以建立一个正确的变量的使用方法。我们在使用 x(i)这个变量时，读者可能立马领悟到其中一定存放了 i 从 1~10 的运算结果，这个想法是错误的。i 的值在回路最后变成了 10，因而 x(i)表示的是 x(10)，按 Enter 键后会得到 ans=100 的结果。若进一步输入 x(11)就会出错：

```
Index exceeds matrix dimensions.
```

即超过了矩阵定义的维度。

例 4.2.6 设计一个九九乘法表。

在命令窗口中输入：
```
>>clear
```

```
>>clc
>>for i=1:9;
   for j=1:9;
       a(i,j)=i*j;
   end
end
>> a
```

在命令窗口中显示：

```
a =
     1     2     3     4     5     6     7     8     9
     2     4     6     8    10    12    14    16    18
     3     6     9    12    15    18    21    24    27
     4     8    12    16    20    24    28    32    36
     5    10    15    20    25    30    35    40    45
     6    12    18    24    30    36    42    48    54
     7    14    21    28    35    42    49    56    63
     8    16    24    32    40    48    56    64    72
     9    18    27    36    45    54    63    72    81
```

这一程序嵌套使用了 for 语句，并且得到的结果是矩阵的形式。值得注意的是，若嵌套使用 for 语句，不能忘了每一个 for 都有一个 end 与其对应。在该例题中，变量 i 控制行，变量 j 控制列。若这样形容不够清晰，请看下面的程序：

在命令窗口中输入：

```
>>clear
>>clc
>>for i=1:10;
    for j=1:9;
        a(i,j)=i*j;
    end
end
>> a
```

在命令窗口中显示：

```
a =
     1     2     3     4     5     6     7     8     9
     2     4     6     8    10    12    14    16    18
     3     6     9    12    15    18    21    24    27
     4     8    12    16    20    24    28    32    36
     5    10    15    20    25    30    35    40    45
     6    12    18    24    30    36    42    48    54
```

```
7    14   21   28   35   42   49   56   63
8    16   24   32   40   48   56   64   72
9    18   27   36   45   54   63   72   81
10   20   30   40   50   60   70   80   90
```

由此可见 i 的范围变大，行的数量就会增加。

其实，在某些情况下，我们应该避免使用 for 语句。因为 for 语句的执行结果一般为一个矩阵，而矩阵每一个元素的位置与循环变量有关系，表示位置的量必须是正整数，而循环变量却不一定是正整数。出现这种情况，我们要么避免使用 for 语句，要么使用 length 或 size 函数。请看下面的例题。

例 4.2.7 t=0:0.1:10,y=sin(t),当 y(t)<=0 时，置 y 的值为 1/2。画出函数 y(t) 的图。

使用 for 循环的做法，在命令窗口中输入：

```
>>clear
>>clc
>>t=0:0.1:10;
>>y=sin(t);
>>for i=1:length(t)       %length(t)表示取 t 矢量的长度，此处指 t 矩阵的列数;
                          %也可以使用 "t=1:size(t,2)", size(t,2)表示 t 矩阵
                          %的列数，另外，size(t,1)表示 t 矩阵的行数
     if y(i)<=0
        y(i)=0.5;
     end
end
>>plot(t,y)
```

不用 for 循环的程序：

```
>>clear
>>clc
>>t=0:0.1:10;
>>y=sin(t);
>>y(find(y<=0))=1/2;
>>plot(t,y)
```

最终的运行结果如图 4-8 所示。

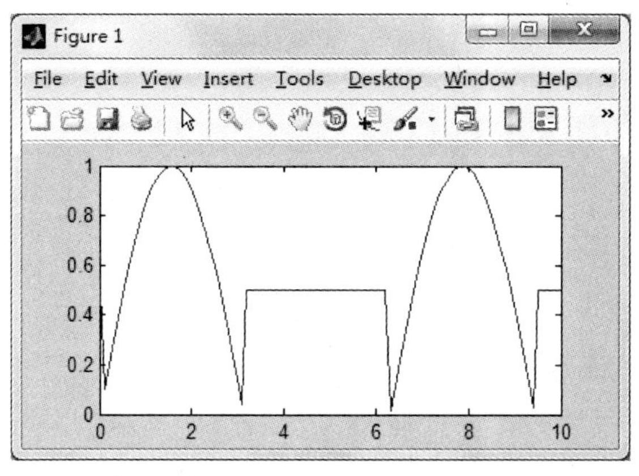

图 4-8　例 4.2.7 运行结果

在这个例题中，很显然，使用 for 语句就显得比较复杂了。有关程序设计的技巧还会在 4.3 节具体介绍。

2. if 分支结构

if 指令通常运用于分支结构（选择结构），其关键字还包括 else、elseif、end。在 4.2.1 节中，我们知道分支结构通常有 3 种形式，比较完整的结构如下：

```
if 条件 1
    语句组 1
    elseif 条件 2
          语句组 2
    else
          语句组 3
end
```

需要说明的有以下几点：

（1）在执行该语句时，首先判断是否满足条件 1，若满足，则执行语句组 1；若不满足，则再判断是否满足条件 2，若满足，则执行语句组 2；若不满足则执行语句组 3。

（2）整个指令口语化的意思如下：

假如……则……；要是……则又……；否则……。

举一个例子：假如天气晴朗则去户外野炊，要是多云则去海边游泳，否则就留在屋内。

（3）elseif 与 else 是选项，可以根据要求而舍取，有时候，并不需要 elesif，选择语句变为 if…else…end 结构或者 if…end 结构。

（4）在 if 语句中所使用的判断条件是建立在关系运算与逻辑运算基础之上的，若能熟悉掌握这两种运算，则对条件的成立与否有很大的帮助。

例 4.2.8 请思考下列程序的执行结果，并说明原因。

在命令窗口中输入：

```
>>clear
>>clc
>>a=10;
>>b=20;
>>if a<b
    disp('b>a')        %打印出“b>a”的字型
  end ↙
```

在命令窗口中显示：

```
b>a
```

这个题目使用的选择结构是 if…end 结构，若 a 的值比 b 的值大，按 Enter 键之后，没有任何输出，即若不满足 if 后面的条件，程序将直接跳过其下面的语句而执行 end，结束程序的运行。

例 4.2.9 请进一步思考下列程序的运行结果，并说明原因。

在命令窗口中输入：

```
>>clear
>>clc
>> a=100;
>> b=20;
>> if a<b
    disp('b>a')
else
    disp('a>b')
    end ↙
```

在命令窗口中显示：

```
a>b
```

这题使用的选择结构是 if…else…end 结构，相比于例 4.2.8 而言，我们增加了 else 这个关系比较式的条件判断句，即在 if 条件之后进一步的可以选择的处理方案。

例 4.2.10 下列程序的运行结果会有错误信息，请仔细思考并加以改正。

在命令窗口中输入：

```
>>clear
```

```
>>clc
>>a=20;
>> b=20;
>> if a<b
      disp('b>a')
       elseif a=b ↙
```

在命令窗口中显示：

```
elseif a=b
         |
Error: The expression to the left of the equals sign is not a valid
target for an assignment.
```

这一题本来打算使用 if…elseif…else…end 结构，输入下列程序：

```
a=20;
b=20;
if a<b
  disp('b>a')
elseif a=b
  disp('a=b')
else
  disp('a>b')
end
```

但实际上在“elseif a=b”这一步就开始出错了，因为逻辑运算中，要表示一个数等于另一个数，必须使用“==”号。所以，只要将这一步中的“=”换成“==”，程序就能顺利执行，最终输出的结果是：a=b。

除了两个数之间可以比大小之外，两个矩阵之间也可以比较大小，这里将不再举例说明，请读者自行探索。

3. while 循环结构

while 指令是另一个常用语循环结构的语句，其格式如下：

```
while 条件表达式
      语句组 A
end
```

需要说明以下几点：

（1）程序根据 while 后面的条件表达式判断是否执行下方的语句组 A。

（2）在执行 while 指令时，首先判断其后面的条件表达式的逻辑值，若为“真”，则执行语句组 A 一次，在反复执行过程中，每次都会进行测试。若测试的值为“假”，则程序的执行将会跳过语句组 A，直接执行 end 之后的下一指令。

（3）为了避免逻辑上的失误，而陷入无穷回路中，我们建议在回路中适当的位置放置 break 指令，以便在失控时可以跳出回路。

（4）while 指令也可以嵌套使用，例如：

```
  while  条件表达式 1
    语句组 1
      while  条件表达式 2
         语句组 2
      end
    语句组 3
    语句组 4
    ……
 end
```

例 4.2.11 设计一个程序，求 1~100 偶数之和。

在命令窗口中输入：

```
>>clear
>>clc
>> x=0;                    %设置变量 x 初值为 0
>> sum=0;                  %设置变量 sum 初值为 0
>> while x<101             %当 x≥101 时，程序脱离回路
     sum=sum+x;            %进行累加
       x=x+2;              %x 的步长为 2，保证结果是偶数相加得到的
end
>> sum
```

在命令窗口中显示：

```
sum =
    2550
```

例 4.2.12 假设制定这样一个存钱计划，第一天存 1 元，第二天存 2 元，第三天存 4 元，第四天存 8 元，以此类推，直到满一个月（31 天）为止，求总共存的金额数。

在命令窗口中输入：

```
>>clear
```

```
>>clc
>>x=1;
>>y=0;
>>for j=1:31;
     y=x+y;
    x=2.*x;
end
>>fprintf('Total=%f',y)
```
在命令窗口中显示：

```
    Total=2147483647.000000
```

由此可见，MATLAB 在日常生活中有极其广泛的用途，例如，可以将其作为一种计算工具运用在银行贷款或存款中。

4. switch 分支结构

当选择结构的分支较多，使用 if 语句显得冗长的时候，我们可以使用 switch 语句，其结构如下：

```
switch  变量A
    case  a1
           语句组 1
    case  a2
           语句组 2
    ……
    otherwise
        语句组 n
end
```

需要说明以下几点：

（1）该语句的执行过程，从表面上看是将 A 的值作为判别执行哪一个语句组的依据，若 A 的值为 a1 则执行语句组 1，以此类推。实际上是将 A 的值依次与 case 后面的检测值进行比较，若结果为真，则执行相应的语句，若为假则继续比较。若与所有 case 后面的值均不等，则执行 otherwise 后面的语句。

（2）A 应当是个标量或者一个字符串。因此，并不是所有分支过多的选择结构都可以用 switch 语句来解决的。当 A 为一个标量时，MATLAB 将把 A 与 case 后面的各个检测值 ai（i=1,2,3,…）作比较，即判断（A==ai）的逻辑值。若 A 为一个字符串，MATLAB 将使用 strcmp 函数来比较，即判断 strcmp（A，检测值 ai）的值。

例 4.2.13 用 switch 语句实现对学生成绩的管理。这一题用 M 文件来编制。

程序设计如下：

```
clear;
clc;
for i=1:10
         a{i}=89+i;
         b{i}=79+i;
         c{i}=69+i;
         d{i}=59+i;
end
c=[c,d];
Name={'Student1','Student2','Student3','Student4','Student5'};
Mark={98,84,76,43,100};
Rank=cell(1,5);
S=struct('Name',Name,'Marks',Mark,'Rank',Rank);
for i=1:5
    switch S(i).Marks
           case 100
            S(i).Rank='满分';
           case a
            S(i).Rank='优秀';
           case b
            S(i).Rank='良好';
           case c
            S(i).Rank='及格';
           otherwise
            S(i).Rank='不及格';
    end
 end
disp(['姓名            ','得分     ','等级']);
for i=1:5;
   disp([S(i).Name,blanks(6),num2str(S(i).Marks),blanks(6),
S(i).Rank]);
end
```

程序运行的结果如下：

```
姓名            得分      等级
Student1         98       优秀
```

```
Student2      84      良好
Student3      76      及格
Student4      43      不及格
Student5      100     满分
```

这是一个比较常见的应用 switch 语句的例子。在这个例题中，与上述说明的两点中不同的是，case 后面的检测值既不是一个标量，也不是一个字符串，而是一个数组，并且，只要被检测值与该数组中的一个元素相等，就执行相应的 case 后面的语句。这样的数组称为元胞数组。与普通数组不同的是，在创建元胞数组时，要用“{}”将数组中的元素括起来，比如上例中的“Name={'Student1','Student2','Student3','Student4','Student5'};”Name 就是一个元胞数组。若读者希望进一步了解元胞数组，可以参考有关书籍。

在这一例中，除了元胞数组有点例外，还需要说明的就是 struct 函数和 num2str 命令。“S=struct('Name',Name,'Marks',Mark,'Rank',Rank);”表示创建一个含有 5 个元素的构架数组。而 num2str 命令表示将数值变量转换成字符串，并可以与其他字符串组成新的文本，在这一例中，即将得分这一数值变量转换成字符串并且与姓名、等级这些字符串组成新的文本。若还不能清楚的理解这一概念，请看下面的例子。

在命令窗口中输入：

```
>>m=1.0;
>>s=[ ‘the height of the desk is only ’ ,num2str(m),’ meter’ ]↙
```

在命令窗口中显示：

```
s =
   the height of the desk is only 1 meter
```

若读者希望进一步了解 struct 和 num2str，请参考相关书籍，这里将不再赘述。

5. try…catch 结构

try…catch 结构语句如下：

```
try
  语句组 1
catch
  语句组 2
end
```

该语句的执行过程：总是执行语句组 1，若正确，则跳出此结构，仅当语句组 1 出现执行错误的时候，才执行语句组 2。可以使用 laster 函数查询出错的原因，若其查询结果为一个空串，说明语句组 1 被成功执行。若执行语句组 2 有出错，MATLAB 将终止该结构。请看下面的例子。

例 4.2.14 try…catch 结构语句的运用，用 M 文件编制。

程序设计如下：

```
clear;
clc;
N=4;
A=rand(3);
try
   A_N=A(N,:)
catch
   A_end=A(end,:)
end
lasterr
```

程序运行的结果如下：

```
A_end =
     0.6557    0.9340    0.7431
ans =
     Attempted to access A(4,:); index out of bounds because
size(A)=[3,3].
```

由此可见，语句组 1 “A_N=A(N,:)” 执行出现错误，因为 A 矩阵的大小只有 3 行 3 列，因而不能取到矩阵 A 的第 4 行元素。程序的运行结果指出了这一错误，并且将语句组 2 的结果显示出来了，因为语句组 2 在执行过程中没有出现错误。

6. 控制流程中其他常用的指令

控制流程中其他常用的指令如表 4-1 所列。

表 4-1 控制流程中其他常用的指令

指令及其使用格式	使用说明
v=input('message') v=input('message', 's')	该指令执行时，“控制权”交给键盘；待输入结束，按下 Enter 键，“控制权”交还给 MATLAB。Message 是提示用的字符串。第一种格式用于输入数值、字符串、元胞数组等数据；第二种格式，不管输入什么，总以字符串形式付给变量 v

（续）

指令及其使用格式	使 用 说 明
keyboard	遇到 keyboard 时，将“控制权”交给键盘，用户可以从键盘输入各种 MATLAB 指令。仅当用户输入 return 指令后，“控制权”才交还给程序。它与 input 的区别是：它允许输入任意多个 MATLAB 指令，而 input 只能输入赋给变量的值
break	break 指令可导致包含该指令的 while,for 循环终止；也可以在 if…else…end，switch…case，try…catch 中导致中断
continue	跳过位于其后的循环中的其他指令，执行循环的下一个迭代
pause pause(n)	第一种格式使程序暂停执行，等待用户按任意键继续；第二种格式使程序暂停 n 秒后，再继续执行
return	结束 return 指令所在的函数的执行，而把控制转至主函数或者指令窗。否则，只有待整个被调函数执行完后，才会转出
error('message')	显示出错误信息 message，终止程序
lasterr	显示最新出错原因，并终止程序
lastwarn	显示 MATLAB 自动给出的最新警告，程序继续运行
warning('message')	显示警告信息 message，程序继续运行

4.3 程序设计的技巧

在学习了 MATLAB 控制流程语句后，读者应该能感受到，MATLAB 语言与人类口语非常相似，没有什么复杂难懂的地方。除了许多函数可能需要单独去学习、理解、运用之外，其他指令都是非常通俗易懂的。尽管如此，在编程的时候还是要注意一些细节。当工程比较庞大的时候，MATLAB 运行的速度是比较慢的，若因为一个细节错误，而耽误了时间，是非常不理想的。除此之外，也要考虑到程序的执行效率，尽量缩短程序的运行时间。这一节将介绍一些常用的 MATLAB 编程技巧。

4.3.1 嵌套计算

一个程序的执行速度取决它所处理的数据，调用的子函数的个数以及程序所采用的算法。我们通常会尽量减少子程序的个数，提高算法的效率。嵌套计算在一定程度上降低程序的复杂度，减少了程序运行的时间。这里所说的嵌套计算与 4.2.2 节中 while 语句的嵌套使用是有区别的，请看下面的例子。

例 4.3.1 有两个多项式：（1）$y=a_0+a_1x+a_2x^2+a_3x^3$；（2）$y=a_0+x[a_1+x(a_2+a_3x)]$。表达式（2）是表达式（1）的嵌套表达方式。前者需要 3 次加法和 6 次乘法，后者需要 3 次加法和 3 次乘法，显然，后者的效率更高，下面用程序来说明（用 M 文件编制）。

程序设计如下：

```
clear;
clc;
N=100000;                    %假设多项式有 100000 项
a=1:N;                       %每一项的系数依次为 1, 2, …, 100000
x=1;                         %x 的值为 1
tic                          %初始化时钟
y1=sum(a.*x.^[0:1:N-1]); %求多项式 y1=1+2x+3x^2+4x^3+…+100000x^99999
                             的值
y1,toc                       %显示 y1 的值，终止时钟，获得执行时间
tic
y2=a(N);
for i=N-1:-1:1
   y2=y2*x+a(i);
           %嵌套计算 y2=(…((100000x+99999)x+99998)x…)x+1 的值
end
y2,toc
tic,y3=polyval(a,x),toc    % polyval 函数是 MATLAB 自带的求多项式值
                              的函数
```

程序运行的结果如下：

```
y1 =5.0001e+009
Elapsed time is 0.006577 seconds.
y2 =5.0001e+009
Elapsed time is 0.003194 seconds.
y3 =5.0001e+009
Elapsed time is 0.006609 seconds.
```

由此可见，使用嵌套计算花的时间最短，调用 polyval 函数的方法花的时间最长。并且，在这一例中，我们可以看出，就求多项式而言，我们可以根据表达式的规律，减少加减法或乘除法的次数，而使得多项式的值不发生改变，即可提高运算效率。只不过这一例，我们恰好可以使用嵌套计算的方法来实现这一目标。

例 4.3.2 分别运用嵌套计算和非嵌套计算求泊松分布的有限项之和。

$$F(M)=\sum_{n=0}^{M}\frac{\lambda^n}{n!}\mathrm{e}^{-\lambda}$$

由概率论的知识可知，当 $M\to\infty$时，$F(M)\to 1$，用 M 文件编制。

```
clear;
clc;
r=80;                 %r 即 λ
M=160;
p=exp(-r);
f1=0;
for i=1:M;            %使用嵌套计算
        p=p*r/i;
        f1=f1+p;
end
f1
f2=0;
for i=1:M;                    %使用非嵌套计算
         p=r^i/factorial(i);     % factorial(i)表示求 i 的阶乘
        f2=f2+p;
end
f2*exp(-r);
f2
```

程序的运行结果如下：

```
f1 = 1.0000
f2 = 5.5406e+034
```

由此可见，嵌套计算不仅缩短了程序运行的时间，更提高了程序运行结果的准确性。

4.3.2 循环计算

由 4.2.2 节可知，MATLAB 有 while 和 for 两种循环计算语句。在程序设计技巧这一章中，我们提出循环计算，并不是因为循环计算也可以提高程序运行效率，而是要强调尽量避免使用循环语句。

需要具体说明以下几点：

（1）避免使用循环语句，尽量使用矢量计算代替循环计算。例如，“for i=1:100”可以直接用“i=1:100”来代替，需要注意的是，接下来涉及 i 的计算也将是矢量计算。

（2）在必须使用 for 循环时，为了得到最大速度，在 for 循环被执行前，预先分配相应的数组内存。

（3）优先考虑内联函数（inline），因为内联函数由 C 语言构造，其运行速度显然快于使用循环的矩阵运算。

（4）应用 MEX 技术。MATLAB 语言虽然更人性化，但它也有缺点，即运行速度慢。若采取很多措施后，运行速度仍然很慢，则应该考虑使用其他语言，如 C 语言等。这时候，就需要按照 MEX 技术要求的格式编写相应的程序，然后通过编译连接，形成在 MATLAB 中可以直接调用的动态链接库（DLL）文件。有关 MEX 的知识，读者可以参考相关书籍。

4.3.3 使用例外处理机制

我们在编写程序的时候难免会犯一些错误，这时，可以通过 MATLAB 窗口的错误提示信息来修改源程序。如果，由于用户使用不当，而使程序不能输出正确的结果，就应该考虑到去完善程序，以便用户在使用不当时，指出使用错误并指导用户如何正确使用程序了。简单讲，就是在原程序中添加例外处理语句。请看下面的例子。

例 4.3.3 假设编辑一个函数文件如下：

```
function ex040303(n)
clear;
clc;
if (n<=0)|(ceil(n)~=n)
     error('输入的数必须是正整数')
else
      n
end
```

当用户在 MATLAB 命令窗口中输入 ex0419(1.3)时或者 ex0419(-1)时，会得到

```
>> ex0419(1.3)
Error using ex0419 (line 3)
输入的数必须是正整数

>> ex0419 (-1)
Error using ex0419 (line 3)
输入的数必须是正整数
```

由这个例子可知，我们可以用 error('message')指令来完善源程序。有关 error 指令的用法在 4.2.2 节中已经提到过。用户在使用时发生的错误，大多数都是由越界或者其他不符合矩阵运算的因素引起的。值得注意的是，输入的数不能超过矩阵的边界，也不能为非正整数。

有时候，也因为用户输入的参量个数超过设定的最大个数或者类型不符合要求而发生错误。若输入的参量少于设定的个数，则为输入的参量一般会用默认值。如 plot（x,y）,若只输入 plot（y），此时默认的 x 轴为[0,1,2,…]序列。此处，我们介绍一个可以判断输入变量个数的函数，即 nargin 函数。其具体用法通过下面的例子来说明。

例 4.3.4 编辑一个 M 函数文件用于求两个多项式之和。

程序设计如下：

```
function p=ex040304(a,b)
clear;
clc;
if nargin==1                    %若输入的参数个数为 1,则始终将其作为第一个参量
    b=zeros();                  %第二个参量默认为零矢量
elseif nargin==0                %若输入的参数个数为 0，则报错
    error('empty input');
end
a=a(:).';
b=b(:).';
la=length(a);                   %当 a 与 b 的长度不同时，较短的矢量默认在前面
lb=length(b);                    补零，使之与另一个矢量等长
p=[zeros(1,lb-la) a]+[zeros(1,la-lb) b];
```

编辑好函数文件后若在命令窗口中输入：

```
>>a=[1 2 3];
>>ex0420 (a)↙
```

就会得到：

```
ans = 1     2     3
```

若输入：

```
>>ex0420 ()
```

就会得到：

```
Error using ex0420 (line 5)
empty input
```

由这个例子可知，nargin 函数可用来判断输入的参量的个数，当参数个数输

入不符合要求时就会报错，使得程序更加完美。

4.3.4 使用全局变量

MATLAB 语言不同于 C++等语言，在使用变量的时候一般直接命名并赋值即可，不需要声明变量类型，MATLAB 会根据赋值的形式默认变量的类型。但 MATLAB 中并不是所有的变量都可如此，比如全局变量。用户需要在主程序或者子程序中声明一个或多个全局变量，这些全局变量在函数和主程序中就可以直接被引用了。这也是提高程序运行效率的方法之一。其生成格式如下：

```
global v1 v2 … vn
```

值得注意以下几点：

（1）生成全局变量时，各变量用空格隔开。

（2）在函数中调用全局变量后，全局变量保留在 MATLAB 工作空间中。

（3）两个或多个函数可以共有同一个全局变量，只需同时在这些函数中用 global 语句定义即可。

（4）最好将全局变量全部用大写字母命名，避免与局部变量重名。

（5）一旦被声明为全局变量，则在任何声明它的地方都可以对其进行修改。因此，用户很难知道全局变量的确切值，使得程序的可读性下降。

下面通过实例来了解全局变量的用法。

例 4.3.5 本例将说明全局变量的声明即函数传递。

```
function Sa=ex040305(t,D)      %子函数，用于生成一个抽样函数 Sa(t)
global D
t(find(t==0))=eps;
Sa=sin(pi*t/D)./(pi*t/D);

function ex040305main() %主函数
clear;
clc;
global D
D=1;
t=-10:0.001:10;
plot(t,ex040305(t,D))
```

程序的运行结果图 4-9 所示。

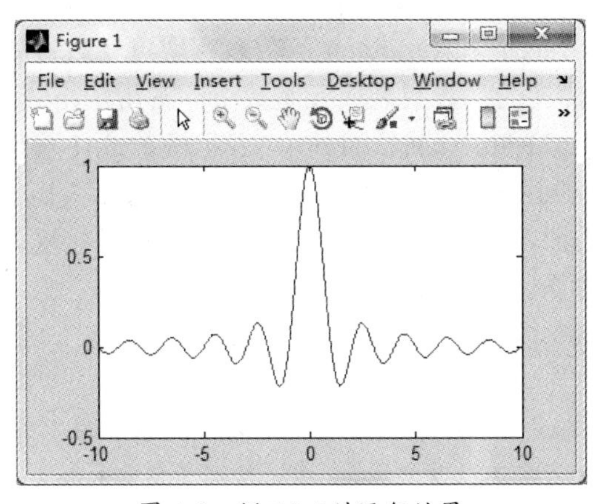

图 4-9 例 4.3.5 的运行结果

若将子程序 ex040305 中的全局变量声明语句改为“global D=2”,则程序的运行结果（图 4-10）变为：

```
>> ex040305main
Warning: The value of local variables may have been changed to match the
        globals. Future versions of MATLAB will require that you declare
        a variable to be global before you use that variable.
> In ex0421 at 2
  In ex0421main at 5
```

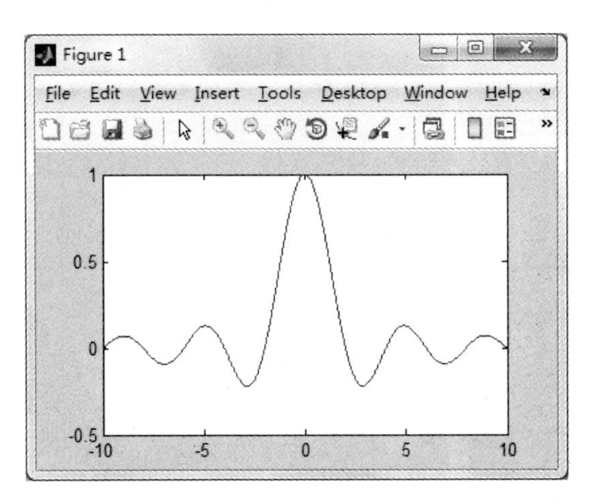

图 4-10 例 4.3.5 修改子函数 D 值之后的运行结果

可见在子函数中对全局变量赋的值会覆盖主函数中对全局变量赋的值。

4.3.5 通过 varargin 和 varargout 传递参数

有时候，用户并不能确定函数调用过程中传递的输入参数和输出参数的个数，此时，就可以使用 varargin 和 varargout 函数来实现可变数目的参数传递。varargin 和 varargout 函数将传递的参数封装成元胞数组。其用法格式如下：

（1）function[p1,p2]=ftn1(a,b,varargin)，表示函数 ftn1 可以接受输入参数大于两个的函数调用并返回两个输出参数。必选的参数是 a 和 b。

（2）function[p1,p2，varargout]=ftn2(a,b)，表示函数接受两个输入参数，可返回大于两个的输出参数。

下面我们通过具体实例来说明。

例 4.3.6 利用 varargin 函数对例 4.3.5 作图，并且作出不同输入参数个数时的图。方便起见，将 ex040305 中的 D 重新定义，使用全局变量看不出结果的明显变化（用 M 文件编制）。

先将 ex040305 修改如下：

```
function Sa=ex040306picture(t,D)
if nargin<=1
   D=2
end
t(find(t==0))=eps;
Sa=sin(pi*t/D)./(pi*t/D);

function ex040306()
clear;
clc;
D=0.5;b1=-8;b2=8;
t=b1:0.01:b2;
bounds=[b1 b2];
subplot(1,3,1)
ex4306plot('ex040306picture')
axis([b1 b2 -0.4 1.2])
subplot(1,3,2)
ex4306plot('ex040306picture',bounds)
axis([b1 b2 -0.4 1.2])
subplot(1,3,3)
ex4306plot('ex040306picture',bounds,D)
axis([b1 b2 -0.4 1.2])

function ex040306plot(ftn,bounds,varargin)
if nargin<2
     bounds=[-2 2];
```

```
end
b1=bounds(1);
b2=bounds(2);
t=b1:0.01:b2;
x=feval(ftn,t,varargin{:});
plot(t,x)
```

程序运行的结果如图 4-11 所示。

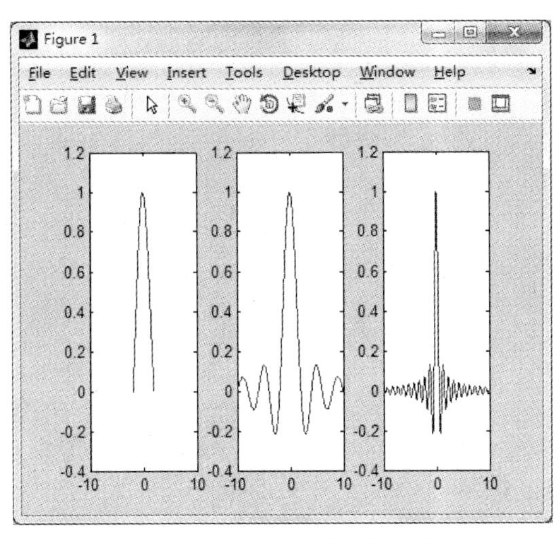

图 4-11 例 4.3.6 的运行结果

针对例 4.3.6 而言，也可以使用普通方法来解决，即使用 if…elseif…end 语句来实现，但这种方法过于烦琐。可见，varargin 和 varargout 函数可以降低函数复杂性，提高函数运行效率。若读者想深入了解参数传递函数的运用，也可以参考相关书籍。

习　题

1．分别用 for、while 循环以及不使用循环语句的方法求 $\sum_{i=1}^{50} 2^i$ 的值。

2．数据：

　　−12,3,0,60,1,9,23,72,88,30

设计一个程序，实现以下功能：

（1）将上述数据从大到小排列；

（2）求上述数据之和；

（3）可以得知上述数据共有几个值；

（4）将上述数据中的偶数取出；

（5）找出上述数据中的最大值；

（6）找出上述数据中既能被 3 整除又能被 5 整除的数；

3．编写一个画图函数，将其作为子函数，在主函数中调用之。并且满足：当输入的参数为空时，绘制单位圆；当输入的参数为一个大于 2 的正整数时，绘制出以参量为边数的正多边形若输入的参量为其他情况，则报错。

（参考答案见光盘）

第 5 章　函数的分析

MATLAB 作为一种超高级语言，有它独特的功能。本章将了解 MATLAB 中重要的组成部分——函数。

MATLAB 中提供了各种各样的关于数值计算的数学函数，并用图像直观的表示出计算的结果。这是和高级语言 C++有很大区别的。在 C++中有的函数需要我们自己去定义，然后再去调用。而在 MATLAB 中，知道这些函数的语法即可，调用函数总是比自己去定义函数简单地多，这也使更多的人能很快的掌握 MATLAB 的用法。

本章详细列出了在数值信号处理中比较常用的函数，例如，三角函数，矩阵函数，傅里叶变换函数等，还有一些特殊的函数。

在今天高速发展的科技领域，很多时候我们并不需要知道我们输入数据后，这些数据如何得出结果，我们只要能够利用好这些工具，得出我们需要的结果即可。

5.1　函数分析相关指令

MATLAB 在函数解析上提供了非常完整的函数指令，帮助使用者得以非常简便的完成所需要的相关指令。MATLAB 在处理函数方面的指令非常丰富，可分为 6 大项目。

1. 数学函数（Mathematics Funtion）：

（1）基本矩阵与矩阵运算；

（2）特殊矩阵；

（3）基本数学函数；

（4）特殊数学函数；

（5）坐标系统转换；

（6）矩阵函数与线性代数；

（7）资料分析与傅里叶转换；

（8）多项式函数；

（9）非线性函数与数值方法；

（10）稀有函数。

2. 绘图函数(Graphics Funtion)**：**

绘图与资料图像化。

3. 程序与资料函数（Programming And Data Types Funtion）：

（1）运算子与特殊符号；

（2）逻辑函数；

（3）文字结构与出错；

（4）字符串函数；

（5）位元函数；

（6）结构函数；

（7）MATLAB 物件函数；

（8）阵列元素函数；

（9）多维阵列函数。

4. 圆形人机界面函数（Creating Guis Funtion）：

圆形人机界面函数之创作。

5. 外界界面函数（External Interfaces Funtion）：

（1）MATLAB 对 JAVA 之人机界面；

（2）串列输入/输出 port。

6. 发展工具函数（Development Environment Funtion）**:**

（1）一般性指令；

（2）声音处理函数；

（3）档案输入/输出函数。

由于 MATLAB 在函数方面的指令极为丰富，本书也无法一一列出，这里只列出在程序设计的工程中常常用到的一些函数，并列有范例。

5.2 基本数学函数

MATLAB 用到的基本数学函数如表 5-1 所列，这些函数既可以直接在命令窗口（Command Window）中输入，也可以在编写 M 文件时使用。

表 5-1 基本函数和指令

函 数	说 明	函 数	说 明
abs(x)	对矩阵 x 取绝对值	log(x)	lnx
sign(x)	取出矩阵 x 的符号	log10(x)	log10(x)
sqrt(x)	对矩阵 x 求平方根	log2(x)	log2(x)
exp(x)	e.^x		

例 5.2.1 计算矩阵 x=[13,-5,-12]的 abs、sign、sqrt 值。

在命令窗口中输入:

```
>> %Basic Mathematics Funtion
>> x=[13,-5,-12]
>> a=abs(x)
>> b=sign(x)
>> c=sqrt(x)
```

在命令窗口中显示:

```
a =
13     5    12
b =
     1    -1    -1
c =
  3.6056        0 + 2.2361i        0 + 3.4641i
```

“%”符号后面的为注解，一行中“%”后面的语句并不参与运行。如果将 a=abs(x)改成 a=abs(x)；时，按 Enter 键，返回的结果得不出“a = 13 5 12”。因为在 a=abs(x)后面加“；”就不显示运行结果，这个地方需要大家注意的。

例 5.2.2 计算 x=10 时，求 e.^(50/x)

在命令窗口中输入:

```
>> clear;
>> x=10;
>> y=exp(50/x)
```

在命令窗口中显示:

```
y =
   148.4132
```

clear 是清除之前参数的作用，当直接在 command window 中输入 clear 时，按 Enter 键，在 workspace 中的变量就被清除掉，这时得重新输入变量 x、y。

例 5.2.3 计算 x=1000 时，求 log(x)。

在命令窗口中输入:

```
>> clear;
>> x=1000;
>> y=log(x)
```

在命令窗口中显示:

```
y =
    6.9078
```

例 5.2.4 计算 x=100 时，log10(x)。

在命令窗口中输入：

```
>> clear
>> x=100
>> y=log10(x)
```

在命令窗口中显示：

```
y =
     2
```

例 5.2.5 计算 x=1024 时，log2(x)。

在命令窗口中输入：

```
>> clear
>> x=1024
>> y=log2(x)
```

在命令窗口中显示：

```
y =
   10
```

例 5.2.6 绘制指数函数 exp（x）的函数曲线图，x 的范围为 0~100。

在命令窗口中输入：

```
>> clear ;
>> x=0:0.01:100;
>> y=exp(x);
>> plot(y);
```

在命令窗口中显示，如图 5-1 所示。

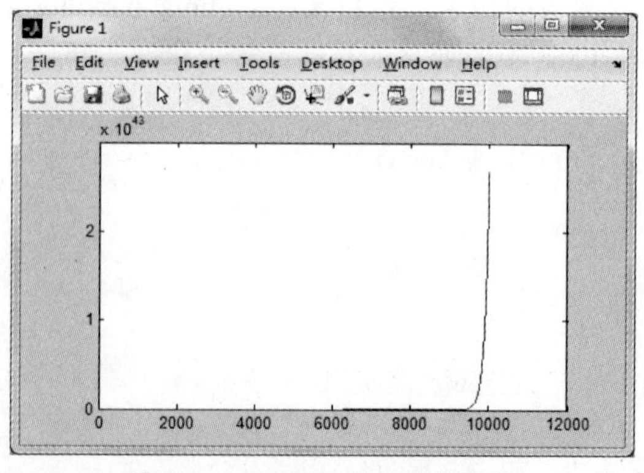

图 5-1　exp（x）的函数曲线图

程序中利用到绘图函数 plot(y)，在 x=0:0.01:100;中 0.1 表示采样的间隔。该程序中在语句后面加“;”可以省略大量的采样得出的结果。如果将“x=0:0.01:100;”改成“x=0:10;”时，系统将自动以间隔 1 进行采样运行的结果如图 5-2 所示。

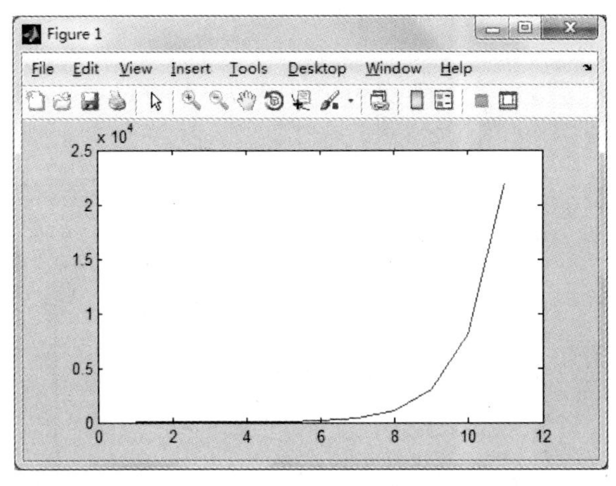

图 5-2 exp（x）的函数曲线图

例 5.2.7 绘制对数函数 log(x)的函数曲线图，x 的取值范围为 1~100。

在命令窗口中输入：

```
>> clear ;
>> x=1:1:100;
>> y=log(x);
>> plot(y);
```

在命令窗口中的显示，如图 5-3 所示。

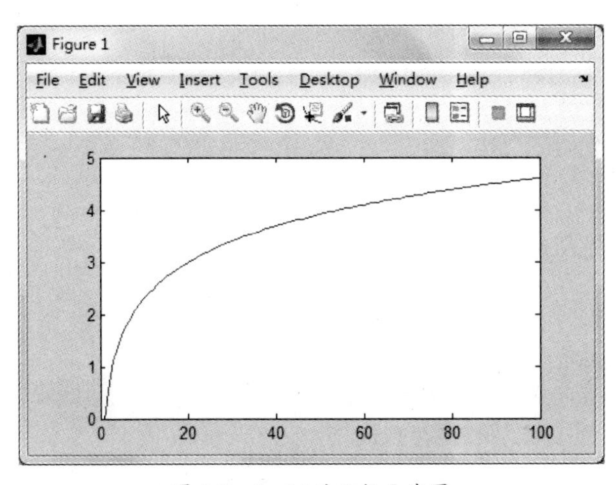

图 5-3 log(x)的函数曲线图

例 5.2.8 设计程序能同时编制对数函数 log(2x)、log10(2x)、log2(2x)3 种函数的特性曲线图，这样可更直观的比较对数函数的特性。

在命令窗口中输入：

```
>> clear ;
>> fplot('[log(2*x),log10(2*x),log2(2*x)]',[ 1,100]);
```

在命令窗口中的显示，如图 5-4 所示。

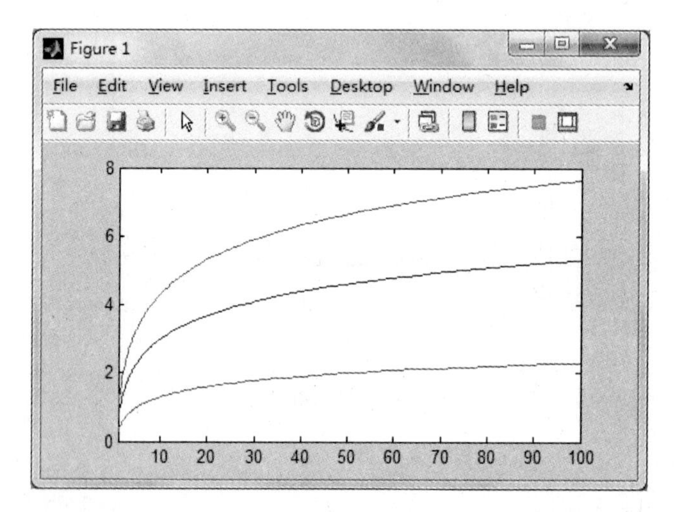

图 5-4　log（2x）、log10(2x)、log2(2x)3 种函数的特性曲线图

例 5.2.9 对于范例 5.2.8，可以实现同样的功能，但程序设计却是另一种方法。其利用基本的绘图函数 plot(y)。

在命令窗口中输入：

```
>> clear;
>> x=1:1:100;
>> y1=log(2*x);
>> plot(y1);
>> hold on;
>> y2=log10(2*x);
>> plot(y2);
>> hold on;
>> y3=log2(2*x);
>> plot(y3);
```

在命令窗口中的显示，如图 5-5 所示。

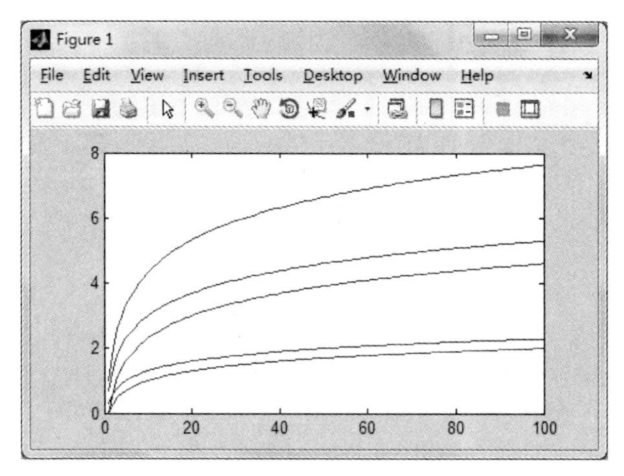

图 5-5 log（2x）、log10(2x)、log2(2x)3 种函数的特性曲线图

这种设计方法代码比较长，容易理解。Hold on 的作用是保持原来的图形，再将后面的图像叠加上来。

5.3 三角函数与反三角函数

MATLAB 提供了三角函数在使用上的各项功能，并针对各项系数、矢量、矩阵等进行三角函数的运算（表 5-2）。而要注意的是，三角函数的各项基本功能运算都是经度而不是角度，如果要将经度转换为角度则必须乘以（pi/180）。

表 5-2 函数和说明

函 数	说 明	函 数	说 明
sin(x)	正弦函数	asin(x)	反正弦函数
cos(x)	余弦函数	acos(x)	反余弦函数
tan(x)	正切函数	atan(x)	反正切函数
cot(x)	余切函数	acot(x)	反余切函数
sec(x)	正割函数	asec(x)	反正割函数
csc(x)	余割函数	acsc(x)	反余割函数

例 5.3.1 绘制出一个周期内 2*sin(t)的波形图。

在命令窗口中输入：

```
>> clear;
>> t=0:0.01:1;
>> y=2*sin(2*pi*t);
>> plot(y);
```

在命令窗口中的显示，如图 5-6 所示。

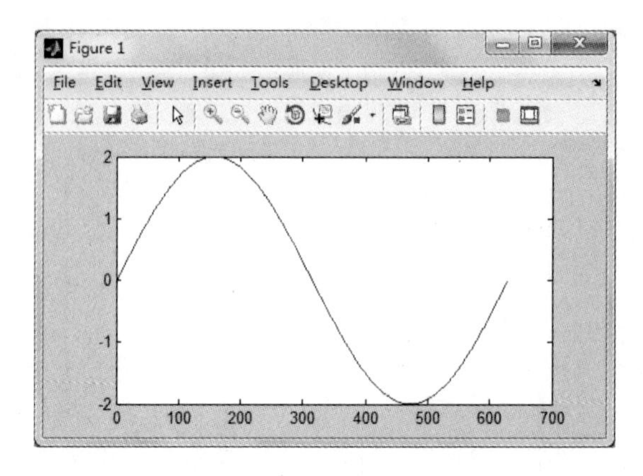

图 5-6　2*sin(t)的波形图

2*pi 表示笛卡儿坐标系中的 360°。采样间隔越小则绘制出的图像越接近真实图像。

例 5.3.2　在一张图中，同时绘制出 sin(x),cos(x)的图像。

在命令窗口中输入：

```
>> clear;
>> x=0:0.001:2*pi;
>> y1=sin(x);
>> plot(y1);
>> hold on;
>> y2=cos(x);
>> plot(y2);
```

在命令窗口中的显示，如图 5-7 所示。

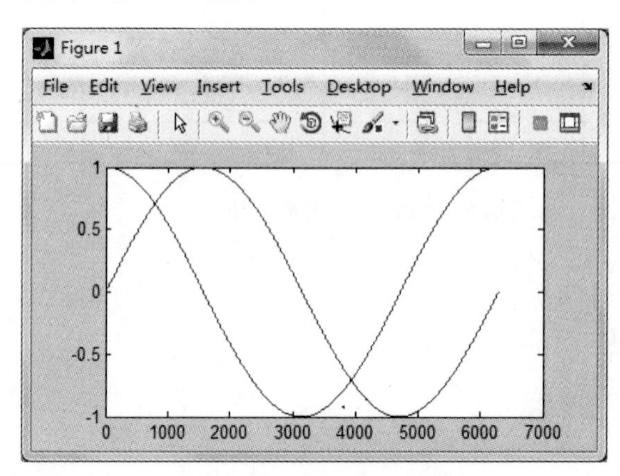

图 5-7　sin(x),cos(x)的图像

例 5.3.3 在一张图上同时绘制 sin(2*x),cos(2*x),tan(2*x)的函数图像。

在命令窗口中输入：

```
>> clear;
>> fplot('[sin(2*x),cos(2*x),tan(2*x)]',[-2*pi,2*pi,-4,4]);
```

在命令窗口中的显示，如图 5-8 所示。

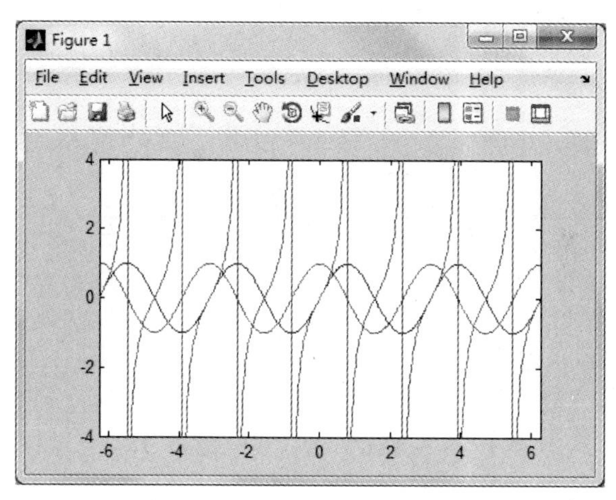

图 5-8 sin(2*x),cos(2*x),tan(2*x)的函数图像

例 5.3.4 设计一程序，求 sin(x)在 x 为 0° ~180° 每隔 15° 采样的值。

在命令窗口中输入：

```
>> clear;
>> x=0:15:180;
>> y=sin(x*pi/180)
```

在命令窗口中显示：

```
y =
   0    0.2588    0.5000    0.7071    0.8660    0.9659    1.0000
   0.9659    0.8660    0.7071    0.5000    0.2588    0.0000
```

对于例题中的 y=sin(x*pi/180)项，结尾时不要加“;”否则将看不到运行的结果。如果将程序改为如下：

```
>> clear;
>> x=0:15:180;
>> y=sin(x*pi/180);
>> plot(y);
```

运行的结果如图 5-9 所示。

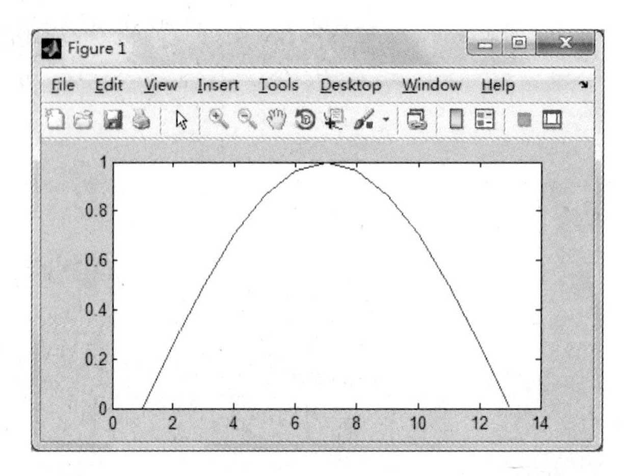

图 5-9 y=sin(x*pi/180)的图形

例 5.3.5 设计一程序，将例 5.3.4 中以反三角函数将该函数值序列反求出角度采样值，并给以相互验证。

在命令窗口中输入：

```
>> clear;
>> y=[0,0.2588,0.5000,0.7071,0.8660,0.9659,1.000,
     0.9659,0.8660,0.7071,0.5000,0.2588,0.0000];
>> x=asin(y)*180/pi
```

在命令窗口中显示：

```
x =
   0   14.9989   30.0000   44.9995   59.9971   74.9943   90.0000
   74.9943   59.9971   44.9995   30.0000   14.9989        0
```

这里面要注意的地方是 x=asin(y)*180/pi，不要忘记*180/pi 所得出的结果和例 5.3.4 的采样值相等。

例 5.3.6 用 MATLAB 来验证基本的三角函数运算公式：

```
cos(x+y)=cos(x).*cos(y)-sin(x).*sin(y)
```

在命令窗口中输入：

```
>> clear;
>> x=pi/3;
>> y=pi/6;
>> a=cos(x+y);
>> b=cos(x).*cos(y)-sin(x).*sin(y);
>> if ceil(10000.*a)==ceil(10000.*b);
      fprintf('a=b,等式成立')
```

```
>> else
       fprintf('a<>b，等式不成立')
>> end
```

在命令窗口中显示：

```
a =
  6.1232e-017
b =
  2.2204e-016
a=b,等式成立>>
```

因为在 MATLAB 中，有很多计算出来的数是无理数，这时 MATLAB 会自动取小数点后四位作为有效数。这样得出的 a,b 就不能完成相等，但是取小数点四位有效数后，得出的结果就相等了。该例题中利用到 if,else 语法，这种语法在前面已详细的介绍，这里不做多的讲解。

例 5.3.7 设计一个程序，可以产生一个递增的余弦函数。

在命令窗口中输入：

```
>> clear;
>> x=0:0.001:4*pi;
>> y=cos(x).*exp(x/10);
>> plot(y);
```

在命令窗口中的显示，如图 5-10 所示。

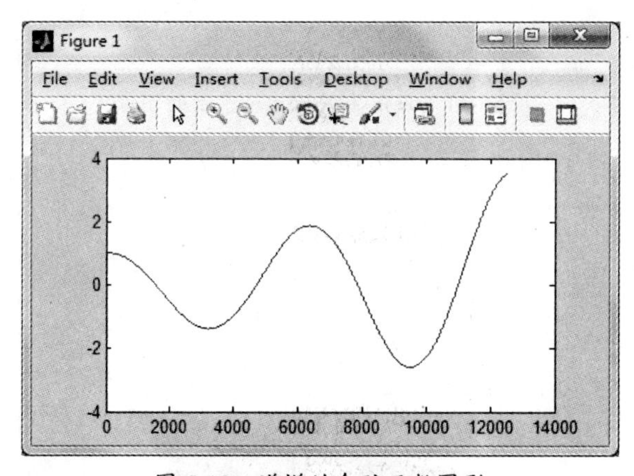

图 5-10 递增的余弦函数图形

在这个例子中，需要注意的地方是 y=cos(x).*exp(x/10);而不能写成 y=cos(x)*exp(x/10);否则系统运行会出现如下错误提示：

```
Error using  *
Inner matrix dimensions must agree.
```

因为矩阵与矩阵的相乘必须用“.*”，表示矩阵中对应的项进行相乘。如果是实数与矩阵相乘则不需要“.*”。对于这个例题，我们可以将 x=0:0.001:4*pi;改为 x=linspace(0,0.001,4*pi)；所得出的结果还是一样的。

例 5.3.8 将正弦函数与 x 轴包围的区域填满。

在命令窗口中输入：

```
>> clear;
>> x=0:0.001:4*pi;
>> y=sin(x).*exp(x/10);
>> fill(x,y,'b');
```

在命令窗口中的显示，如图 5-11 所示。

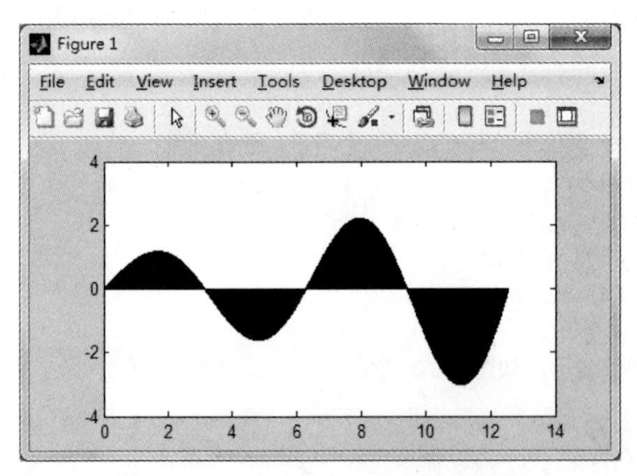

图 5-11 正弦函数与 x 轴包围的图像

对于这个例题，可以思考一个问题，当将 sin(x)改为 cos(x)时，看看黑色区域是在哪一块。运行结果如图 5-12 所示。

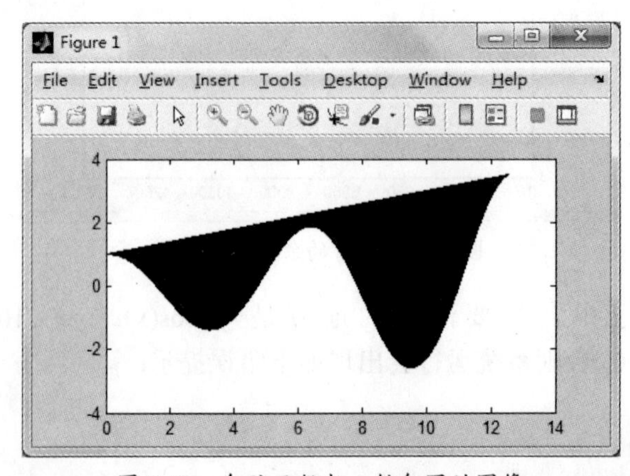

图 5-12 余弦函数与 x 轴包围的图像

例 5.3.9 绘制出 y=cos(x).*log(x/10)的针状图。

在命令窗口中输入：

```
>> clear;
>> x=0:0.1:2*pi;
>> y=cos(x).*log(x/10);
>> stem(x,y)
```

在命令窗口中的显示，如图 5-13 所示。

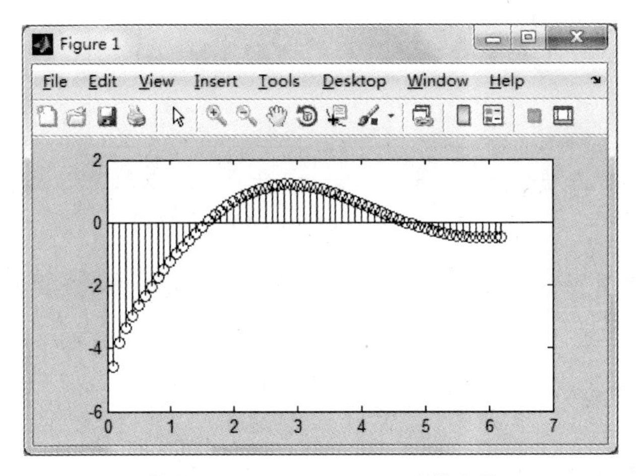

图 5-13 cos(x).*log(x/10)的针状图

在例 5.3.9 中，我们认识到了一种新的作图工具 stem（x,y）。和 plot(x,y)的一样，都是绘制图像，只是功能有点差别。这里我们需要注意的问题是 x=0:0.1:2*pi;，这里面采样的间隔不能太小，否则就会像 fill(x,y,'b')一样，成了黑色阴影。同时大家也可以举一反三，将其他的三角函数代替 cos(x),看看输出的结果如何。

例 5.3.10 设计一程序，绘制出 y=cos(x).*exp(x/10)的阶梯图。

在命令窗口中输入：

```
>> clear;
>> x=0:0.2:4*pi;
>> y=cos(x).*exp(x/10);
>> stairs(x,y)
```

在命令窗口中的显示，如图 5-14 所示。

在这个例题中，我们又了解了 stairs(x,y)函数。也是 MATLAB 里面的一种作图函数。用法和 plot(x,y)函数一样。

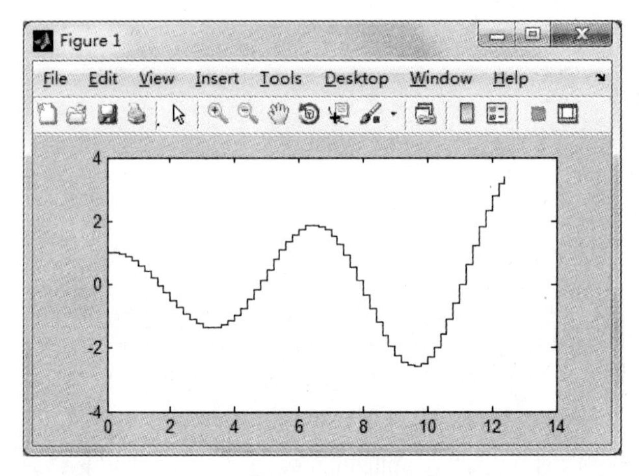

图 5-14 y=cos(x).*exp(x/10)的阶梯图

例 5.3.11 利用 `y=cos(x).*exp(x/10)` 函数，绘制出该函数并以该函数为误差值的特性曲线图。

在命令窗口中输入：

```
>> clear;
>> x=0:0.2:4*pi;
>> y=cos(x).*exp(x/10);
>> errorbar(x,y,y)
```

在命令窗口中的显示，如图 5-15 所示。

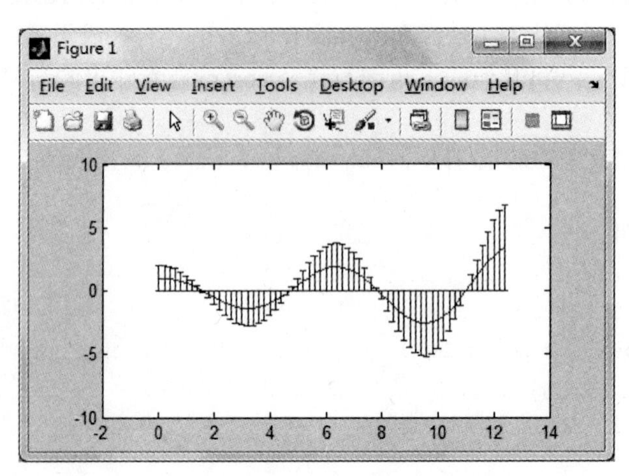

图 5-15 y=cos(x).*exp(x/10)函数误差值的特性曲线

与例 5.3.11 一样，我们利用到 errorbar(x,y,y)函数，第三个 y 表示误差量。

例 5.3.12 绘制函数 y=cos(x).*log(x/10)的矢量图。

在命令窗口中输入：

```
>> clear;
>> x=0:0.2:4*pi;
>> y=cos(x).*log(x/10);
>> feather(x,y)
```

在命令窗口中的显示，如图 5-16 所示。

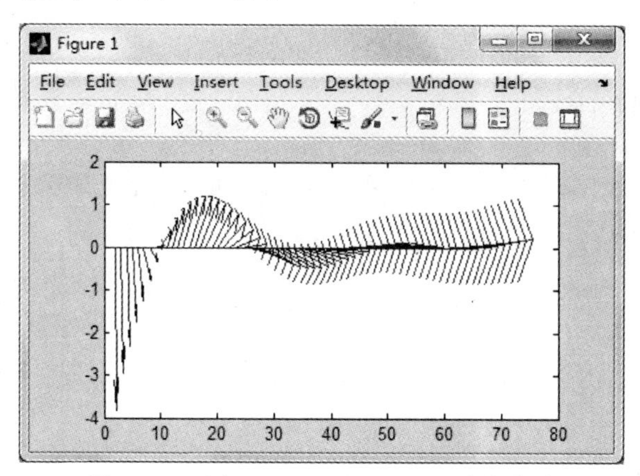

图 5-16 函数 y=cos(x).*log(x/10)的矢量图

绘制函数矢量图的函数 feather(x,y),用法和之前的绘图函数类似。速度矢量正对我们，箭头最大。

5.4 双曲线三角函数与反双曲线三角函数

这一节将认识 MATLAB 中另外一类三角函数——双曲线三角函数与变双曲线三角函数，如表 5-3 所列。下面我们对这些函数做详细介绍并列有范例。

表 5-3 函数和说明

函 数	说 明	函 数	说 明
sinh(x)	双曲线正弦函数	asinh(x)	双曲线反正弦函数
cosh(x)	双曲线余弦函数	acosh(x)	双曲线反余弦函数
tanh(x)	双曲线正切函数	atanh(x)	双曲线反正切函数
coth(x)	双曲线余切函数	acoth(x)	双曲线反余切函数
sech(x)	双曲线正割函数	asech(x)	双曲线反正割函数
csch(x)	双曲线余割函数	acsch(x)	双曲线反余割函数

例 5.4.1 设计程序，绘制出双曲线正弦函数 sinh(x)的函数图形。

在命令窗口中输入：

```
%绘制双曲线正弦函数图（Hyperbolic sin）
  >> clear;
  >> x=-4*pi:0.01: 4*pi;
  >> y=sinh(x);
  >> plot(y)
```

在命令窗口中的显示，如图 5-17 所示。

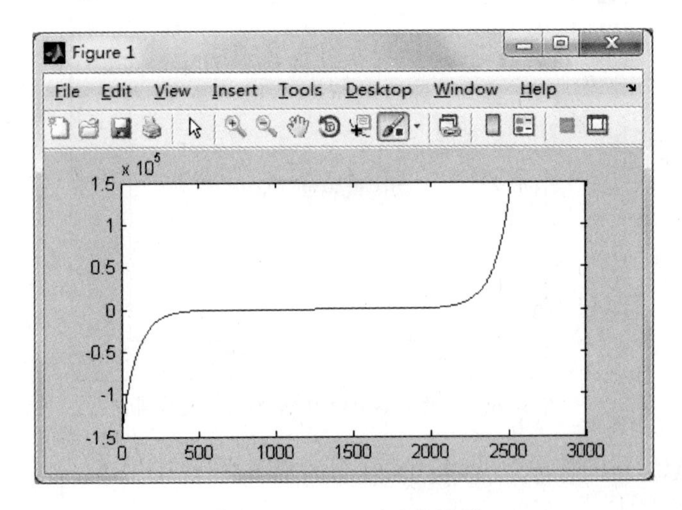

图 5-17　sinh(x)的函数图形

例 5.4.2 在一幅图上绘制出 sinh(x)、cosh(x)函数的图形，并作对比。

在命令窗口中输入：

```
%绘制双曲线正弦函数图（Hyperbolic cos）
  >> clear;
  >> x=-2*pi:0.01:2*pi;
  >> y1=sinh(x);
  >> plot(y1,'r');
  >> hold on;
  >> y2=cosh(x);
  >> plot(y2);
```

在命令窗口中的显示，如图 5-18 所示。

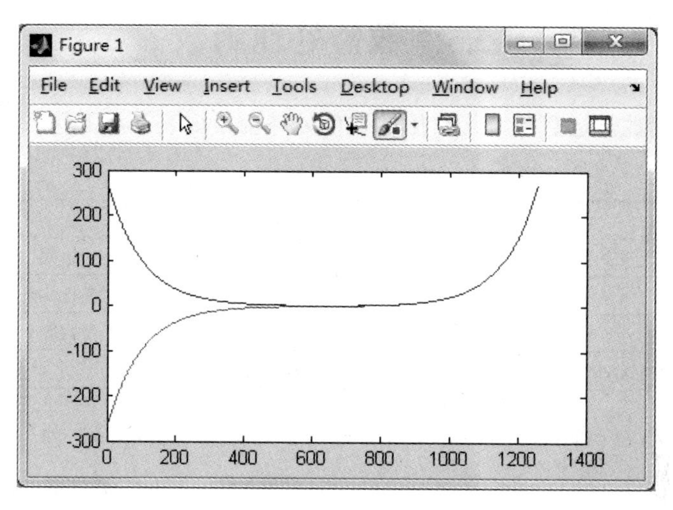

图 5-18 sinh(x)、cosh(x)函数的图形

例 5.4.3 在一幅图中绘制出 sinh(x)、cosh(x)、tanh(x)函数的图形。

在命令窗口中输入：

```
>> clear;
>> fplot('[sinh(x),cosh(x),tanh(x)]',[-pi,pi,-2*pi,2*pi]);
```

在命令窗口中显示，如图 5-19 所示。

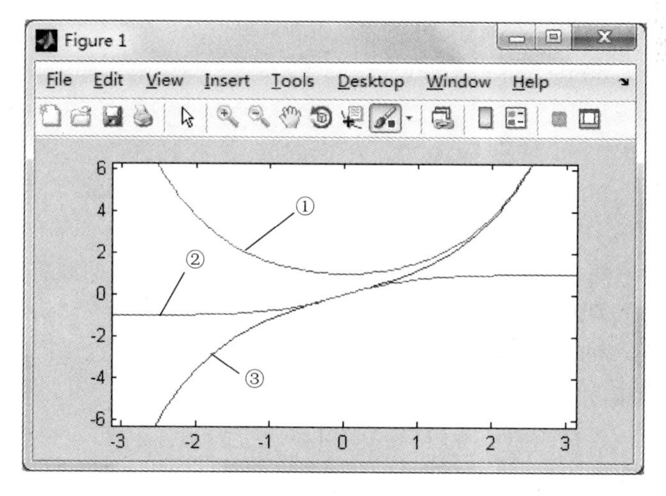

图 5-19 sinh(x)、cosh(x)、tanh(x)函数的图形

从图 5-19 中可以看出，曲线①、②、③分别表示的函数是 tanh(x)、sinh(x)、cosh(x)。这里先列举这 3 种函数图形，其余的函数图形，大家可以自己编写，基本的代码形式是一样的。

5.5 数值处理函数

在基本的数学运算中，最常用的数值处理函数如表 5-4 所列。

表 5-4 常用的数值处理函数和说明

函 数	说 明	函 数	说 明
fix(x)	取小于 x 的最大整数	rem(x,y)	取整数 x 除以 y 的余数
ceil(x)	取大于 x 的最小整数	round(x)	四舍五入后取最接近的整数值
gcd(x,y)	取整数 x,y 的最大公因数	floor(x)	四舍五入后对负数则取下一位数的整数值
lcm(x,y)	取整数 x,y 的最小公倍数	real(x)	取复数的实部

例 5.5.1 对 x=[2.23,-4.56,-4.5i+3,7.6i,6.12,7.4,-8.8]分别求小于 x 的最大整数和大于 x 的最小整数。

在命令窗口中输入：

```
>> clear;
>> x=[2.23,-4.56,-4.5i+3,7.6i,6.12,7.4,-8.8];
>> fix(x)% 小于 x 的最大整数
>> ceil(x)% 大于 x 的最小整数
```

在命令窗口中显示：

```
ans =
    2.0000    -4.0000    3.0000 - 4.000i    0 + 7.0000i    6.0000
    7.0000    -8.0000
ans =
    3.0000     -4.0000    3.0000 - 4.0000i         0 + 8.0000i
    7.0000              8.0000               -8.0000
```

例 5.5.2 x=[2.23,-4.56,-4.5i+3,7.6i,6.12,7.4,-8.8]分别求：

（1）四舍五入的值；

（2）四舍五入后如为负数则取下一位整数；

（3）取实数值。

在命令窗口中输入：

```
>> clear;
>> x=[2.23,-4.56,-4.5i+3,7.6i,6.12,7.4,-8.8];
>> y1=round(x)
>> y2=floor(x)
>> y3=real(x)
```

在命令窗口中显示：

```
y1 =
      2.0000   -5.0000   3.0000 - 5.0000i   0+8.0000i   6.0000
      7.0000   -9.0000
y2 =
      2.0000    -5.0000   3.0000-5.0000i    0+7.0000i   6.0000
      7.0000    -9.0000
y3 =
     2.2300   -4.5600   3.0000    0    6.1200   7.4000   -8.8000
```

5.6 复变函数

MATLAB 处理复变函数的方法很直接，也很简单。这里介绍一些处理复数的函数及相应的范例（表 5-5）。设 z=a+bi，其中 a,b 为实数。

表 5-5 处理复数的函数和说明

函　数	说　明	函　数	说　明
abs(z)	取复数平面中的绝对值大小	imag(z)	取 z 的虚数部分
angle(z)	取复数平面中的相位角	conj(z)	取 z 的共轭复数

例 5.6.1 设 z=1+3^(1/2)i，编写程序试求：

（1）z 在复数平面中的绝对值大小；

（2）z 在复数平面中的相位角；

（3）z 的实数部分；

（4）z 的虚数部分。

在命令窗口中输入：

```
>> lear;
>> z=1+3^(1/2)i;
>> y1=abs(z)
>> y2=angle(z)*180/pi
>> y3=real(z)
>> y4=imag(z)
>> y5=conj(z)
```

在命令窗口中显示：

```
y1 =
    2.0000
y2 =
   60.0000
```

```
y3 =
    1
y4 =
    1.7321
y5 =
   1.0000 - 1.7321i
```

z 的精度为 1.0472，转换为角度为 60.0000。

5.7 坐标轴转换

1. 平面坐标转换

（1）cart2pol：将笛卡儿坐标转换为极坐标；

（2）pol2cart：将极坐标转换为笛卡儿坐标。

2. 立体坐标转换

（1）cart2sph：将笛卡儿坐标转换为极坐标；

（2）sph2cart：将极坐标转换为笛卡儿坐标。

例 5.7.1 设计一程序，将笛卡儿坐标 p(3,4) 转换成极坐标形式。

在命令窗口中输入：

```
>> [a,rad]=cart2pol(3,4);
>> angle=a.*180/pi      %将经度转换成角度
>> rad                  %与原点的距离
```

在命令窗口中显示：

```
angle =
      53.1301

rad =
      5
```

例 5.7.2 设计一程序，将立体坐标系 p(1,3^(1/2),2) 转换成球坐标系。

在命令窗口中输入：

```
>> [a,b,rad]=cart2sph(1,3^(1/2),2);
>> angle=a.*180/pi   %将经度转换成角度
>> beta=b.*180/pi    %将纬度转换成角度
>> rad     %球半径
```

在命令窗口中显示：

```
angle =
   60.0000
beta =
   45.0000
rad =
    2.8284
```

5.8 特殊函数

在 MATLAB 中除了基本常用的函数之外还有许多的特殊函数，这些特殊的函数的范围相当广泛，对于各行各业的人来说，他们所研究的领域不同，所需要的函数也不同（表 5-6）。这里对于经常利用在数字信号处理的函数做一些详细的介绍。

表 5-6　特殊函数和说明

函　数	说　明	函　数	说　明
square	方波	fft	计算快速离散傅里叶变换
sawtooth	锯齿波	fftshift	调整 fft 函数的输出序列，将零频位置移到频谱中心
sinc	sinc 函数	ifft	计算快速离散傅里叶反变换
diric	dirichiet 函数	conv	求卷积
rectpuls	非周期方波	impz	数字滤波器的冲击响应
tripuls	非周期三角波	zplane	离散系统的零极点图
pulstran	脉冲序列	filter	直接 II 型滤波器
chirp	调频余弦波		

1. square 函数

```
x=A*square(t);           %产生周期为 2π，幅度最大值为 ±A 的方波
x=A* square(t,duty); %产生周期为 2π，幅度最大值为 ±A 的方波,duty 为占空比
```

例 5.8.1　利用 square 函数产生周期为 2π，占空比分别为 50%和 30%的方波。

在命令窗口中输入：

```
>> t=0:0.001:8*pi;
>> y1=(1/2)*square(t);
>> y2=(1/2)*square(t,20);
>> subplot(1,2,1);plot(t,y1);
>> subplot(1,2,2);plot(t,y2);
```

在命令窗口中的显示，如图 5-20 所示。

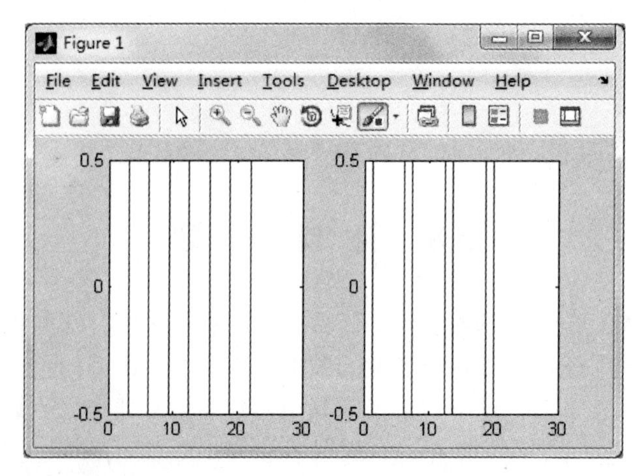

图 5-20 square 函数产生周期为 2π，占空比分别为 50%和 30%的方波

当你存储 M 文件，并设置 M 文件名时，不能完全是数字，或者在字母与数字之间加“-”等，如果这样的话，当单击 M 文件中的“Debug”然后“Run+文件名”时，无论单击“change Folder”或者“Add the path”都不能得出函数的图像，这时可通过修改文件名，在运行时可得出所需的图像。

2. sawtooth 函数

```
x=A*sawtooth(t);          % 产生周期为 2π，幅度最大值为 ±A 的锯齿波
x=A*sawtooth(t,width); %参数 width 表示一个周期内最大值的位置，是该位置横
                          坐标和周期的比值。该函数根据 width 的不同产生不同形
                          状的三角波
```

例 5.8.2 利用 sawtooth（t）函数产生锯齿波和三角波。

在命令窗口中输入：

```
>> t=0:0.001:8*pi;
>> y1=(1/2)*sawtooth(t);
>> y2=(1/2)*sawtooth(t,0.5);
>> subplot(2,1,1);plot(t,y1);
>> subplot(2,1,2);plot(t,y2);
```

在命令窗口中的显示，如图 5-21 所示。

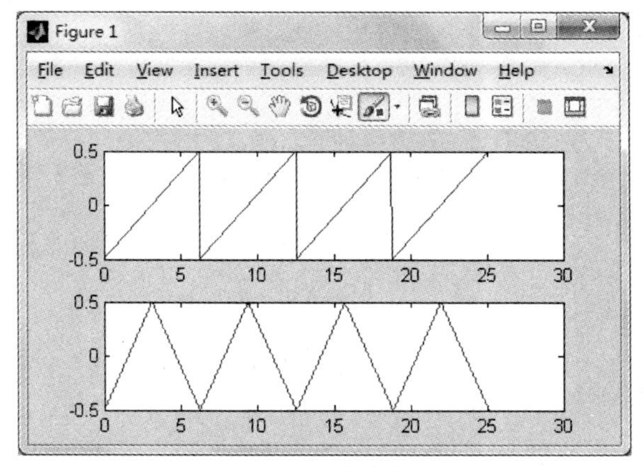

图 5-21　sawtooth 函数产生锯齿波和三角波

当出现“Undefined function '函数名' for input arguments of type 'double'.”时，说明 MATLAB 中不存在这种函数，这种函数需要你自己定义，这时你可能写错了函数名。

3. sinc 函数

```
x=A*sinc(t);   %产生 sinc 函数波形
```

例 5.8.3　画出 sinc 函数的波形。

在命令窗口中输入：

```
>> t=-8*pi:0.001:8*pi;
>> y=(1/2)*sinc(t);
>> plot(t,y);
```

在命令窗口中的显示，如图 5-22 所示。

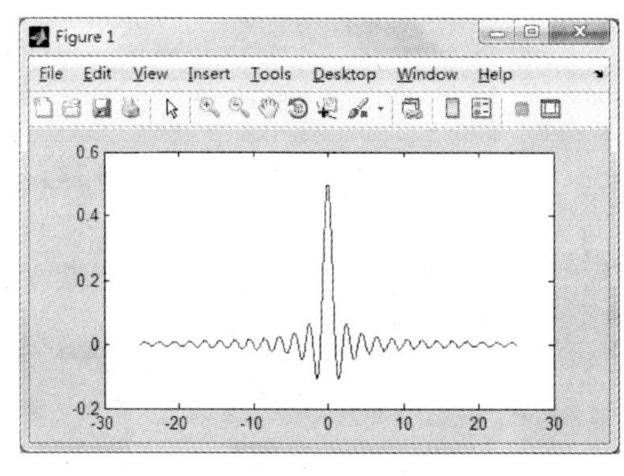

图 5-22　sinc 函数波形

4. diric 函数

```
x=A*diric(t,n);    %当 n 为奇数时，函数周期为 2π，当 n 为偶数时，函数周期为
                   4π特殊的波形。
```

例 5.8.4 当 n 值取不同值时，diric 产生的函数图形。

在命令窗口中输入：

```
>> t=0:0.001:8*pi;
>> y1=(1/2)*diric(t,1);
>> y2=(1/2)*diric(t,2);
>> y3=(1/2)*diric(t,3);
>> subplot(3,1,1);plot(t,y1);
>> subplot(3,1,2);plot(t,y2);
>> subplot(3,1,3);plot(t,y3);
```

在命令窗口中的显示，如图 5-23 所示。

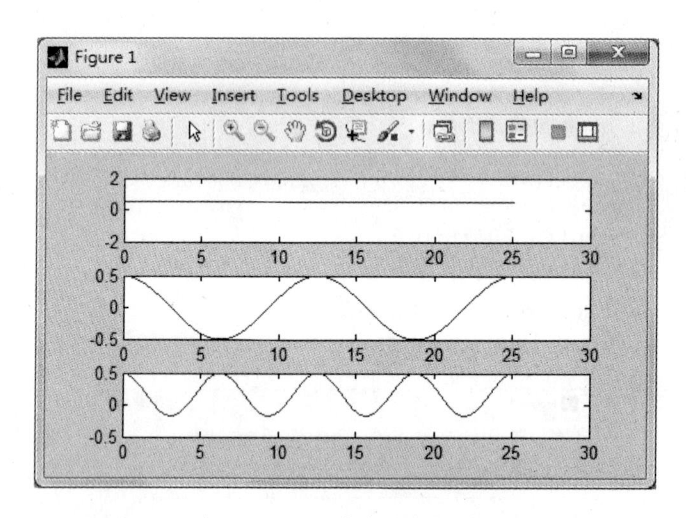

图 5-23　diric 产生的函数图形

5. rectpuls 函数

```
x=A*rectpuls(t);      %产生非周期，高度为 A 的矩形波。方波的中心在 t=0 处
x=A*rectpuls(t,w);    %产生非周期，高度为 A，宽度为 w 的矩形波
```

例 5.8.5 产生长度为 16π，宽度为 18 的非周期矩形波。

在命令窗口中输入：

```
>> t=-8*pi:0.001:8*pi;
>> y=(1/2)*rectpuls(t,18);
>> plot(t,y);
```

在命令窗口中的显示，如图 5-24 所示。

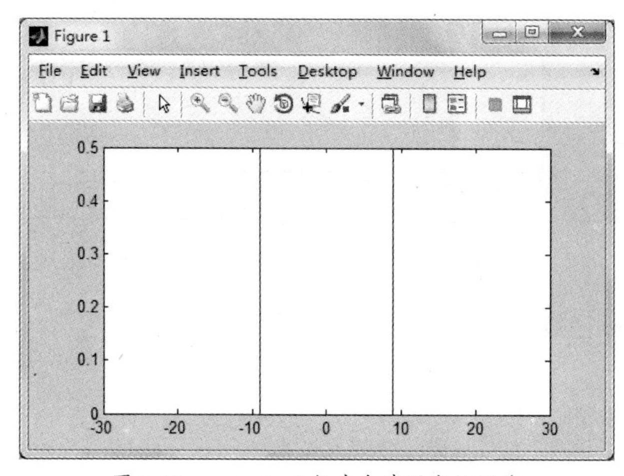

图 5-24 rectpuls 函数产生非周期矩形波

6. tripuls 函数

```
x=A*tripuls(t); %产生非周期，单位高度的三角波，三角波的中心位置在 t=0 处
x=A*tripuls(t,width);  %产生宽度为 width 的三角波
x=A*tripuls(t,width,s);  %产生倾斜度为 s 的三角波
```

例 5.8.6 利用 tripuls 函数产生长度为 8π，宽度为 10，倾斜度分别为 0 和 0.8 的非周期三角波。

在命令窗口中输入：

```
>> t=-4*pi:0.001:4*pi;
>> y1=(1/2)*tripuls(t,10);
>> y2=(1/2)*tripuls(t,10,0.8);
>> subplot(2,1,1);plot(t,y1);
>> subplot(2,1,2);plot(t,y2);
```

在命令窗口中的显示，如图 5-25 所示。

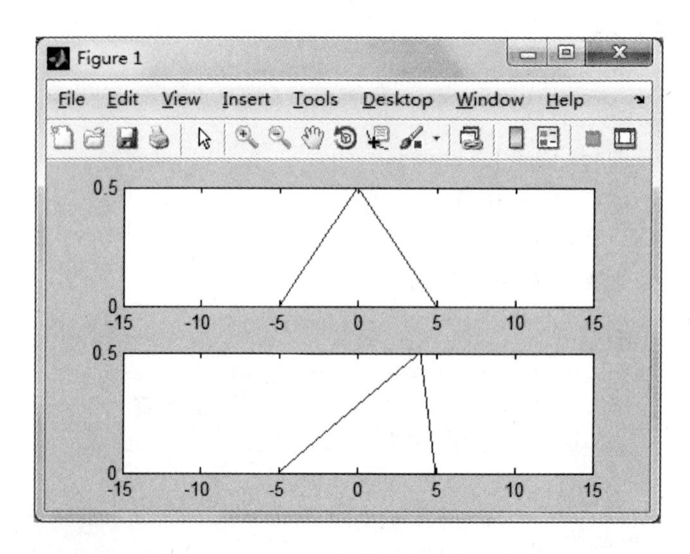

图 5-25 tripuls 函数产生非周期三角波

7. pulstran 函数

```
x=A*pulstran(t,d,’ func’ );
```

其中，参数 func 可用各种函数表示，如 tripuls，rectpuls 等。函数产生以 d 为采样间隔的 func 指定形状的冲击波。

```
x=A*pulstran(t,d,'func',p1,p2);     %将 p1,p2 传递给指定的 func 函数
x=A*pulstran(t,d ,p,fs);           %矢量 p 表示原始序列，fs 为采样频率。对原始
                                    序列多次延迟相加得出的输出序列
```

例 5.8.7 设计一程序，利用 pulstran 函数产生三角波冲击串和非周期矩形波。

在命令窗口中输入：

```
>> t=0:0.001:1
>> d=0:1/3:1;
>> y1=(1/2)*pulstran(t,d,'tripuls');
>> y2=(1/2)*pulstran(t,d,'rectpuls');
>> subplot(2,1,1);plot(t,y1);
>> subplot(2,1,2);plot(t,y2);
```

在命令窗口中的显示，如图 5-26 所示。

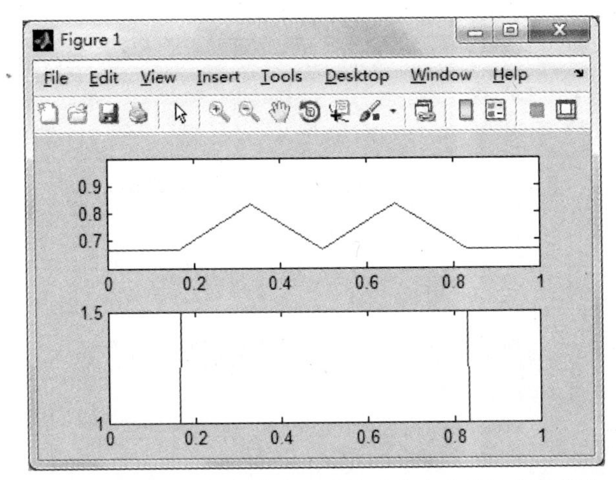

图 5-26 pulstran 函数产生三角波冲击串和非周期矩形波

8. chirp 函数

```
x=chirp (t,f0 ,t1,f1);              %产生线性调频余弦信号。f0 和 f1 分别为 t
                                    和 t1 对应的频率
x=chirp (t,f0 ,t1,f1, method);      %method 表示不同的扫描方式，可取
                                    linear,quadratic,logarithmic3 种方式
```

例 5.8.8 设计程序，利用 chirp 函数产生二次扫描信号并绘制出时域波形和时频图。

在命令窗口中输入：

```
>> t=0:0.001:1;
>> t1=1;
>> f0=20;
>> f1=80;
>> y=chirp(t,f0,t1,f1,'quadratic');
>> subplot(2,1,1);plot(t,y);
>> subplot(2,1,2);
>> specgram(y,128,1e3,128,120);
```

在命令窗口中的显示，如图 5-27 所示。

9. fft 函数

```
y=fft(x);       %计算 x 的快速傅里叶变换。当 x 为 2 的幂时，用基 2 算法，否则用分
                裂算法
y=fft(x,n);     %计算 n 点的傅里叶变换,当 length(x)>n 时，以 n 为长度截短 x。
                当 length(x)<n 时,利用补 0
```

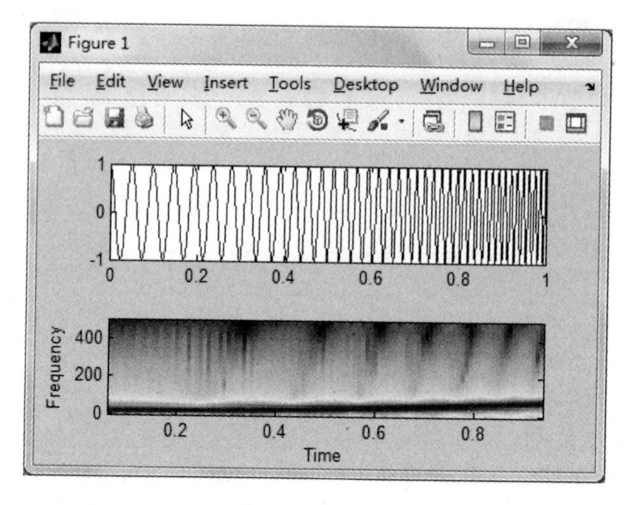

图 5-27　chirp 函数产生二次扫描信号和时频图

例 5.8.9　设计程序，产生一个正弦信号频率为 50Hz，利用 fft 函数计算并绘制出幅度谱。

在命令窗口中输入：

```
>> fs=1000;
>> t=0:1/fs:1;
>> y=sin(2*pi*50*t);
>> specty=abs(fft(y));
>> f=(0:length(specty)-1)*fs/length(specty);
>> plot(f,specty);
```

在命令窗口中的显示，如图 5-28 所示。

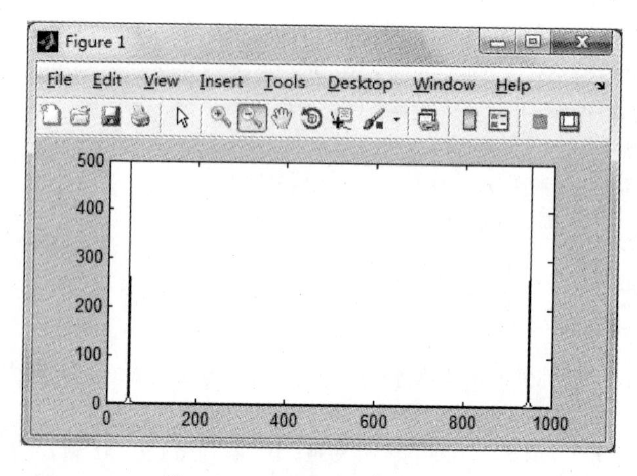

图 5-28　fft 函数绘制出幅度谱

10. fftshift 函数

```
y=fftshift(x)  %如果 x 为矢量时，fftshift(x)直接将 x 的左右两部分对换，如
               果 x 为矩阵则将 x 的 4 个象限对角对换
```

例 5.8.10 设计程序使产生一个正弦信号频率为 50Hz，采样率为 1000 Hz，利用 fftshift 函数将其零频点搬到频谱中心。

在命令窗口中输入：

```
>> fs=1000;
>> t=0:1/fs:1;
>> x=sin(2*pi*50*t);
>> y=fft(x);
>> z=fftshift(y);
>> subplot(2,1,1);plot(abs(y));
>> subplot(2,1,2);plot(abs(z));
```

在命令窗口中的显示，如图 5-29 所示。

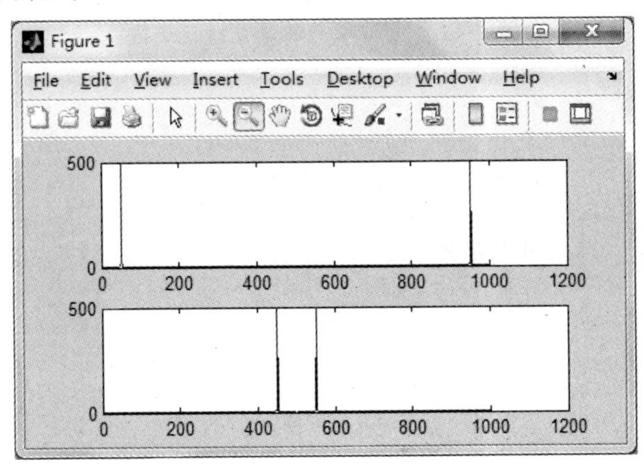

图 5-29 fftshift 函数将其零频点搬到频谱中心

11. ifft 函数

```
y=ifft(x);     %计算 x 的傅里叶反变换
y=ifft(x, n);  %计算 n 点的傅里叶反变换，当 length (x) >n 时，以 n 为长度截
               短 x。当 length (x) <n 时，利用补 0
```

例 5.8.11 绘制出方波信号的傅里叶反变换。

在命令窗口中输入：

```
>> x=[1 1 1 1 1 0 0 0 0 0];
```

```
>> y=ifft(x,128);
>> z=fftshift(y);
>> subplot(3,1,1);plot(x);
>> subplot(3,1,2);plot(abs(y));
>> subplot(3,1,3);plot(abs(z));
```

在命令窗口中的显示，如图 5-30 所示。

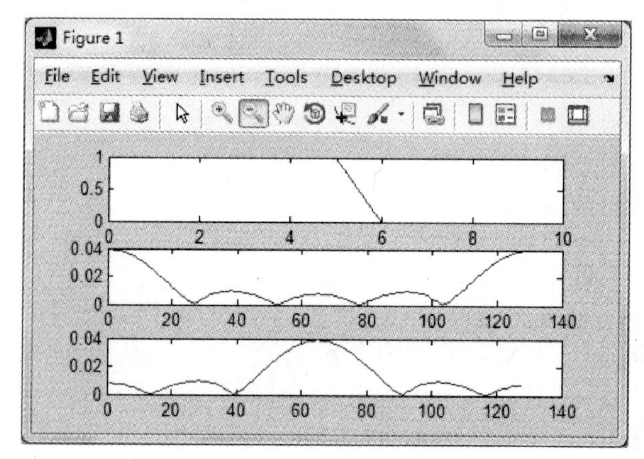

图 5-30　方波信号的傅里叶反变换

12. conv 函数

```
y=conv(a,b);      %计算 a，b 的卷积
```

例 5.8.12　利用 conv 函数求两个矢量的卷积。

在命令窗口中输入：

```
>> a=[2 5 8];
>> b=[1 1 1 0 0 0];
>> conv(a,b)
```

在命令窗口中显示：

```
ans =
     2     7    15    13     8     0     0     0
```

13. impz 函数

```
[h,t]=impz(b,a);  %b,a 分别为系统传递函数的分子分母的系数矢量，求出系统的
                  冲激响应 H(t)
```

例 5.8.13　设计程序计算线性系统的冲激响应。

在命令窗口中输入：

```
>> a=[0.2,0.1,0.3,0.1,0.15];
```

```
>> b=[1,-1,1.4,-0.6,0.3];
>> impz(a,b,50)
```

在命令窗口中的显示，如图 5-31 所示。

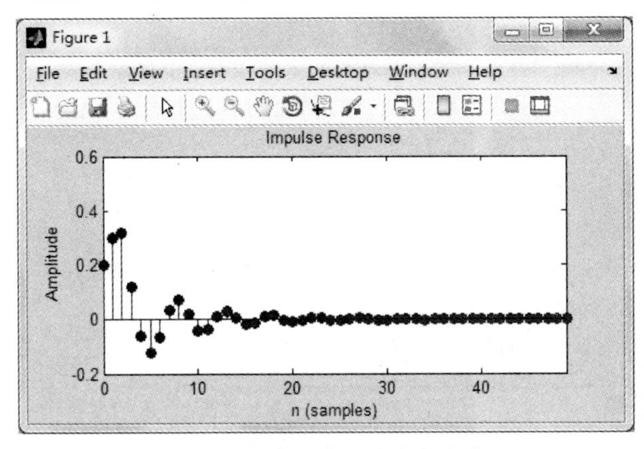

图 5-31 线性系统的冲激响应

14. zplane 函数

```
zplane(b,a);    % b,a 分别为系统传递函数的分子分母的系数矢量,绘制零点极点图
```

例 5.8.14 设计程序计算线性系统（a,b）的零点、极点。

在命令窗口中输入：

```
>> a=[0.2,0.1,0.3,0.1,0.15];
>> b=[1,-1,1.4,-0.6,0.3];
>> zplane(a,b);
>> legend('零点','极点');
```

在命令窗口中的显示，如图 5-32 所示。

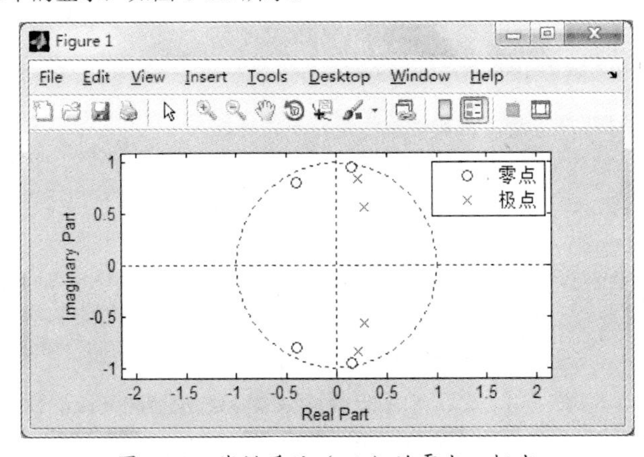

图 5-32 线性系统（a,b）的零点、极点

15. abs 函数

```
y=abs(x);      %求 x 矢量的幅度值矢量 y
```

例 5.8.15 设计程序，绘制一个余弦信号的傅里叶变换的幅度谱。

在命令窗口中输入：

```
>> t=0:1/99:1;
>> x=cos(2*pi*80*t);
>> y=fft(x);
>> plot(abs(y))
```

在命令窗口中的显示，如图 5-33 所示。

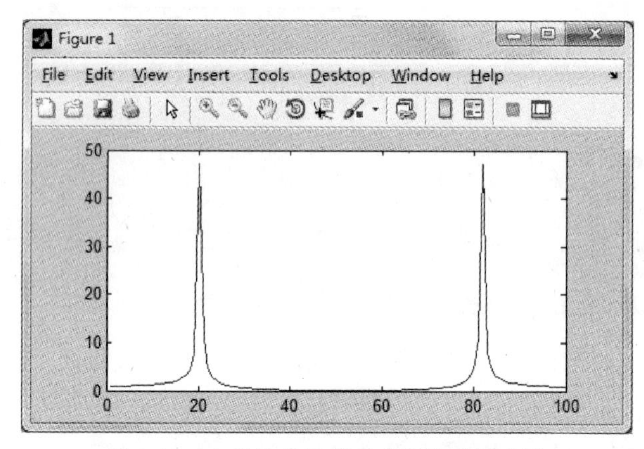

图 5-33 余弦信号的傅里叶变换的幅度谱

16. angle 函数

```
y=angle(x);    %求矢量 x 的相位矢量 y
```

例 5.8.16 设计程序，绘制方波信号的正弦相频特性。

在命令窗口中输入：

```
>> clear;
>> x=[0 0 0 1 1 1];
>> y=fft(x,128);
>> z=unwrap(angle(y));
>> plot(z);
```

在命令窗口中的显示，如图 5-34 所示。

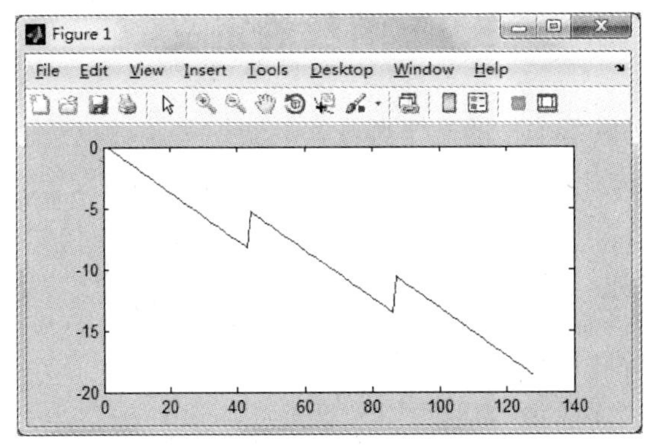

图 5-34　方波信号的正弦相频特性

17. filter 函数

```
y=filter(b,a,x);      %b,a 分别为系统传输函数的分子分母系数矢量，求输入信号 x
                      经过滤波器系统后的输出信号
[y,zf]= filter(b,a,x); %求最终的状态矢量
[  ]= filter(b,a,x,z);  %设定滤波器的初始条件 z
```

例 5.8.17　计算低通滤波器的冲激响应。

在命令窗口中输入：

```
%计算低通滤波器的冲激响应
  >> clear;
  >> x=[1,1,zeros(1,100)];%产生 x=[1  1  0  0  0  ......]的一维矩阵
  >> [b,a]=cheby1(11,1,0.4);
  >> y=filter(b,a,x);
  >> impz(y);
```

在命令窗口中的显示，如图 5-35 所示。

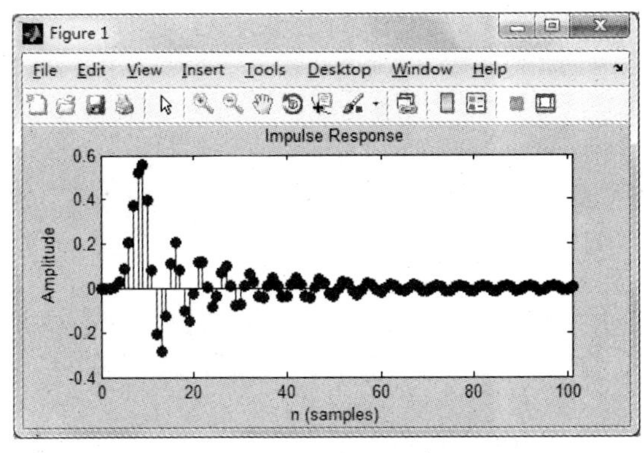

图 5-35　低通滤波器的冲激响应

5.9 函数的定义

MATLAB 中提供了丰富的数学函数，其实这些函数也是通过 M 文件定义得来的，本节给大家介绍一下基本的数学函数是如何定义的。

例 5.9.1 设计程序，定义一个求 x 绝对值的函数。

在命令窗口中输入：

```
>> function y=fabs(x) %求绝对值
>> if x>=0
   y=x;
>> else
   y=-x;
>> end
```

关于函数的定义一定要在 M 文件中定义，如果我们直接在命令窗口中输入上面的代码，会出现这样的错误“Error: Function definitions are not permitted in this context”，这是提示我们函数的定义不允许直接写在命令窗口。首先可以新建一个 M 文件，将上面的代码写下，然后保存。

注意：我们保存的时候文件名一定要与函数名相同。即以 fabs 为文件名。然后 fabs（x）就成了与 sin(x)等函数用法一样的数学函数了。

例 5.9.2 定义一个函数，求出一个矩阵的最大值并找出最大值的位置标号。

在命令窗口中输入：

```
>> a=[2,3,4;3,5,8];
>> b=max(a)              %b 同样为一个一维矩阵
>> c=max(b)
>> [i,j]=find(c==a)%找出最大值的标号
```

在命令窗口中显示：

```
b =
     3     5     8
c =
     8
i =
     2
j =
     3
```

这个例子中，我们要接触到 max 函数和 find 函数。max 函数的作用是求出多维矩阵中每一列的最大值，而对于一维矩阵则求出一行的最大值。find 函数的作用从例子中也可以看出。

例 5.9.3 将例 5.9.2 的功能直接用一个函数定义出来，即求矩阵的最大值和最大值的标号。

在命令窗口中输入：

```
>>  %求矩阵的最大值 m 以及最大值的标号（i,j）
>> function [m,i,j]=abc(A);%A 为以矩阵
>> b=max(A);
>> m=max(b)
>> [i,j]=find(m==A)%找出最大值的标号
```

在命令窗口中显示：

直接输入 x=[6,3,8;2,4,9];abc(x)得出的结果如下：

```
m =
     9
i =
     2
j =
     3
```

A 表示的是一个矩阵变量，不能输入一个常量，否则函数的定义就没有意义了。

5.10 数学函数的图形

MATLAB 在绘制函数图形上提供了相当多的指令，用于绘制各种常数、变数双变数的函数图形，这些将在后面作详细介绍。在本节中，我们介绍一个较为基本的指令，并提供例题解说。

fplot:绘制指定函数式的图形。

语法：

```
fplot('func',[a,b])
fplot('func',[a1,a2,b1,b2])
```

说明：

（1）第一条语法是用以绘制函数 func 在区间[a,b]的图形。

（2）第二条语法是用以绘制函数 func 在 x 轴[a1,a2]和 y 轴[b1,b2]图形。

例 5.10.1 设计程序，绘制 x^2 为-33~13 的特性曲线图。

在命令窗口中输入：

```
>> clear;
>> fplot('x.^2',[-33,13]);
```

在命令窗口中的显示，如图 5-36 所示。

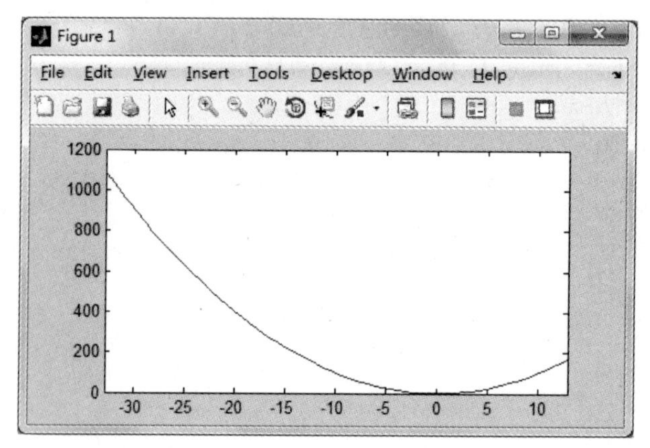

图 5-36 x^2 为-33~13 的特性曲线图

例 5.10.2 设计一个可以调频的波形，使时间与频率成反比的余弦波。

在命令窗口中输入：

```
>> clear;
>> fplot('cos(x.^-1)',[0.01,0.1],1e-4);
```

在命令窗口中显示，如图 5-37 所示。

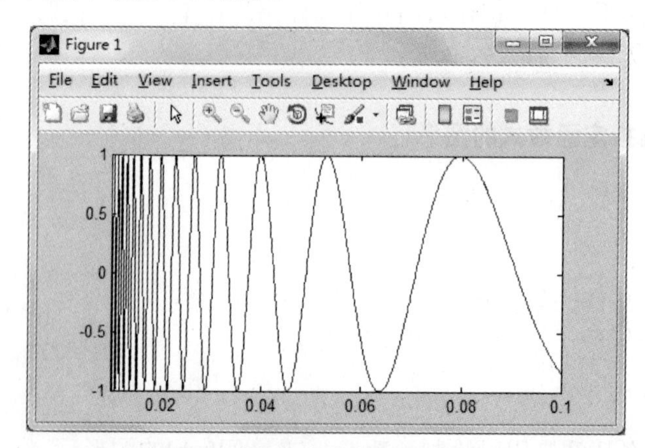

图 5-37 时间与频率成反比的余弦波

对于格式 fplot('func',[a,b],1e−4)，参数“1e−4”规定了误差容忍度，该参数的值必须小于 1，在使用“fplot”时，误差容忍度的默认值为“2e−3”，表示误差容忍度是在 0.2%的范围内的。

习　题

1．已知 x=128，请计算下列各题的 y 值，并会出曲线图。

（1）y=e^x

（2）y= logx

（3）y=logx*e^x

（4）y=1/e^x

（5）y=1/logx

（6）y=log10(x)

（7）y= log2(x)

2．请思考下列程序，分析每一条语句，说明原因：

```
clear;
x=-10:0.01:10;
plot(log(x));
```

3．请思考下列程序，分析每一条语句，说明原因：

```
clear;
x=-10:0.01:10;
plot(exp(x));
```

4．请思考下列程序，分析每一条语句，说明原因：

```
clear;
x=0:0.01:10;
y=sin(x).*exp(-x/10);
plot(y);
```

5．请思考下列程序，分析每一条语句，说明原因：

```
clear;
x=0:0.01:50;
y=sin(x).*log(-x/10);
plot(y);
```

6．请自行设计一个求 x3 的函数 s3,并调用此函数求 y=x3+x2+x 的曲线图。

7．计算矩阵 **x**=[−6,−5,12，0.3]的 abs、sign、sqrt 值。

8．在同一幅图中绘制出 t 在 1～100 之间，log(log2（x）)、log10(logx)、log2(log10(x))三幅图形。

9．绘制出 y=xsin(x2)x 从 0～10 的图形。

10．同时绘制出 tan(x)、cot（x）的函数图形。

11．同时绘制出 atan(x)、acot(x)、asec(x)、acsc(x)的函数图形。

12．用 MATLAB 来验证基本的三角函数运算公式：sin(x+y)=sin(x).*cos(y)+cos(x).*sin(y)。

13．将正弦函数和余弦函数与 x 轴包围的区域填满，用不同的颜色填充。

14．绘制出 y=sin（cos(x)）.*exp(x/10)的针状图。

15．求出能被 100 整除的数。

16．设 z=a+i*b,已知 a,b 为矩阵，设计程序并试求：

（1）z 在复数平面中的绝对值大小；

（2）z 在复数平面中的相位角；

（3）z 的实数部分；

（4）z 的虚数部分；

（5）z 的共轭复数。

17．用 aquare 函数产生一个周期为 4，峰值为 2、占空比为 35%的方波信号。

18．绘制出 y=sin(2*pi*f1)+cos(2*pi*f2)的傅里叶幅度谱和相位谱。其中 f1=20Hz,f2=80Hz。

19．一个线性系统的单位冲激响应为 h=[1,1,0，2],绘制出一个频率为 50Hz 的余弦波通过该线性系统后的幅度谱和相位谱。

（参考答案见光盘）

第 6 章　函数的绘图

我们知道，表达一个数学函数的重要方法就是图像法。将一个函数表达式用图像的方法表示出来显得更加直观，更加形象生动，从图像上我们可以轻而易举地判断函数的连续性、单调性，可以很容易地找到函数的零点和极点，因此，作出函数的图像是很重要的。而 MATLAB 拥有非常强大的函数绘图功能，并且非常好用，给工程人员带来了极大的方便，这是别的高级的编程语言所望尘莫及的。

本章将首先罗列 MATLAB 中常用的绘图指令，对其语法和用法加以说明，之后将通过大量的例子来加深对这些指令的理解。

6.1　绘图指令语法和说明

1. plot：绘制线形图

用法：
```
plot(x)
plot(x,y)
plot(x,y,'s')
plot(x1,y1, 's1',x2,y2, 's2',x3,y3, 's3'......)
```

说明：（1）plot(x)表示以 1~n 为自变量，矢量 x 的元素为因变量作线形图。其中 n 为矢量 x 的元素个数。

（2）plot(x,y)表示以 x 矢量的元素为自变量，y 矢量的元素为因变量作图。

（3）plot(x,y,'s')在第二种表达式的基础上添加了参数 s，其两侧加上了单引号，s 的取值以及其对应的含义如表 6-1 所列。当 s 取表 6-1 中的值时，图形显示出对应的颜色，当 s 取表 6-2 中的值时，图形的标记发生变化，其中在取点形、小点形、实线、点划线、虚线时会自动用折线将分立的点连起来，而其余的只在图中对应值处画出离散的点。

（4）plot(x1, y1, 's1', x2, y2, 's2', x3, y3, 's3'......)表示分别以 x1 与 y1、x2 与 y2 等相对应作图。

表 6-1 s 的取值以及其对应的颜色

取 值	助 记	含 义	取 值	助 记	含 义
b	blue	蓝色	m	magenta	深红色
c	cyan	青绿色	r	red	红色
g	green	绿色	w	white	白色
k	black	黑色	y	yellow	黄色

表 6-2 s 的取值以及其对应的点形

取 值	助 记	含 义	取 值	助 记	含 义
d	diamond	钻石形	-	solid	实线
h	hexagram	六角形	-.	dashdot	点划线
o	circle	圆形	--	dashed	虚线
p	pentagram	五角形	+	plus	加号
s	square	方形	*	star	星号
v	triangle(down)	下三角	<	triangle(left)	左三角
.	point	点形	>	triangle(right)	右三角
:	dotted	小点形	^	triangle(up)	上三角

2. fplot：绘出指定函数的图形

语法：

```
fplot('func',[a,b])
fplot('func',[x1,x2,y1,y2])
```

说明：（1）fplot('func',[a,b])表示画出表达式为 func 的函数图形，其自变量取值范围为[a b]。

（2）fplot('func',[x1 x2 y1 y2])表示画出表达式为 func 的函数图形，其自变量取值范围为[x1 x2]，因变量取值范围为[y1 y2]。

需要注意，使用 plot(x,y)时，x 和 y 都应是已经定义好的矢量，且元素个数要相同，而使用 fplot('func',[a,b])时，只需给出函数表达式 func 和它的自变量的取值范围[a b]即可，无需定义矢量。

3. subplot：将视窗分割成几个子视窗

语法：

```
subplot(p,q,a)
```

说明：该语句表示将视窗分成 p×q 的形式，而 a 表示第 a 个子图，子图的排列顺序为从上到下从左到右依次排列，a 的取值为 1 到 p×q。

4. title：标记图像的标题

语法：`title('caption', 's1', 's1value'……)`

说明：caption 的内容即为标注在图形上的文字，s1 表示文字的不同属性，s1value 表示属性的值，在这里就不一一介绍了。

5. xlabel：标记 x 轴

语法：`xlabel('xcaption', 's1', 's1value',……)`

说明：xcaption 的内容即为标注在 x 轴旁边的文字，s1 用于设置属性，s1value 为属性的值。

6. ylabel：标记 y 轴

语法：`ylabel('ycaption', 's1', 's1value',……)`

说明：ycaption 的内容即为标注在 y 轴旁边的文字，s1 用于设置属性，s1value 为属性的值。

7. gtext：用鼠标指定文字的位置

语法：`gtext('string')`

说明：使用该语句后，图像中会出现一个光标，选中某一位置单击鼠标左键，单引号里的字符将原封不动地标记于单击处。

8. surface：画表面图形

语法：`surface(x,y,z,t)`

说明：表示把 x，y，z，t 所指定的平面加入当前坐标轴。

9. surf：画三维彩色表面图形

语法：`surf(x,y,z,t)`

说明：表示画出由 x，y，z，t 四个矩阵所定义的彩色表面。

10. mesh：画三维网状立体图

语法：`mesh(x,y,z,t)`

说明：其中 x，y，z 表示三个坐标轴，t 表示颜色矩阵。

11. line：绘制折线段

语法：
```
line(x,y)
line(x,y,z)
```

说明：（1）line(x,y)表示在二维坐标系中画折线段，矢量 x 对应于折线每个顶点的横坐标，矢量 y 对应于折线每个顶点的纵坐标。

（2）line(x,y,z)表示在三维空间中画这线段，矢量 x，y，z 分别对应于顶点的三种坐标。

12. bar：绘制直方图

语法：`bar(x,y,width)`

说明：其中 x 是一个递增或递减的矢量，y 是一个 $p \times q$ 的矩阵。

13. stairs：绘制阶梯图

语法：`stairs(x,y)`

说明：以 x 矢量为横坐标，y 矢量为纵坐标绘制阶梯图。

14. figure：生成新的视窗

语法：
```
figure
figure(n)
```

说明：（1）figure 用于产生一个新的视窗，产生新视窗后，视窗将重新编号，而接下来所绘制的图形将会显示在最新的视窗里。

（2）figure(n)用于将编号为 n 的视窗调用出来，而接下来的作图都将在这个被调用的视窗中进行。

15. refresh：更新视窗

语法：`refresh(n)`

说明：对编号为 n 的视窗进行更新。

16. close：关闭视窗

语法：
```
close
close(n)
close all
```

说明：（1）close 表示关闭当前视窗。

（2）close(n)表示关闭编号为 n 的视窗。

（3）close all 表示关闭所有视窗。

17. hold：保持图表

语法：
```
hold on
hold off
```

说明：（1）hold on 表示保持当前的图表，以后画的图在此基础上继续添加。
（2）hold off 图表不再进行保持。

18. grid：网格控制

语法：`grid on`
`grid off`

说明：（1）grid on 表示在图表中加上网格以便于观察。
（2）grid off 表示将图表中的网格去除。

19. clf：清除所有图形或图表

语法：`clf`

说明：clf 清除所有的图形或图表并清除相关的属性和变量。

20. patch：粘贴图形

语法：`patch(x,y,c)`

说明：在矢量 x 和矢量 y 指定的地方粘贴图形，c 表示指定的颜色。

21. shading：设置遮光模式

语法：`shading`
`shading flat`
`shading faceted`

说明：（1）shading 用来产生表面遮光的效果。
（2）shading flat 表示以平坦的方式进行表面遮光。
（3）shading faceted 表示用初值在表面上进行遮光。

22. view：改变三维图形的观察视角

语法：`view(a1,a2)`

说明：其中 a1 和 a2 分别表示水平和垂直旋转角度。

通过上述介绍，相信读者对 MATLAB 的绘图指令有了一定的了解，初学者可能会觉得晦涩难懂，这都是正常的。下面我们将用大量的范例来加深读者对绘图指令的理解。

6.2 范例精粹

本节所引用的范例将都由 M 文件的形式给出，在命令窗口中调用 M 文件的过程省略，直接给出运行结果。

例 6.2.1 设计程序，画出 $y = x^2$ 的函数图像，其自变量范围是[-5 5]。

M 文件内容如下：

```
clear
clc
x=-5:5;
y=x.^2;
plot(x,y)
```

运行结果如图 6-1 所示。

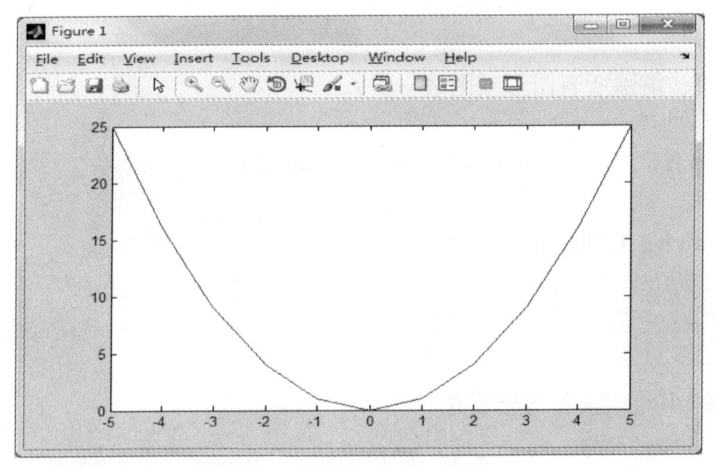

图 6-1 在[-5 5]上的函数图像

程序的第一条语句是 clear，第二条语句是 clc，在之后的例题中也都是如此，这是一个良好的习惯，希望读者养成。clear 表示清除所有变量，可以防止上一次操作留下的变量对本次试验造成影响，clc 表示清除屏幕上的所有内容，可以让本次试验的结果更加清楚地显示在命令窗口内，便于观察。

本题中 x 的取值为−5 到 5 的整数，注意 y 的值得计算为 x.^2，这在第 2 章运算符中已经介绍过，为阵列的计算，由于 x 为 1×11 的矢量，则 y 也是 1×11 的矢量，y 的每个元素则为对应 x 值的平方。用 plot(x,y)作图时，以 x 的值为横坐标，对应的 y 的值为纵坐标取点，即取(−5,25)，(−4,16)……，(4,16)，(5,25)这些点，在图中标出之后，用线段将它们相连，便作出如上图形。

例 6.2.2 设计程序，画出 $y = x^2$ 的反函数的图像。

M 文件内容如下：

```
clear
clc
x=-5:5;
y=x.^2;
plot(y,x)
```

运行结果如图 6-2（a）所示。

本题是上一题的变体，只是将 plot(x,y)换成了 plot(y,x)，结果全然不同。plot(y,x)表示以 y 的值为横坐标，x 的对应的值为纵坐标取点作图，由数学的只是可以知道，作出的图像是 plot(x,y)图像的反函数。

由上述两个例子可以看出，图像并不是数学上所绘制的平滑曲线，这是因为我们的 x 和 y 都只取了 11 个分立的点，MATLAB 用线段将它们连接，因此图像为折线。如果将 plot(x,y)改为 plot(x,y,'*')，则运行结果如图 6-2（b）所示。

从图中可以看出，结果为一些分立的星号，且 MATLAB 并不把这些点相连，此处读者需要注意。

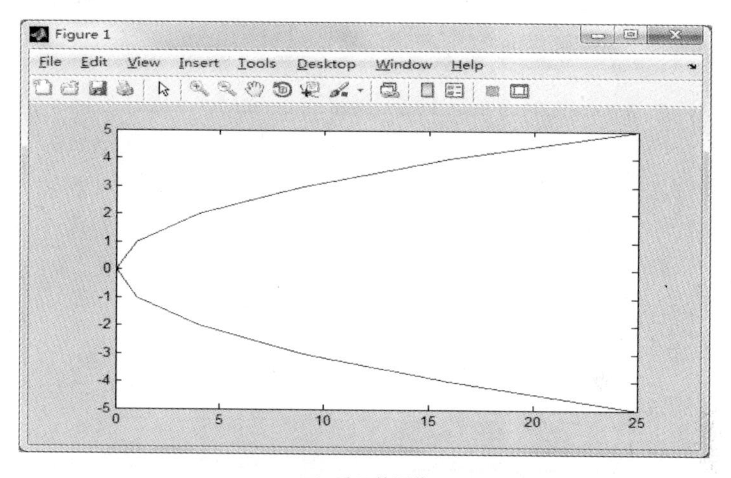

（a）反函数图像

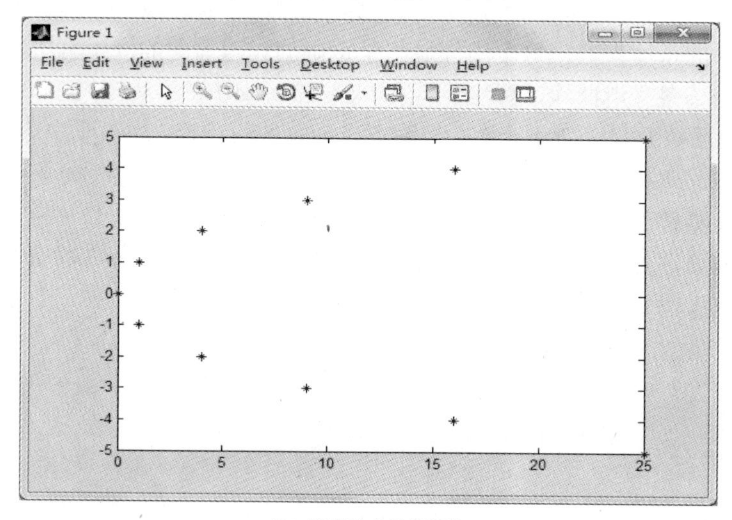

（b）用星号表示的图像

图 6-2　例 6.2.2 的运行结果

例 6.2.3 设计程序，画出函数 $y = x^3 + 100$ 的图像，自变量范围是[-10,10]。

M 文件内容如下：

```
clear
clc
x=-10:0.1:10;
y=x.^3+100;
plot(x,y)
```

运行结果如图 6-3 所示。

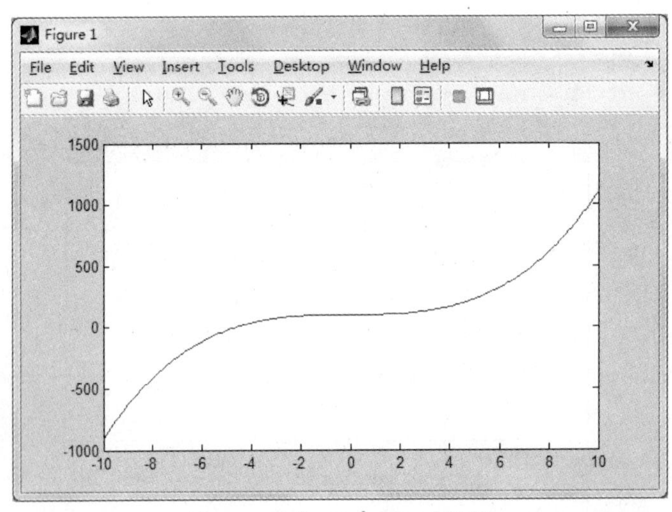

图 6-3 函数 $y=x^3+100$ 的图像

从数学的角度来看，这个图像显然是正确的。与前面的例子有所区别，本题中的图像是一条平滑曲线，这是由于语句 x=-10:0.1:10 表示从-10 到 10 以间隔 0.1 取点，因此图中共取了 201 个点，每两点之间以线段相连，由数学中的极限思想，曲线上两点非常接近时，它们之间的曲线可以用线段近似，由于每条线段的长度太短，因此整体看上去图像是一条曲线。

同样需要注意这里的阵列运算 x.^3 的运算符，如果写成 x^3 将会报出错误，读者在不断编写程序的过程中应该不断总结，逐渐养成习惯。

例 6.2.4 设计程序，画出函数 y=xin(x)的图像，自变量范围是[-5,5]。

M 文件内容如下：

```
clear
clc
x=-5:0.1:5;
```

```
y=sin(x);
plot(x,y)
```

运行结果如图 6-4 所示。

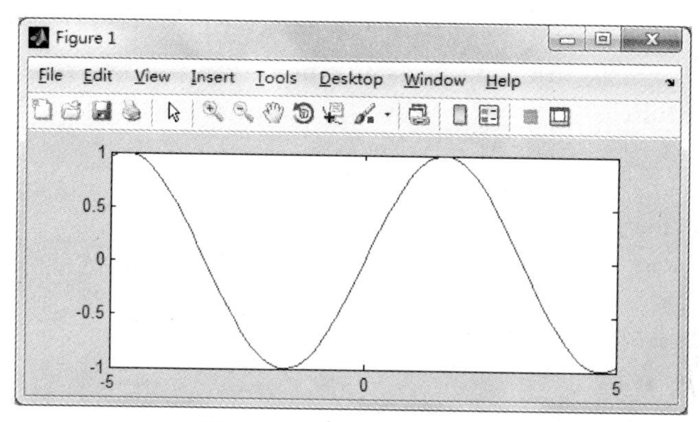

图 6-4　函数 y=sin(x)的图像

这是一条正弦曲线，从这里我们可以看出 MATLAB 的巨大优势，如果想要用别的高级编程语言绘制一条正弦曲线将会非常麻烦，而对于 MATLAB 来说则只要三条语句，且可以灵活地规定取点数和自变量取值范围。

此处注意，三角函数 sin(x)，cos(x)，tan(x)等对 x 进行的均是阵列运算。

例 6.2.5　用 fplot 指令画出函数 y=sin(x) 的图像，自变量范围是[-5,5]。

M 文件内容如下：

```
clear
clc
fplot('sin(x)',[-5,5])
```

运行结果如图 6-5 所示。

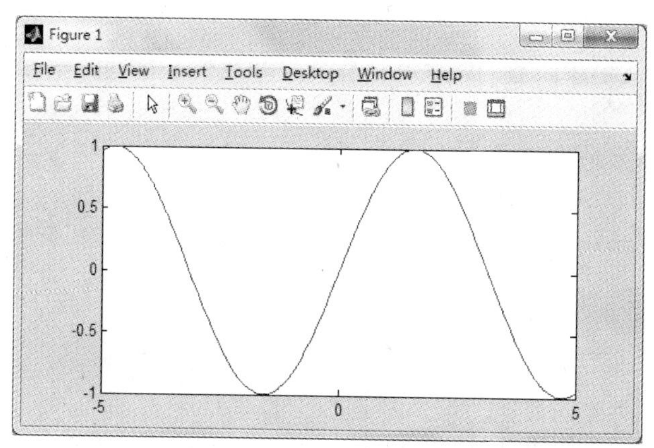

图 6-5　使用 fplot 绘制出的函数 y=sin(x)的图像

此例用于学习 fplot 的用法，本题中它有两个参数，第一个写在单引号中，为函数表达式，第二个参数为自变量取值范围，两者缺一不可。从这里可以看到，fplot 画图不需要定义自变量和因变量，因此非常方便。

例 6.2.6 设计程序，画出函数 $y=10^{\cos(x)}$ 的图像，自变量范围是[0,4π]。

M 文件内容如下：

```
clear
clc
x=0:0.1:4*pi;
y=10.^cos(x);
plot(x,y)
```

运行结果如图 6-6 所示。

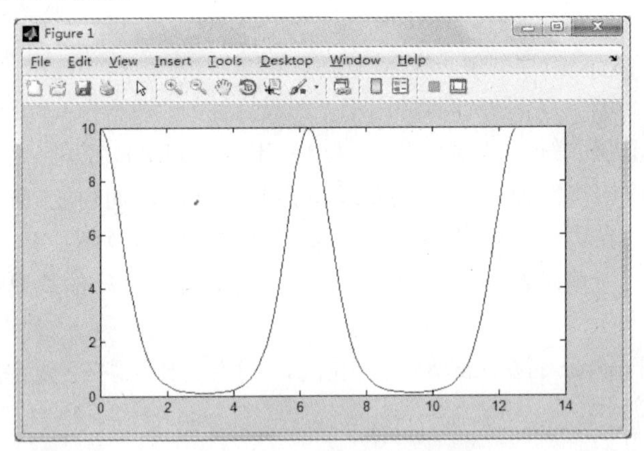

图 6-6　函数 $y=10^{\cos(x)}$的图像

这是指数函数和三角函数的复合函数，比较复杂，单凭想象力很难想象，只知道它是以 2π 为周期的，但是用 MATLAB 绘图，仍然只需要三条指令就可以轻松绘出图像。

MATLAB 在描述函数的时候其语言几乎和我们平常写的数学语言一样，只需注意要使用阵列的运算符即可。同理，读者可以尝试画出 $y=(\cos(x))^3$，$y=(\sin(x))^x$，$y=\cos(x)^{\sin(x)}$等复杂函数的图像。

例 6.2.7 用 fplot 指令画出函数 $y=10^{\cos(x)}$ 的图像，自变量范围是[0,4π]。

M 文件内容如下：

```
clear
clc
fplot('10^cos(x)',[0,4*pi])
```

运行结果如图 6-7 所示。

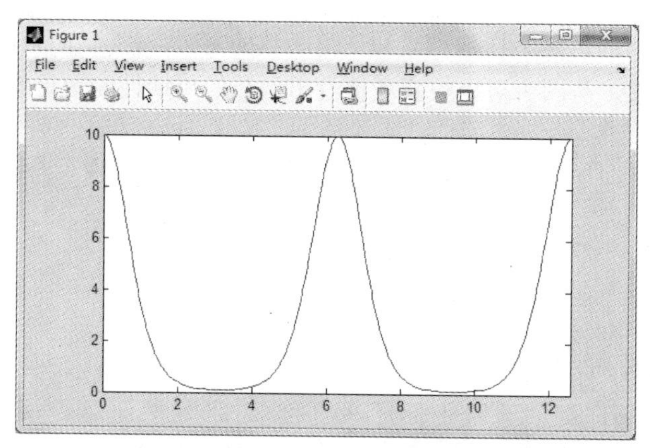

图 6-7 用 fplot 绘制的 $y=10^{\cos(x)}$的图像

本例仍然用 fplot 指令实现与 plot 指令相同的功能。注意 fplot 单引号内的函数表达式是 10^cos(x)而不是 10.^cos(x)，这不是不符合阵列的运算规则了吗？其实在 fplot 中两种写法都可以的，如果不考虑阵列的运算符写法，那么表达式就与数学中的写法一模一样了，足可见 MATLAB 的人性化设计。

例 6.2.8 设计程序，画出函数 $y=e^{\cos(x)}$的图像，自变量范围是[0,4π]。

M 文件内容如下：

```
clear
clc
x=0:0.1:4*pi;
y=exp(cos(x));
plot(x,y)
```

运行结果如图 6-8 所示。

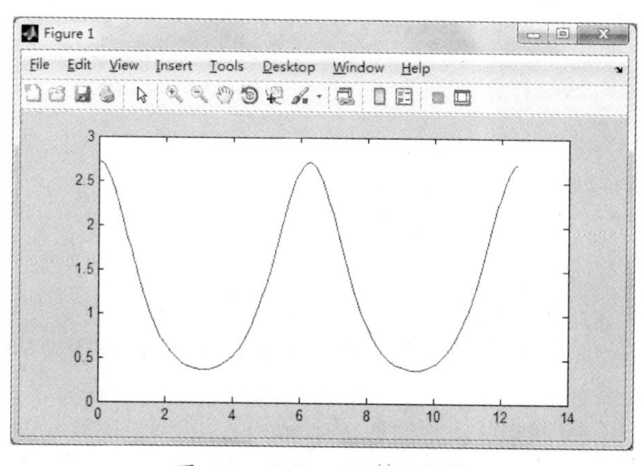

图 6-8 函数 $y=e^{\cos(x)}$的图像

这道题要画的仍然是指数函数和三角函数的复合，注意在程序中的写法，要写作 exp 的形式，从图中可以很直观地看出函数的周期性和单调性。

例 6.2.9 使用 fplot 指令，画出函数 $y=e^{\cos(x)}$ 的图像，自变量范围是[0,4π]。

M 文件内容如下：

```
clear
clc
fplot('exp(cos(x))',[0,4*pi])
```

运行结果如图 6-9 所示。

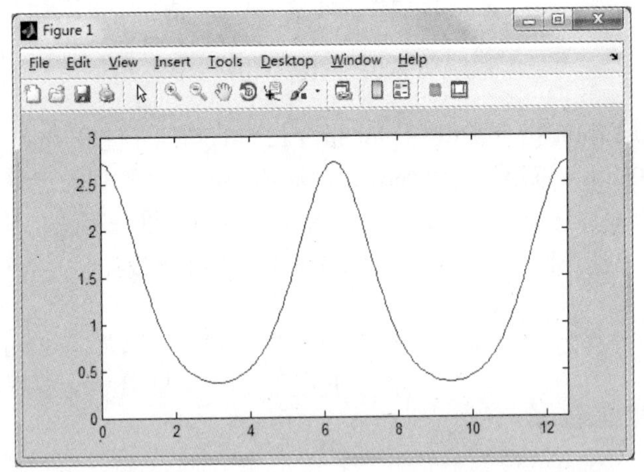

图 6-9 使用 fplot 绘制的 $y=e^{\cos(x)}$的图像

本道题仍然使用了 fplot 指令，注意点与上述相同，不加赘述。

例 6.2.10 设计程序，画出函数 y=0.5sin(2x)的图像，自变量范围是[0,4π]。

M 文件内容如下：

```
clear
clc
x=0:0.1:4*pi;
y=0.5*sin(2*x);
plot(x,y)
```

运行结果如图 6-10（a）所示。

这道题需要注意的是函数在程序中的写法，y=0.5sin(2x) 应写作 y=0.5*sin(2*x)，要注意乘号“*”不能少，否则会报出错误。从图中可以看出，函数的振幅是 0.5，周期是π，若想要更清楚地看出曲线上的点所对应的值，可以使用指令 grid on，将网格打开，如图 6-10（b）所示。

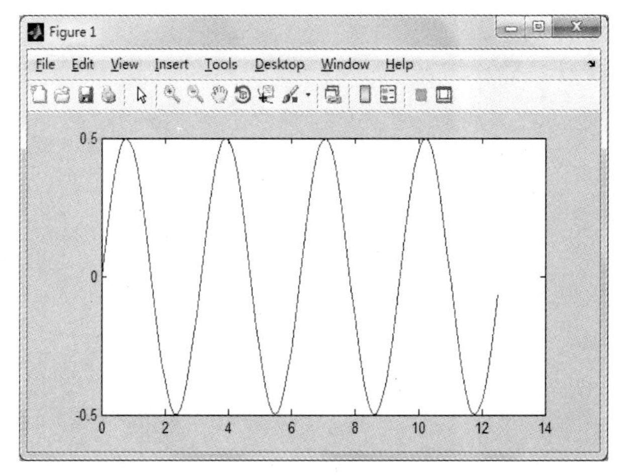

（a）函数 y=0.5sin(2x)的图像

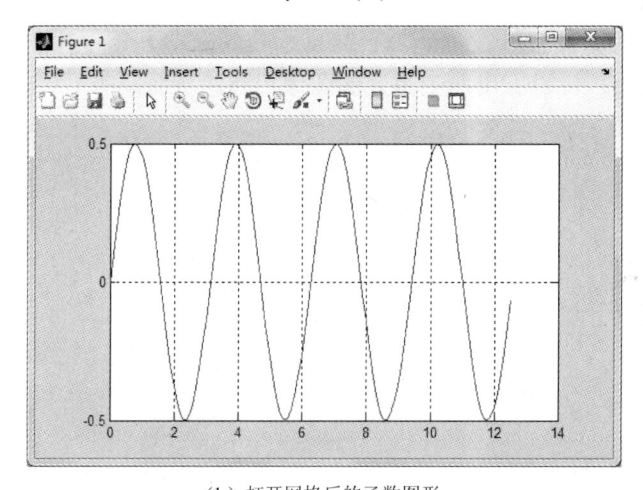

（b）打开网格后的函数图形

图 6-10　例 6.2.10 的运行结果

若想把网格关闭，则输入 grid off 即可。

例 6.2.11　设计程序，画出函数 y=sin(x)cos(x)的图像，自变量范围是[0,4π]。

M 文件内容如下：

```
clear
clc
x=0:0.1:4*pi;
y=sin(x).*cos(x);
plot(x,y)
```

运行结果如图 6-11 所示。

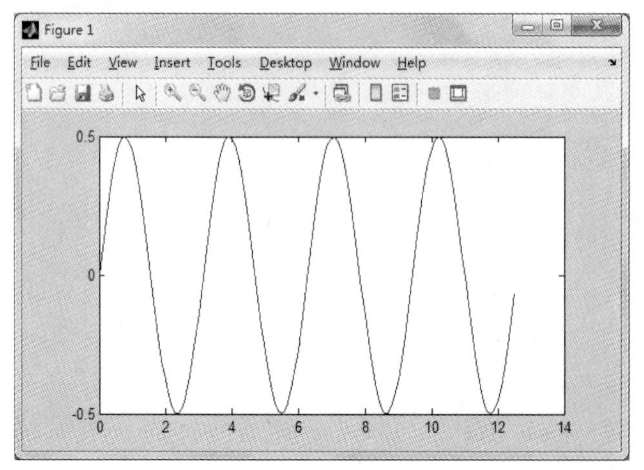

图 6-11　函数 y=sin(x)cos(x)的图像

由数学的知识我们知道，sin(2x)=2sin(x)cos(x)，即 0.5sin(2x)=sin(x)cos(x)，通过以上两个例子，可以看出两个函数的图像相同，从而证实了这一结论。

例 6.2.12　设计程序，画出函数 $y=\dfrac{1}{x}$ 的图像，自变量范围是[-5,5]。

M 文件内容如下：

```
clear
clc
x=-5:0.1:5;
y=1./x;
plot(x,y)
```

运行结果如图 6-12 所示。

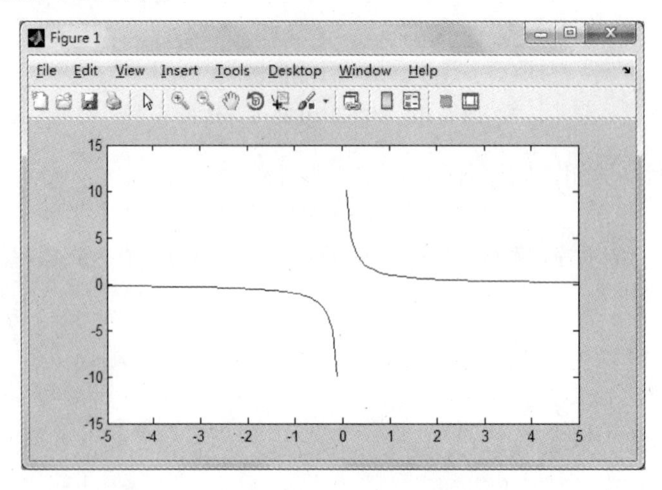

图 6-12　函数 $y=\dfrac{1}{x}$ 的图像

本道例题是画出函数 $y=\frac{1}{x}$ 的图像，这其中会涉及 0 的倒数的问题，0 的倒数在数学上是没有意义的，如果把程序中 y=1./x 后面的“;”去除，我们就可以看到 y 的取值，在 x=0 对应的地方，y 的取值是 Inf，在图像中，该点对应的值是无穷大，在较低版本的 MATLAB 中会提示错误信息：“Warning:Divide by zero.”，然而在 MATLAB（最新版）中则没有该提示。

例 6.2.13 设计程序，画出函数 $y=4x^4+3x^3+2x^2+x+1$ 的图像，自变量范围是[-10,10]。

M 文件内容如下：

```
clear
clc
x=-10:0.1:10;
y=4*x.^4+3*x.^3+2*x.^2+x+1;
plot(x,y)
```

运行结果如图 6-13 所示。

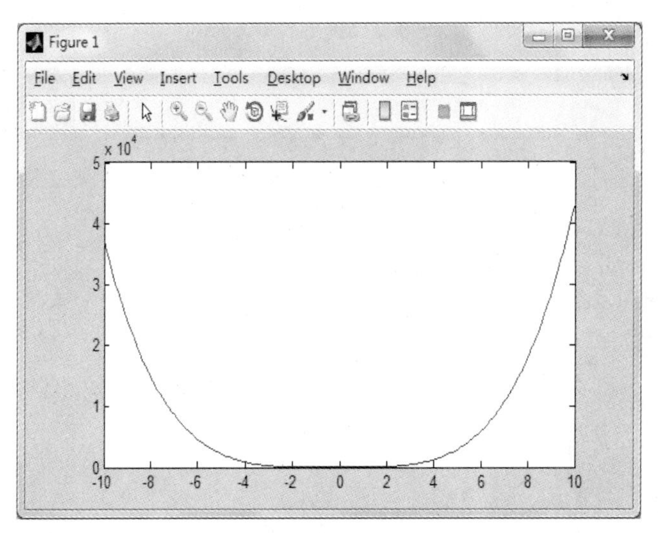

图 6-13　函数 $y=4x^4+3x^3+2x^2+x+1$ 的图像

在图的左上角可以看到“$\times10^4$”的字样，这是由于多项式中出现了 x 的四次方项，当 x 取 10 的时候，因变量的值将达到 10^4 数量级，而横轴的取值仍然为 10^1 数量级，若横纵坐标取相同单位长度，画出的图形将会难以显示，因此 MATLAB 自动将纵坐标提取了 10^4，使图像看起来更加自然美观。

例 6.2.14 设计程序，画出函数 $y=\dfrac{1}{\sin(x)}$ 的图像，自变量范围是[-10,10]。

M 文件内容如下：

```
clear
clc
x=-10:0.1:10;
y=sin(x).^(-1);
plot(x,y)
```

运行结果如图 6-14(a)所示。

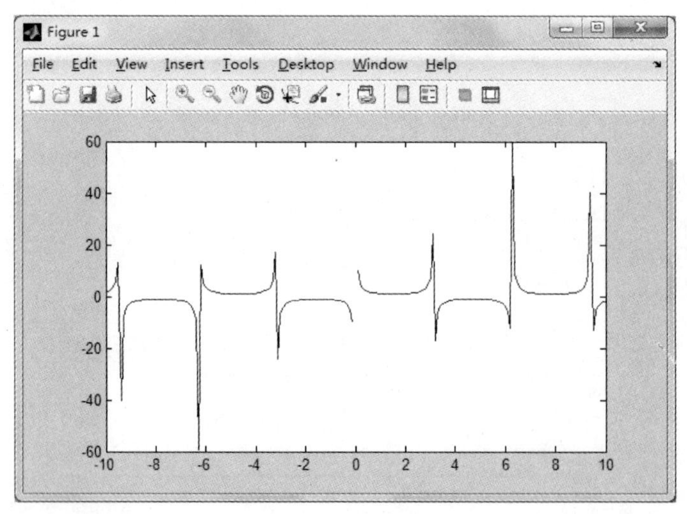

（a）函数 $y=\dfrac{1}{\sin(x)}$ 的图像

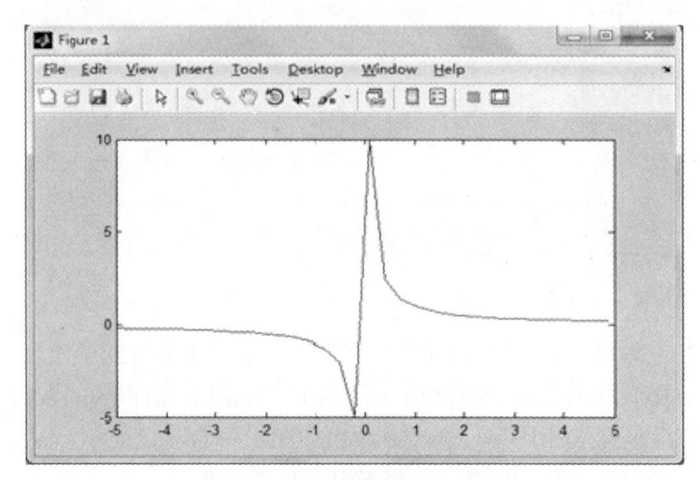

（b）改变后的例 6.2.14

图 6-14　例 6.2.14 的运行结果

由于sin(x)在π的整数倍的地方值为 0，因此 y 在π的整数倍的地方取值为无穷大，图中显示为一个个尖角，然而，读者会发现，这些尖角的幅度却不一样，这是怎么回事呢？原因是 MATLAB 中我们取的都是离散的点，不再像数学中都是以连续取值的自变量为讨论内容，以 x=π处的取值为例，本例中在π两侧 x 分别取 3.1000 和 3.2000，并不是关于π对称，对应的 y 的值则分别是 24.0496 和 -17.1309，大小显然不一样，而在 2π两侧的 x 的取值分别为 6.2000 和 6.3000，对应的 y 的值分别是-12.0352 和 59.4746，大小又和在 x=π附近的取值不一样，所以图像中幅值有所差别。如果在例 6.2.12 中，将 x 的取值改为-5:0.3:5，则由于 x 的取值不再关于原点对称，如图 6-14（b）所示。

例 6.2.15 设计程序，画出函数 y=tan(x)的图像，自变量范围是[-50,50]。

M 文件内容如下：

```
clear
clc
x=-50:0.1:50;
y=tan(x);
plot(x,y)
```

运行结果如图 6-15 所示。

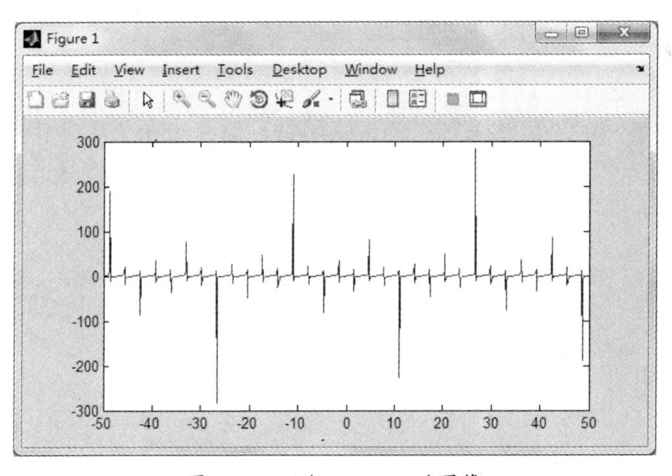

图 6-15 函数 y=tan(x)的图像

由于 $\tan(x)=\dfrac{\sin(x)}{\cos(x)}$，因此 tan(x)在 $x=\dfrac{\pi}{2}+k\pi$ 的地方没有意义，所以图中在这些点处出现了一个个尖角，而为何尖角的幅值不同？如果对上一个例题已经理解了，那么这道例题应该也理解了。

通过以上两个例子，我们可以看出，要想弄懂MATLAB，必须了解其工作的机理。

例 6.2.16 设计程序，画出函数 $y=e^{-0.5t}\cos(5t)$ 的图像，自变量范围是[0,20]。

M 文件内容如下：

```
clear
clc
t=0:0.1:20;
y=exp(-0.5*t).*cos(5*t);
plot(t,y)
```

运行结果如图 6-16 所示。

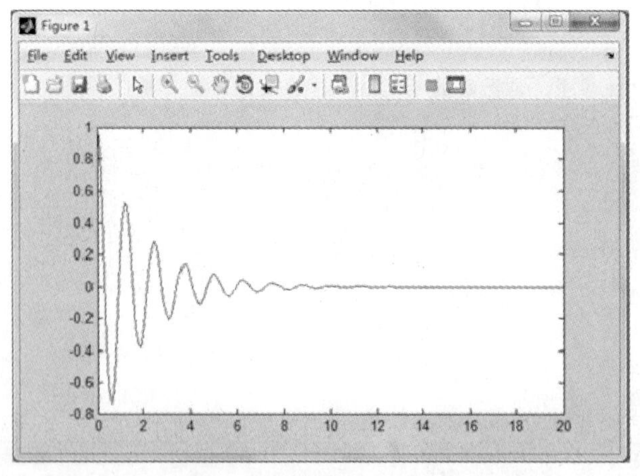

图 6-16　函数 $y=e^{-0.5t}\cos(5t)$的图像

这个图形是一个幅值越来越小的正弦函数，这在电子学中非常常见，可以表示一个稳定系统的输出电压随时间的变化，因此程序中的自变量改用为 t 以表示时间。振幅以 e 的指数次方下降，并最终趋向于 0。

例 6.2.17 设计程序，画出函数 $y=e^{-0.5t}\cos(5t)$ 的图像，并加上标注，其中自变量 t 的取值范围是[0,50]，图像上显示自变量的范围是[0,10]，显示因变量的范围是[-5,5]。

M 文件内容如下：

```
clear
clc
t=0:0.1:50;
y=exp(-0.5*t).*cos(5*t);
plot(t,y)
axis([0,10,-5,5])
xlabel('t')
ylabel('y')
title('graph17')
```

运行结果如图 6-17 所示。

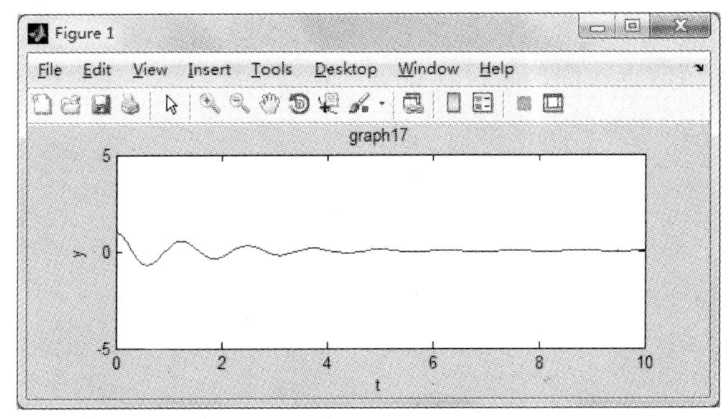

图 6-17 加上标注后的 $y=e^{-0.5t}\cos(5t)$的图像

这道例题中主要应关注 axis 指令的用法，它用于限制自变量和因变量的显示范围，axis 指令共有四个参数，axis([a,b,c,d])表示自变量的显示范围是[a,b]，因变量的显示范围是[c,d]。要注意参数的写法，外侧为小括号，内侧为中括号。

例 6.2.18 根据下列程序，探讨其运行的结果。

M 文件内容如下：

```
clear
clc
t=0:0.1:20;
y=exp(-0.5*t).*cos(5*t);
z=y;
plot3(t,y,z)
axis('equal')
```

运行结果如图 6-18 所示。

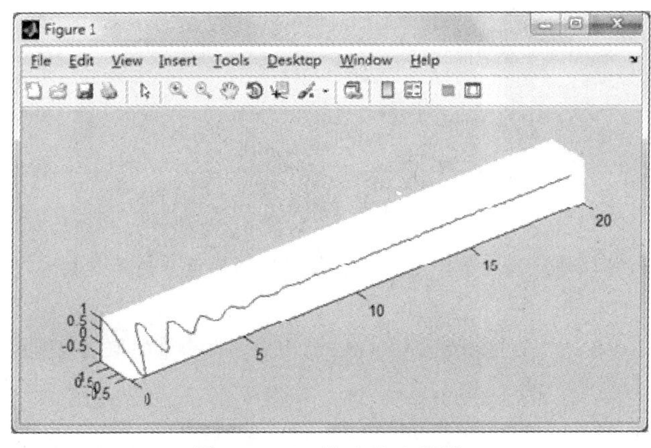

图 6-18 三维函数曲线图

此处 plot3(t,y,z)表示在空间直角坐标系内，以 t 为 x 轴的值，y 为 y 轴对应的值，z 为 z 轴的值取点作图，而 axis(‘equal’)表示系统自动设定坐标轴的显示范围，以防止人为设定不当导致图形显示不佳。

例 6.2.19 在上一例题的基础上为三维图形加上标注。

M 文件内容如下：

```
clear
clc
t=0:0.1:20;
y=exp(-0.5*t).*cos(5*t);
z=y;
plot3(t,y,z)
axis('equal')
xlabel('t')
ylabel('y')
zlabel('z')
title('graph19')
```

运行结果如图 6-19 所示。

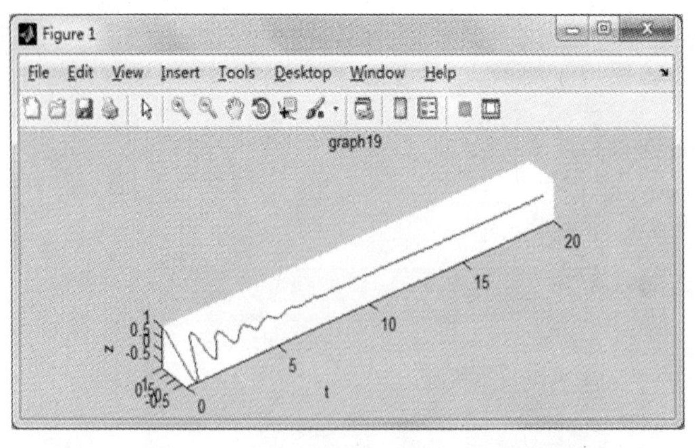

图 6-19 加上标注的三维函数曲线图

由标注的结果可以清楚地看出，x，y，z 轴对应的取值分别是变量 t，y，z。

例 6.2.20 设计程序，画出函数 y=ln(x)的图像，自变量的取值范围是[0.01,10]。

M 文件内容如下：

```
clear
```

```
clc
fplot('log(x)',[0.01,10])
```

运行结果如图 6-20 所示。

由于对数函数的自变量取值范围是$(0,+\infty]$，因此我们在这里取值[0.01,10]以避免取到 0，因为底数是 e，因此自变量取到 10 可使图像横纵坐标看起来比较美观。

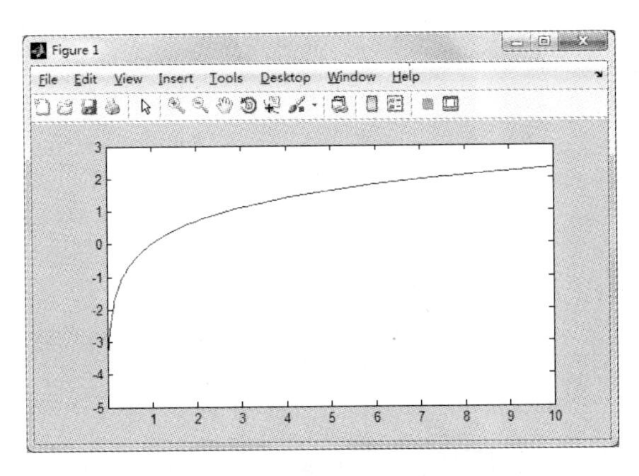

图 6-20　函数 y=ln(x) 的图像

例 6.2.21　设计程序，画出函数 y=lg(x) 的图像，自变量的取值范围是[0.01,1000]。

M 文件内容如下：

```
clear
clc
fplot('log10(x)',[0.01,1000])
```

运行结果如图 6-21 所示。

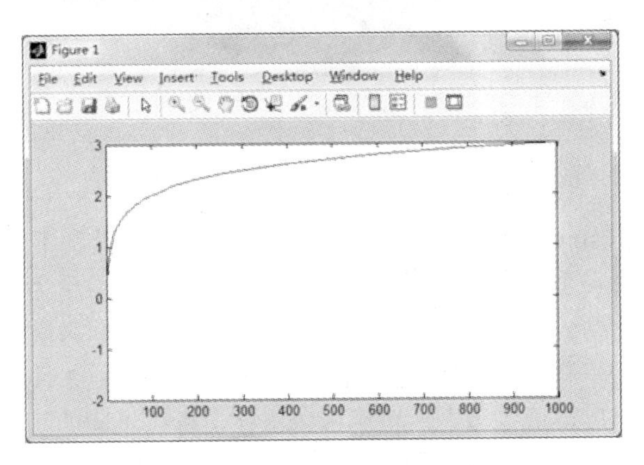

图 6-21　函数 y=lg(x)的图像

本例使用 fplot 指令来画图，最重要的是选取合适的自变量范围，因为底数是 10，自变量需要取到 100，因变量的值才会变成 2，取到 1000 因变量的值才会变成 3，所以自变量取值范围应设置得较大。

以上两个例子告诉我们，为了画出漂亮的图形，我们在编程时要选取合适的取值范围。

例 6.2.22 根据下列的程序，探讨 surf 指令的用法。

M 文件内容如下：

```
clear
clc
s=[1,2,3;4,5,6;7,8,9];
surf(s)
xlabel('x')
ylabel('y')
zlabel('z')
title('graph22')
```

运行结果如图 6-22 所示。

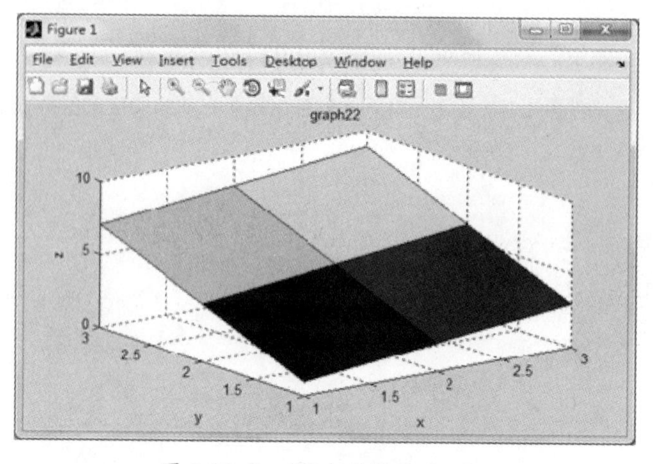

图 6-22 surf 指令的使用（一）

本例用于熟悉 surf 指令的用法，初看似乎难以理解，其实不然，例题中的矩阵共有 9 个元素，第一个元素对应于 x=1 且 y=1 的情况，其取值为 1，元素列标每增加 1，对应的点就往 x 轴的正方向移动一个单位长度，行标每增加 1，对应点的位置就往 y 轴正方向平移一个单位长度，例如元素 5 对应于 x=2 且 y=2 的点，元素的值即为图中点的高度，取完点之后再用线段连接，标以不同的颜色以示区分。

例 6.2.23 根据下列的程序，探讨 surf 指令的用法。

M 文件内容如下：

```
clear
clc
s=[1,2,3;4,3,6;7,8,9];
surf(s)
xlabel('x')
ylabel('y')
zlabel('z')
title('graph23')
```

运行结果如图 6-23 所示。

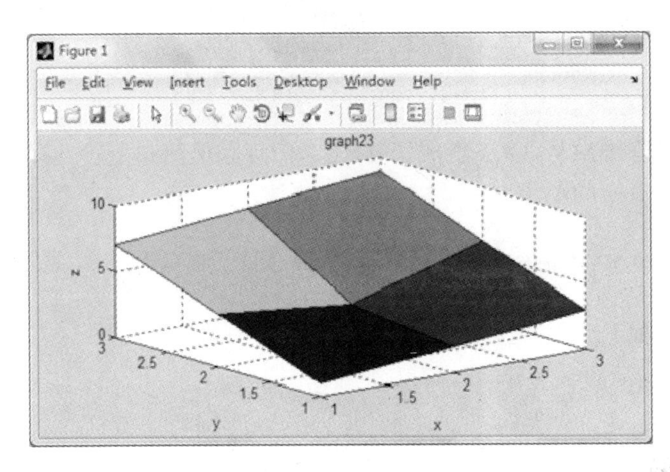

图 6-23　surf 指令的使用（二）

本例在上一例题的基础上将第二行第二列的元素 5 改成了 3，于是在 x=2，y=2 的地方点的高度变成了 3，看起来好像凹下去了一样。

例 6.2.24　根据下列的程序，探讨 surf 指令的用法。

M 文件内容如下：

```
clear
clc
s=[1,2;3,4];
surf(s)
xlabel('x')
ylabel('y')
zlabel('z')
title('graph24')
```

运行结果如图 6-24 所示。

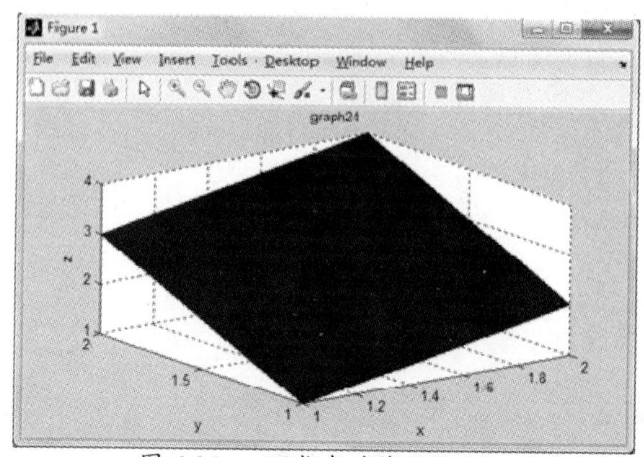

图 6-24　surf 指令的使用（三）

本题的矩阵维数从 3×3 变成了 2×2，但规则仍然和上述一样，因此画出来的只有 4 个点对应的图形。

例 6.2.25　根据下列的程序，探讨 surf 指令的用法。

M 文件内容如下：

```
clear
clc
s=[2,2;2,2];
surf(s)
xlabel('x')
ylabel('y')
zlabel('z')
title('graph27')
```

运行结果如图 6-25 所示。

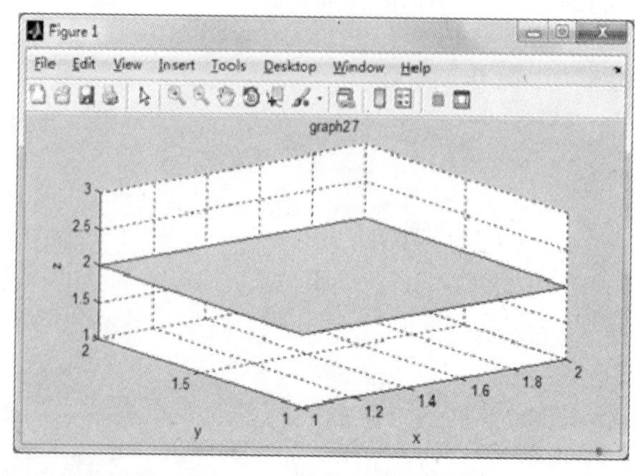

图 6-25　surf 指令的使用（四）

本道题和上一题类似，4 个元素的值相同，图形应该是一个与 xoy 平面平行的四边形。读者还可以继续尝试改变矩阵的元素的值以观察图形。

例 6.2.26 绘制基于自建函数的条形图，其中因变量 x 的取值范围是[-2,2]，x 的取值间隔为 0.1。

M 文件内容如下：

```
clear
clc
x=-2:0.1:2;
bar(x)
```

运行结果如图 6-2（a）所示。

该题中 bar(x)是基于内部自建函数的，x 的取值为-2 到 2 以 0.1 为间隔的 41 个数，对应于图中的横坐标就是 1 到 41，每个横坐标都位于对应长条形的中线上，加上 grid on 语句显示如图 6-26-2 所示，从自变量为 5，10，15 等点的地方就可以清晰地看出。

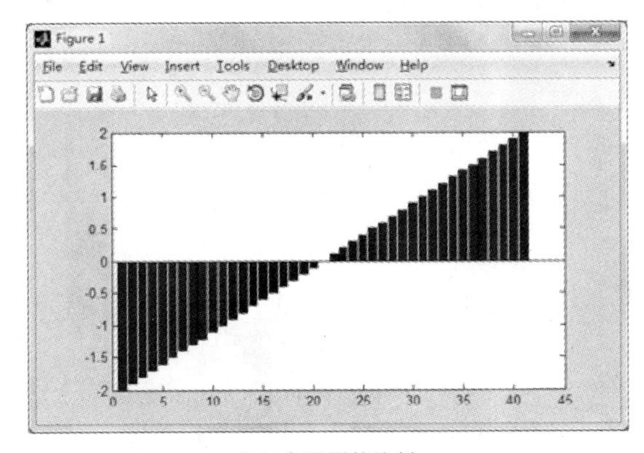

（a）条形图的绘制

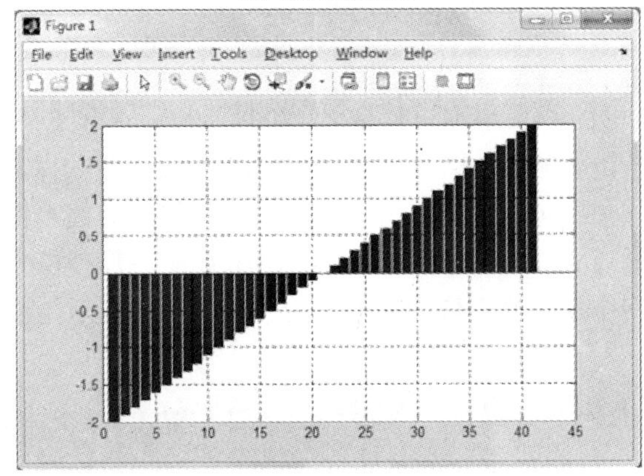

（b）加上网格后的图形

图 6-26 例 6.2.26 的运行结果

例 6.2.27 分别用 plot 和 bar 画出函数 $y=3x^3+2x^2+x+1$ 的图像，其中 x 的取值范围是[-2,2]，条形图是基于自建函数的，比较普通绘图和条形图的差异。

M 文件内容如下：

```
clear
clc
x=-2:0.2:2;
y=3*x.^3+2*x.^2+x+1;
subplot(1,2,1)
plot(x,y)
subplot(1,2,2)
bar(y)
```

运行结果如图 6-27 所示。

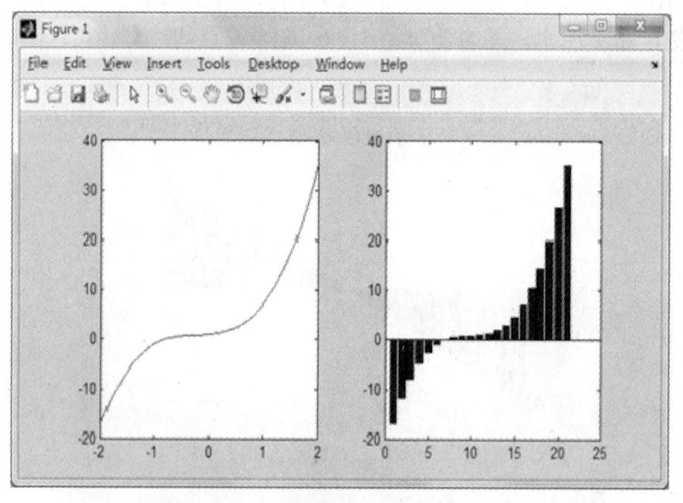

图 6-27 曲线图和条形图的对比

本题用于将线形图和条形图进行比较，可以看出，线形图是一条平滑的曲线，而条形图是一个一个分立的阶梯，但阶梯的轮廓和线性图一样，如果取每个长条形在因变量取值处的中点，依次以线段相连，便可得到与线形图相似的曲线。

这里首次使用了 subplot 语句，subplot(a,b,n)表示把图形视窗分成 $a\times b$ 个子图，子图的编号从上到下，从左到右依次是 1 到 $a\times b$，参数 n 表示在第 n 个子图中作图。

例 6.2.28 观察下列程序，探讨 meshgrid 指令的用法。

M 文件内容如下：

```
clear
```

```
clc
x=[-1,0,1]
y=[-1,0,1]
[X Y]=meshgrid(x,y)
```

运行结果如下：

```
x =
    -1     0     1
y =
    -1     0     1
X =
    -1     0     1
    -1     0     1
    -1     0     1
Y =
    -1    -1    -1
     0     0     0
     1     1     1
```

本题用于体会 meshgrid 指令的用法，meshgrid 共有两个返回值，对应于两个矩阵 X，Y,两个矩阵的对应元素对应于空间直角坐标系中 xoy 平面上的一系列点，以此题为例，相当于在 xoy 平面上绘出直线 x=−1，x=0，x=1，y=−1，y=0，y=1，这些直线的交点即为所取的平面上的一系列点，从而构成一个平面取值网格，取点显示如图 6-28 所示。

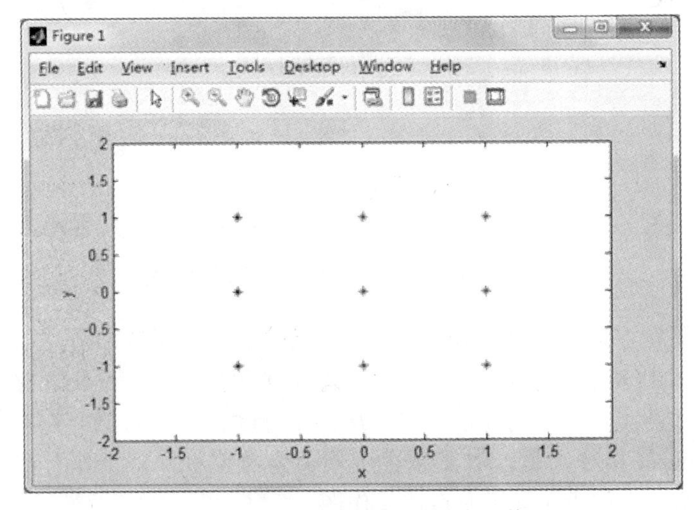

图 6-28　plot(X,Y)显示的取点网格

这正好为三维绘图做好了准备。

例 6.2.29 观察如下程序，体会 meshgrid 语句的用法，并熟悉画图指令 mesh。

M 文件内容如下：

```
clear
clc
x=0:0.1:2*pi;
y=0:0.1:2*pi;
[X,Y]=meshgrid(x,y);
Z=cos(X).*sin(Y);
mesh(X,Y,Z)
xlabel('x')
ylabel('y')
zlabel('z')
title('graph29')
```

运行结果如图 6-29 所示。

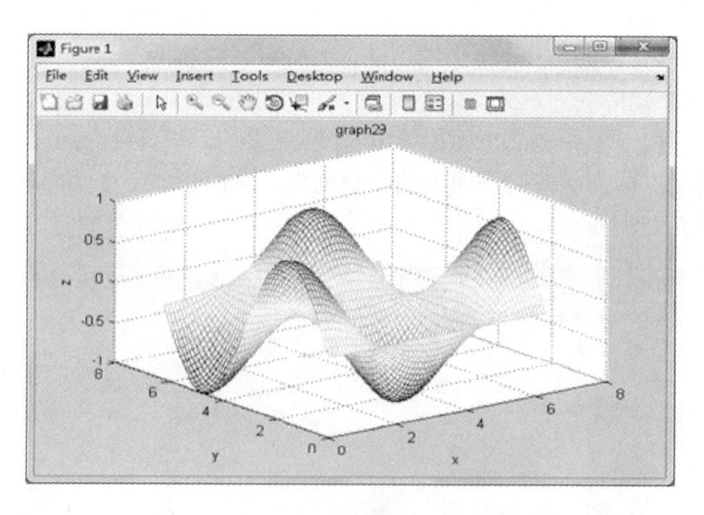

图 6-29 z=cos(x)sin(y)的立体特性曲线图

由上一例题可知，meshgrid 作用是构造两个矩阵以形成网格，以便绘制三维曲线图，本例中 X，Y 分别是网格中格点的 x 轴坐标矩阵和 y 轴坐标矩阵，而 Z 则是三维曲线各点函数值对应的矩阵，从程序可以看出，X，Y，Z 三个矩阵维数是相同的。mesh 指令则是以 X 矩阵的元素值为 x 坐标，Y 矩阵的元素值为 y 坐标，Z 矩阵的元素值为 z 坐标取点连线作图。

例 6.2.30 观察下列程序，体会 mesh 指令的用法。

M 文件内容如下：

```
clear
clc
x=-2:0.1:2;
y=-2:0.1:2;
[X,Y]=meshgrid(x,y);
Z=sqrt(X.^2+Y.^2);
mesh(X,Y,Z)
xlabel('x')
ylabel('y')
zlabel('z')
title('graph29')
```

运行结果如图 6-30 所示，该题与上一题类似，不加赘述。

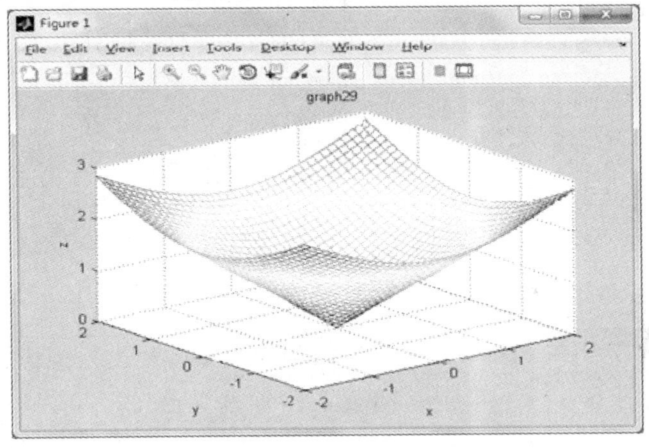

图 6-30　$z=\sqrt{x^2+y^2}$ 的立体特性曲线图

例 6.2.31 观察下列指令，体会 meshgrid 和 mesh 指令的用法。

M 文件内容如下：

```
clear
clc
x=0:0.1:3;
y=(x-1).^2;
[X,Y]=meshgrid(x);
Z=(X-1).^2;
subplot(1,2,1)
plot(x,y)
subplot(1,2,2)
mesh(Z,X)
```

运行结果如图 6-31(a)所示。

本题应注意[X,Y]=meshgrid(x)指令和 mesh(Z,X)指令。读者可以在命令窗口中输入 help meshgrid 或者 help mesh，则窗口中会显示出两种指令的用法和解释。从中可以知道，[X,Y]=meshgrid(x)等效于[X,Y]=meshgrid(x,x)，那么就和上面两道例题相同了，mesh(Z,X)则表示以 Z 矩阵的元素值为 z 轴坐标，若 Z 为 m×n 的矩阵，则 x 轴坐标范围为 1 到 n，y 轴坐标范围为 1 到 m，X 矩阵的元素值为颜色的取值，所以这里不能想当然地写成 mesh(X,Z)，否则结果如图 6-31（b）所示。其结果是一个斜面，这是因为此处是以 X 矩阵的取值为 z 坐标值的，而 Z 矩阵的值仅表示颜色。

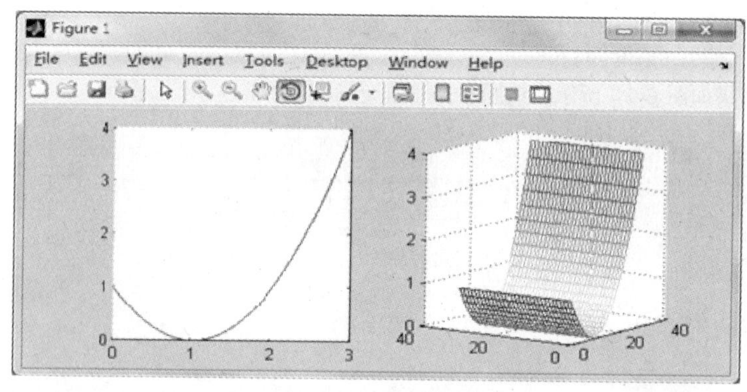

（a）$y=(x-1)^2$ 的二维和三维曲线图

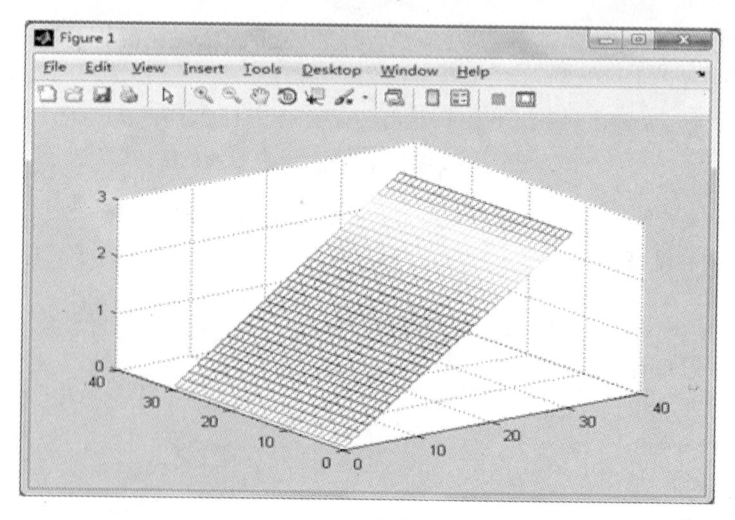

（b）mesh(X,Z)的结果

图 6-31　例 6.2.31 的运行结果

例 6.2.32 观察下列指令，体会 meshgrid 和 mesh 指令的用法，并观察 x 取值变密后图像的变化。

M 文件内容如下：

```
clear
clc
x=0:0.01:3;
[X,Y]=meshgrid(x);
Z=(X-1).^2;
mesh(Z,X)
```

运行结果如图 6-32 所示。

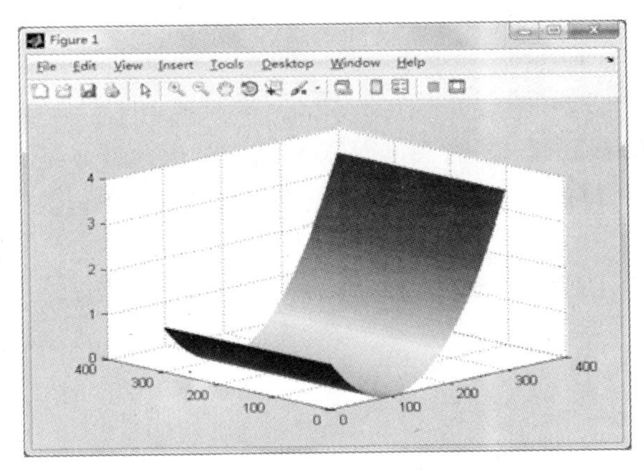

图 6-32 x 取值变密后 $y=(x-1)^2$ 的三维曲线图

本道例题和上一题一样，只是上一题中图像看起来是一个网状图，而本题中是一个曲面，这是因为 X 和 Y 的取值间隔都变成了 0.01，只有原来的 1/10，图中线条更加密集，所以看起来好像是曲面。

例 6.2.33 观察下列指令，体会 meshgrid 和 mesh 指令的用法，将 plot 与 mesh 对比。

M 文件内容如下：

```
clear
clc
x=-2:0.1:2;
y=x.^3;
[X,Y]=meshgrid(x);
Z=X.^3;
subplot(1,2,1)
plot(x,y)
subplot(1,2,2)
mesh(Z,X)
```

运行结果如图 6-33 所示。

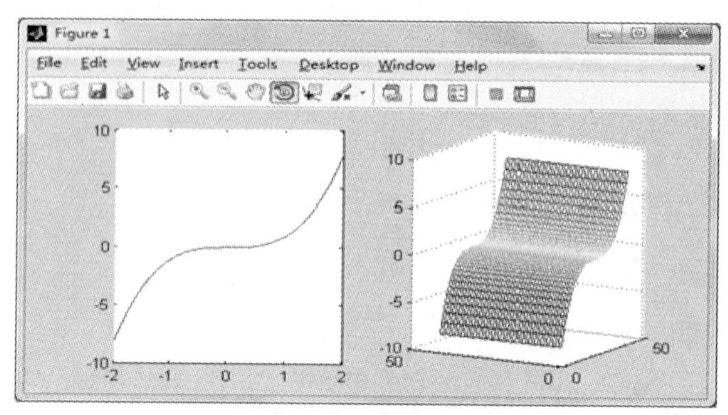

图 6-33 $y=x^3$ 的二维和三维曲线图

本题中 Z 的取值只与 X 有关，而和 Y 无关，因此若 x 是 n 维矢量，则图像上看起来就是把二维的曲线沿着 y 轴的正方向平移 n 个单位。

例 6.2.34 观察下列指令，体会 meshgrid 和 mesh 指令的用法。

M 文件内容如下：

```
clear
clc
x=-2:0.1:2;
[X,Y]=meshgrid(x);
Z=X.^2+Y.^2;
mesh(X,Y,Z)
```

运行结果如图 6-34 所示。

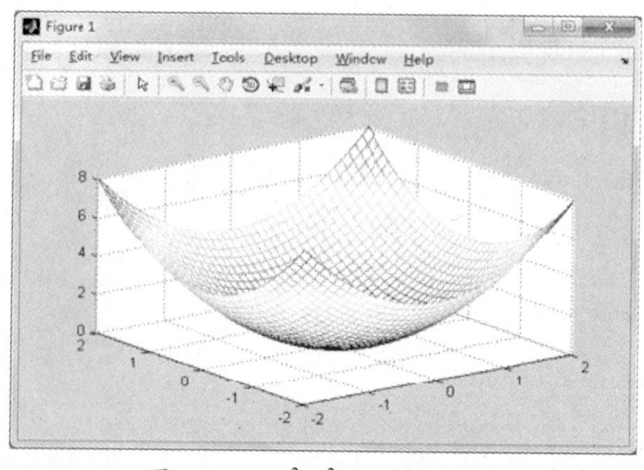

图 6-34 $z=x^2+y^2$ 的三维曲线图

此题 Z 的取值和 X，Y 都有关系，表示点到 z 轴的最短距离。

例 6.2.35 观察下列程序，学习极坐标画图 polar 指令。

M 文件内容如下：

```
clear
clc
t=0:0.01:2*pi;
polar(t,abs(sin(t).*cos(t)))
```

运行结果如图 6-35 所示。

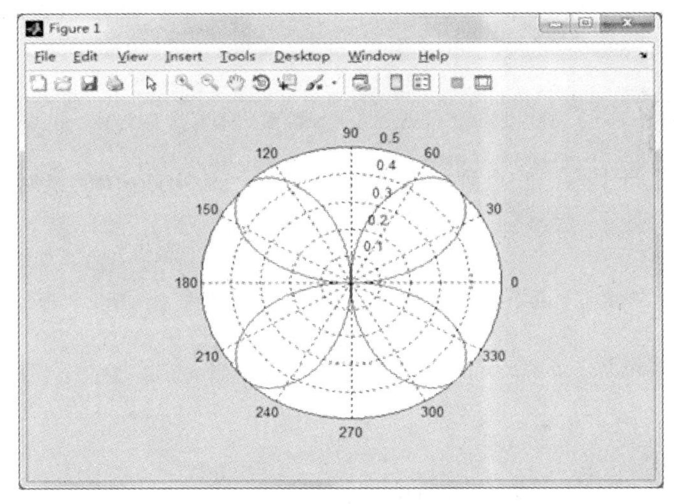

图 6-35 极坐标绘图（一）

polar（a, l）指令中，a 表示点的角度，l 表示点到原点的距离，于是程序中的语句表示，点的角度 t 取值从 0 到 2π，点到原点的距离为 sin(t)cos(t)的绝对值，以此画图，图形由 4 个瓣组成。不难发现，若 t 的取值从 0 到+∞，则该函数是以 $\frac{\pi}{2}$ 为周期的。

例 6.2.36 观察下列程序，学习极坐标画图 polar 指令。

M 文件内容如下：

```
clear
clc
t=0:0.01:2*pi;
polar(t,abs(sin(4*t).*cos(t)))
```

运行结果如图 6-36 所示。

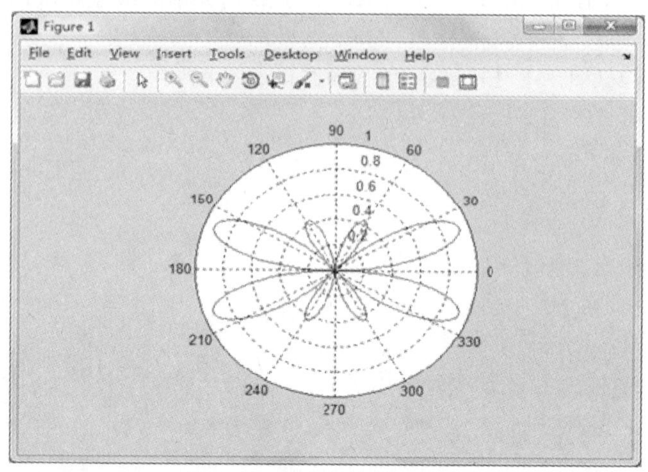

图 6-36　极坐标绘图（二）

本题只是将上题中的点到原点的距离改成了 sin(4t)cos(t)的绝对值，图形出现了 8 个瓣，此处不加赘述。

例 6.2.37　观察下列指令和图形的变化，比较和数学中学习的区别，思考为什么。

M 文件内容如下：

```
clear
clc
t=0:0.1:4*pi;
f1=2;f2=8;f3=16;f4=30;f5=40;
y1=sin(f1*t);
y2=sin(f2*t);
y3=sin(f3*t);
y4=sin(f4*t);
y5=sin(f5*t);
plot(t,y1);figure
plot(t,y2);figure
plot(t,y3);figure
plot(t,y4);figure
plot(t,y5)
```

运行结果如图 6-37 所示。

这是一个很有趣的例子，从数学的角度来讲，我们只是改变了函数的频率，画出来的图形不应该发生振幅的变化，可是图中则不然，当频率较小的时候还符合数学规律，随着频率的增大，振幅的变化更加明显，这是怎么回事呢？究其原因，仍然是 MATLAB 的离散取点法，数学中讨论的函数自变量都是连续取值的，而

MATLAB 中点与点间还是有间隔的，所以造成了上述结果，若取点间隔越小，就越接近数学中的情况。读者可以尝试一下，将自变量 t 的取值间隔改为 0.01，观察结果。

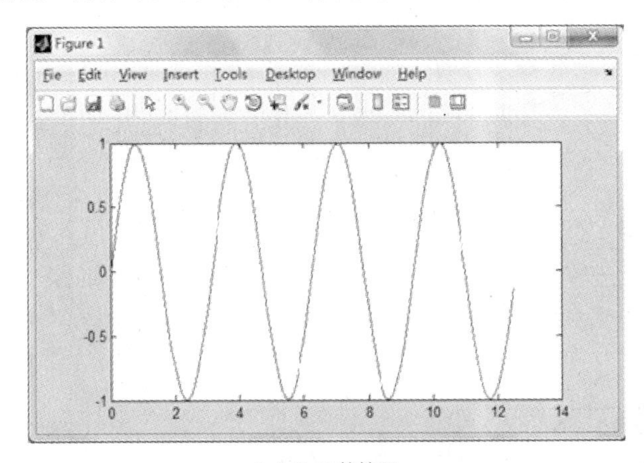

（a）f1=2 的情况

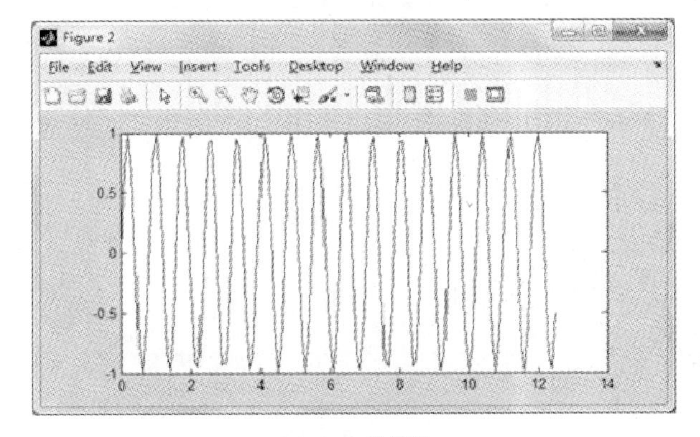

（b）f1=8 的情况

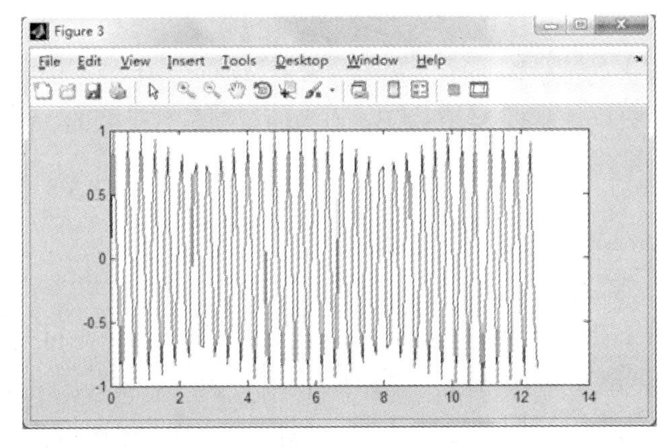

（c）f1=16 的情况

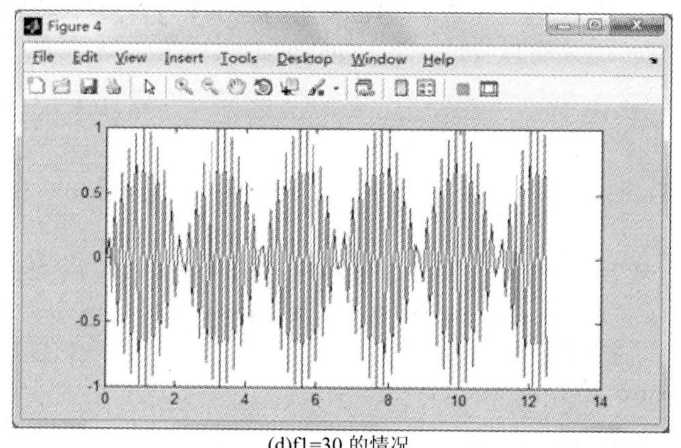

(d)f1=30 的情况

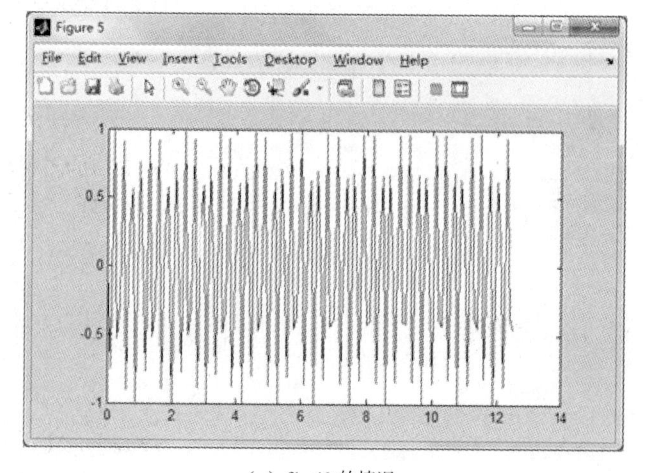

（e）f1=40 的情况

图 6-37　例 6.2.37 的运行结果

通过数量庞大的范例的训练，相信读者对 MATLAB 的绘图功能已经有了一定的了解，为了更好地掌握 MATLAB，适当的做题是有必要的，读者空闲时应勤加练习。

习　题

1．使用 plot 指令，画出函数 $y=(\sin(x))^x$ 的函数图像，自变量取值范围是 $[0.01,\pi]$，取值间隔是 0.01。

2．在一个视图窗口中同时画出两条曲线 $y=\sin(x)$，$y=\cos(x)$，其中 $y=\sin(x)$ 用“+”取点，$y=\cos(x)$ 用“*”取点，并用 gtext 指令标注对应曲线。自变量取值范围是[0,10]，取值间隔为 0.1。

3．用 plot3 指令画出 $z=\sin(x)+\cos(y)$ 的空间曲线图，x，y 取值范围都是 0 到 20，取值间隔都是 0.1。

4．用 fplot 指令画出函数 y=tan(x) 的图像，x 的取值范围是[-2π,2π]。

5．用 fplot 指令画出双曲余弦函数 y=ch(x) 的图像，x 的取值范围是[-5,5]。（双曲余弦函数 $ch(x)=\dfrac{e^x+e^{-x}}{2}$）

6．将上题中的自变量显示范围设为[-10,10]，因变量显示范围设为[-50,100]。

7．在上一题的基础上加上标注，x 轴标注为“x”，y 轴标注为“y”，z 轴标注为“z”，整个图像标注为“graph07”。

8．将图像视图分为 1×2 的形式，其中在第一个图中画出函数 $y=e^{-0.5t}\sin(3t)$的线形图，在第二个图中画出函数 $y=e^{-0.5t}\sin(3t)$的条形图，并加以比较。

9．试写出以下程序的运行结果：

```
clear
clc
x=[-1,2,3];
y=[2,1,6,5];
[X,Y]=meshgrid(x,y)
```

10．观察以下程序的运行结果：

```
clear
clc
x=0:0.5:2*pi;
y=0:0.5:2*pi;
[X,Y]=meshgrid(x,y);
Z=sin(3*X).*cos(Y).^2;
mesh(X,Y,Z)
```

11．用 polar 指令分别画出 $\rho=|\sin(t)\cos(t)|$，$\rho=|\sin(2t)\cos(t)|$，$\rho=|\sin(3t)\cos(t)|$，和 $\rho=|\sin(4t)\cos(t)|$的极坐标图，其中 t 表示角度，取值范围是[0,2π]，取值间隔是 0.1，ρ 表示点到原点的距离。

（参考答案见光盘）

第 7 章　函数绘图的进阶与解析

在上一章的学习中，我们通过在诸多例题看到了各式各样的函数所形成的图形。在一般的数学学习中，面对复杂函数，我们只能通过逻辑推理来推断函数的某些性质。而事实上，认识函数和认识人一样，都寻求一个由表及里的过程。对于函数而言，图形即为表，性质则为里。也就是说，我们可以通过对函数图像的分析来考查其规律和性质。MATLAB 为我们提供了这样一个探寻的窗口。在这一章中，我们将对函数绘图做进一步的解析。

7.1　二维图形进阶与解析

7.1.1　取点设置

首先我们先来看一下一般图形的缩放和取点设置的功能函数用法。

表 7-1 列出了图形缩放和取点的相关用语。

表 7-1　图形缩放和取点设置用语

功　能	用　法	说　　明
图形缩放	zoom	用于切换放大状态：on 或 off
	zoom on	放大与绘图原图大小功能。执行此函数后，可以使用鼠标去选取欲放大（按住左键拖拽）的区域，或是直接在该区域上单击左键即可产生放大效果，若双击鼠标左键则恢复原图大小
	zoom off	停止缩放大小
	zoom out	恢复为原图大小
	zoom reset	系统将记住当前图形的放大状态，作为后续放大状态的设置值。因此以后使用 zoom out 时，图形并不会恢复为原图大小，而是返回 reset 时的放大状态的大小
	zoom xon/zoom yon	仅对 X 轴或 Y 轴进行放大
	zoom(factor)	factor＞1 时，图形放大 factor 倍，factor＜1 时，图形缩小为原图的 factor 比例
	zoom(fig，option)	指定对句柄值为 fig 的绘图窗口的二维图形进行放大，其中参数 option 为 on、off、xon、yon、reset、factor 等。

（续）

功　能	用　法	说　明
ginput 坐标轴内取点	h = zoom (figure_handle)	返回操作的句柄属性值矢量
	[x,y]=ginput(n)	从图形中获得 n 个点的坐标值，获得的数据保存在长度为 n 的矢量 x，y 中
	[x,y]=ginput	从图形中获得多个点的坐标，直到按下 Enter 键为
	[x,y，button]=ginput(n)	返回值添加了一个 button 的矢量，元素为整数反映选取数据点时按下了哪个鼠标键（左/中/右键分别对应 1/2/3），或者返回使用的键盘上的键的 ASCII 值。调用 ginput 函数后，在窗口中鼠标箭头会变成十字形的光标，移动鼠标，光标随之移动，在关心的数据点上单击鼠标左键，该点的坐标就被记录下来，直到点数达到指定的个数或按下 Enter 键终止取值为止

7.1.2　线形设置

在上一章中，我们初次体会到了 plot 函数的置线型的功能，根据表 6-1 与表 6-2，我们还有一个综合的语句用来实现线型设置：

```
plot(…,'PropertyName',PropertyValue,…)
```

其中的 PropertyName 与 PropertyValue 的对应关系如表 7-2 所列。

表 7-2　plot 绘图中 PropertyName 与 PropertyValue 的对应关系表

PropertyName	意　义	PropertyValue
LineWidth	线宽	实数值,单位为 points
MarkerEdgeColor	标记点边框线条颜色	表颜色的字符,如'g'等
MarkerFaceColor	标记点内部区域填充颜色	表颜色的字符
MarkerSize	标记点大小	实数值,单位为 points

本节所引用的范例将都由 M 文件的形式给出，在命令窗口中调用 M 文件的过程省略，直接给出运行结果。

例 7.1.1　分别绘制 y1=sin(x),y2=cos(x)与 y3=sin(x)cos(x)的函数图像，体会 plot 函数的用法，设自变量区间为[0,2π]。

M 文件内容如下：

```
clear
clc
x=0:0.02*pi:2*pi;
```

```
y1=sin(x);y2=cos(x);y3=sin(x).*cos(x);
plot(x,y1,x,y2);
hold on;
plot(x,y3,'--rs','LineWidth',2,...
                'MarkerEdgeColor','k',...
                'MarkerFaceColor','m',...
                'MarkerSize',10)
```

运行结果如表 7-1 所列。

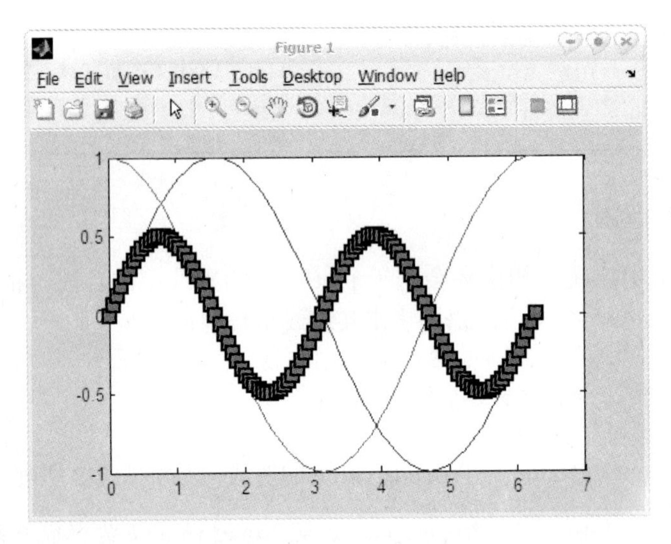

图 7-1　例 7.1.1 运行结果

7.1.3　标注设置

1. 概述

要对图形进行标注，首先应确定面向图形对象的编辑模式已经打开。一般通过单击图形窗口的工具菜单（Tools）下的编辑图形子菜单（Edit Plot），或者单击图形工具条中的图形编辑模式开关按钮来实现。

确认编辑模式打开后，我们便可经规范操作添加我们想要的标注。

一般情况下，标注方法可以分成 5 种：命令窗口中用标注函数标注；通过图形编辑工具条标注；通过插入菜单（insert）项标注；利用图形面板对象标注；在属性编辑界面下标注。

表 7-3 列出了部分图形标注函数。

表 7-3　图形标注函数

函　数	说　　明	函　数	说　　明
title	设置标题	colorbar	设置颜色条
xlabel，ylabel	设置横、纵坐标轴标签	annotation	添加文本、线条、箭头、图框等标注元素
legend	设置图例		

尽管所有图形标注都可以用标注函数实现，但是相比较而言，在图形界面下的交互式的标注方式则更加方便快捷。即直接使用图形编辑工具条。图形编辑工具条在默认状态下是隐身状态，需通过单击视窗菜单（View）下的图形编辑工具条菜单（Plot Edit Toolbar）来调出，如图 7-2 所示。

图 7-2　图形编辑工具条菜单（Plot Edit Toolbar）

该工具条的按钮从左至右依次是：填充色、边框色、文字颜色、字体、加粗、斜体、左对齐、居中对齐、右对齐、线条、单箭头、双箭头、带文字标注的箭头、文本、矩形、椭圆、锚定、对其与分布。它们又被分成 6 组，其中 4 组用来设置标注元素的颜色、字体、文字对齐属性，第 5 组用来添加各种标注元素，最后 1 组属于特殊用途。

通过图形编辑工具条只能添加部分的图形标注元素，而通过图形窗口的插入菜单（insert）则可以添加任何 MATLAB 提供的图形标注元素。

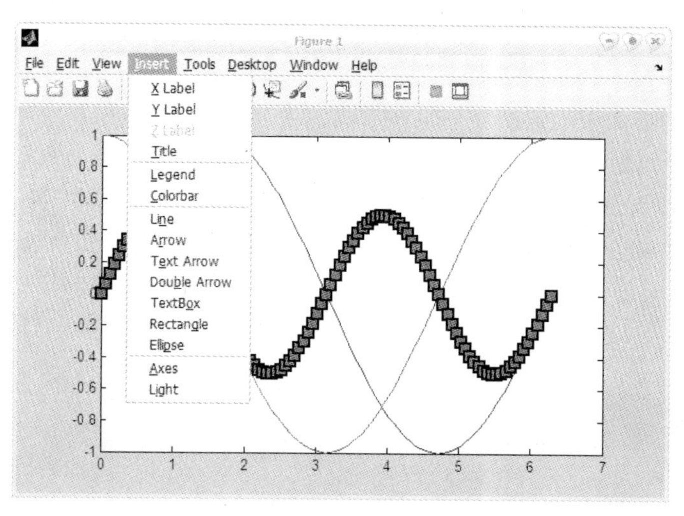

图 7-3　图形窗口的插入菜单项

如图 7-3 所示，MATLAB 提供了一系列的标注型元素，包括坐标轴标签（X Label、Y Label、Z Label）、图形标题（Title）、图例（Legend）、颜色条（Colorbar）、线（Line）、箭头（Arrow）、带文本的箭头（Text Arrow）、双箭头（Double Arrow）、文本框（TextBox）、矩形框（Rectangle）、椭圆框（Ellipse）、坐标轴（Axes）和光影（Light）。其中 Z 轴标签（Zlabel）和光影（Light）只用于三维图形标注中；坐标轴（Axes）是用于在已有图形中添加新的坐标轴，通常不用于标注。

另一个常用的图形界面下的交互标注方法是利用图形面板对象，打开图形面板的方法是单击视窗菜单下的图形面板菜单（Figure Palette），其效果如图 7-4 所示。

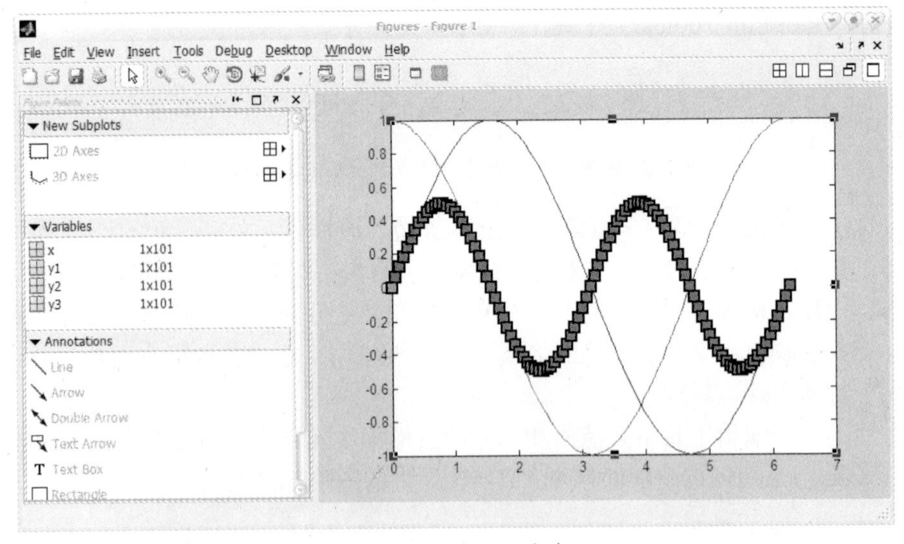

图 7-4 图形面板菜单

有关于图形面板的编辑我们将在后面的内容详细介绍。

2. 普通标注详解

第 6 章我们已经学习了 title，xlabel，ylabel 等函数的用法。接下来，我们通过实例加强一下对 title，xlabel，ylabel 以及另外一些常用的标注语句的理解与使用。

例 7.1.2 使用 Xlabel、Ylabel，title 等函数为例 7.1.1 中图像加标注。

M 文件内容接例 7.1.1 后，如下：

```
title('例 7.1.2','Color','y','fontweight','b','fontsize',15);
xlabel('X','fontsize',12);
ylabel('Y1-Y2-Y3','fontsize',12,'Rotation',90);
```

```
legend('y1=sin(x)','y2=cos(x)','y3=sin(x)cos(x)');
```

注：标注中的“color”，“fontsize”等参数不受大小写影响。
运行结果如图 7-5 所示。

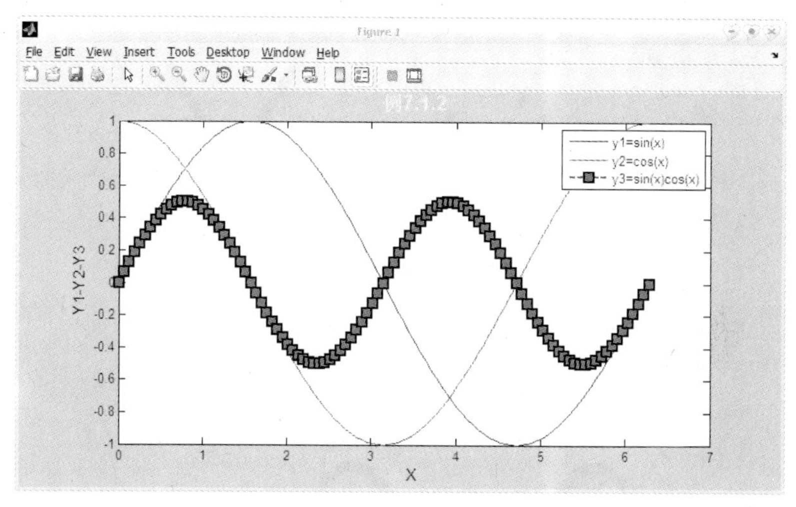

图 7-5　例 7.1.2 运行结果

其中，ylabel（'string', 'Rotation',value）的格式含义为将 Y 轴标注中的字串做 value 值的旋转，该旋转自水平位置起，方向为逆。所以当 value 为 90 时表示将 Y 轴标注自下往上排列，−90 时则反之。

对于文本框类型的标注，其位置相对任意，即可以在图形中任意位置添加。一般的添加方法包括：插入菜单（Insert）→Textbox；图形编辑工具条→文本框按钮；常用的函数为 text 与 gtext。

其中，通过 text 与 gtext 所创建的标注时锚定在图形中的固定位置，并随坐标轴的平移与缩放做相对应的移动，而通过菜单和工具按钮创建的文本标注，默认是不锚定的。

作为两种常用的文本添加函数，text 与 gtext 又有着些许不同。text 是纯命令行文本函数，而 gtext 是交互式文本框标注函数。

例 7.1.3　文本框标注示例。

```
M代码续例 7.1.1 如下:
gtext({'例 7.1.2','gtext','用法示例'});
gtext({'y1=sin(x)';'y2=cos(x)';'y3=sin(x)cos(x)';'x=\pi'});
运行结果如图 7-6 和图 7-7 所示。
```

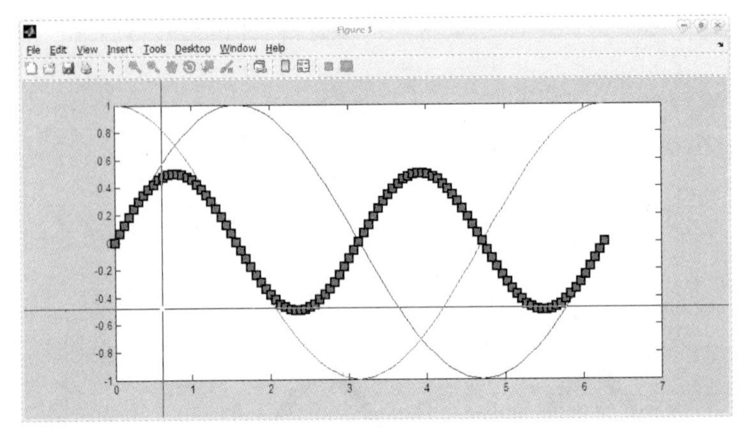

图 7-6 例 7.1.3 中的 gtext 一次标注

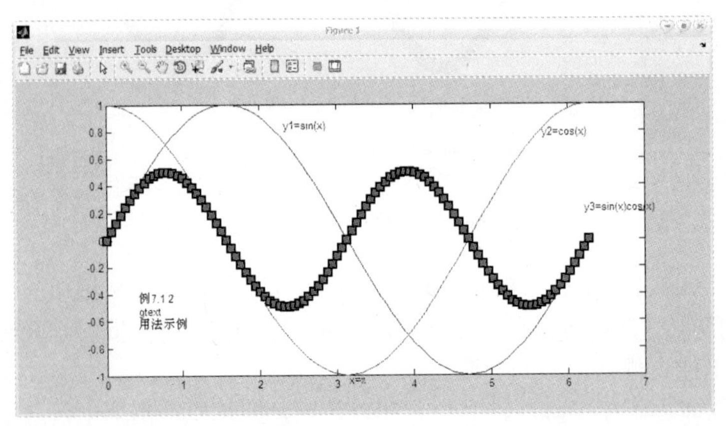

图 7-7 例 7.1.3 中的 gtext 多次标注

像“\pi”这样的语言被称为 TEX 标记语言，通过 TEX 标记语言可以设置多种常用符号，如希腊字母、数字符号、箭头等，相对应关系如表 7-4 和表 7-5 所列。

表 7-4 标记语言—符号

标记语言	符 号	标记语言	符 号	标记语言	符 号
\alpha	α	\upsilon	υ	\sim	~
\beta	β	\phi	Φ	\leq	≤
\gamma	γ	\chi	χ	\infty	∞
\delta	δ	\psi	ψ	\clubsuit	♣
\epsilon	ε	\omega	ω	\diamondsuit	♦
\zeta	ζ	\Gamma	Γ	\heartsuit	♥
\eta	η	\Delta	Δ	\spadesuit	♠
\theta	Θ	\Theta	Θ	\leftrightarrow	↔

（续）

标记语言	符 号	标记语言	符 号	标记语言	符 号
\vartheta	□	\Lambda	Λ	\leftarrow	←
\iota	ι	\Xi	Ξ	\uparrow	↑
\kappa	κ	\Pi	Π	\rightarrow	→
\lambda	λ	\Sigma	Σ	\downarrow	↓
\mu	μ	\Upsilon	ϒ	\circ	°
\nu	ν	\Phi	Φ	\pm	±
\xi	ξ	\Psi	Ψ	\geq	≥
\pi	π	\Omega	Ω	\propto	∝
\rho	ρ	\forall	□	\partial	∂
\sigma	σ	\exists	□	\bullet	•
\varsigma	ς	\ni	∍	\div	÷
\tau	τ	\cong	≅	\neq	≠
\equiv	≡	\approx	≈	\aleph	ℵ
\Im	ℑ	\Re	ℜ	\wp	℘
\otimes	⊗	\oplus	⊕	\oslash	∅
\cap	∩	\cup	∪	\supseteq	□
\supset	□	\subseteq	□	\subset	□
\int	∫	\in	∈	\o	o
\rfloor	ë	\lceil	é	\nabla	□
\lfloor	û	\cdot	·	\ldots	...
\perp	⊥	\neg	¬	\prime	′
\wedge	∧	\times	X	\oslash	∅
\rceil	ù	\surd	√	\mid	|
\vee	∨	\varpi	□	\copyright	©
\langle	∠	\rangle	∠	\circ	°

表 7-5　标记语言—字体格式

符 号	含 义	符 号	含 义
_	下标	\^	上标
\it	斜体	\bf	粗体
\rm	正常字体	\fontname{fontname}	采用指定字体
\fontsize{fontsize}	采用指定字号	\color{colorname}	指定颜色

其中，颜色的名称有 8 种基本颜色：red，green，yellow，magenta，blue，black，white 以及 4 种 simulink 颜色：gray，darkGreen，orange，lightBlue。此处必须键

入颜色全名。具体用法请读者悉心自己体会。

7.1.4 特殊二维绘图

对于常规的二维图像，MATLAB 提供了非常便捷的创建渠道。表 7-6 列出了一些常用的二维绘图函数。

表 7-6 二维绘图函数汇表

函数名称	含　义	函数名称	含　义
plot	二维曲线图绘制	plotyy	双 y 轴图形
polar	二维极坐标图绘制	area	面积图
loglog	双对数坐标图	pie	扇形图
semilogx	X 轴对数刻度二维绘图	scatter	散点图
semilogy	Y 轴对数刻度二维绘图	hist	柱形图
bar	垂直条形图	errorbar	误差图
barh	水平条形图	stem	火柴杆图
quiver	矢量图	feather	羽毛图
rose	玫瑰花图	commet	彗星图
stairs	阶梯图	compass	罗盘图
pareto	Pareto 图绘制	fill	实心图绘制
ployarea	数组参数多边实心图绘制	ploymatrix	数组关系图绘制
contour	等值线图	contourf	填充模式等值线图
对应函数绘图		含　义	
fplot(fun,limits)		在指定的坐标轴 limits 范围内绘制字符串或函数 fun	
ezplot(fun,[xmin,xmax,ymin,ymax])		在指定的坐标轴范围内绘制字符串或函数 fun 对应图	
ezpolar(fun,[a,b])		在指定弧度范围内绘制字符串或函数 fun 对应极坐标	
ezcontour(fun)		绘制字符串或函数 fun 对应等高线图	
ezcontourf(fun)		绘制字符串或函数 fun 对应等高线填充图	

下面我们通过一些例子让大家可以更加真切地体会这些函数的用法。

例 7.1.4 实心图、pareto 图、散点图与彗星图实例。

M 文件如下：

```
clear
clc
x=rand(1,10);y=rand(1,10);
```

```
subplot(2,2,1),fill(x,y,'k'),title('实心图');
subplot(2,2,2),pareto(x),title('pareto 图');
subplot(2,2,3),scatter(x,y),title('散点图');
subplot(2,2,4),comet(x,y),title('彗星图');
```

运行结果如图 7-8 所示。

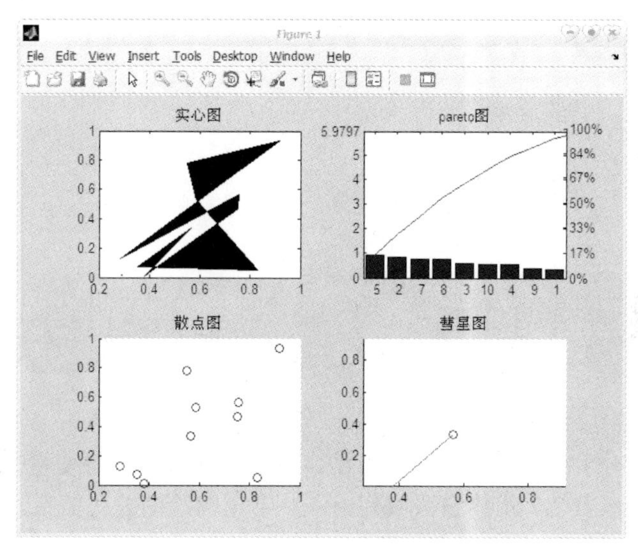

图 7-8　例 7.1.4 运行结果

例 7.1.5　函数绘图示例。

M 文件如下：

```
clear
clc
subplot(2,2,1);
y1='sin(x)';
fplot(y1,[0 2*pi]);title('y1=sin(x)');
subplot(2,2,2);
y2='sin(x)+cos(x)';
ezplot(y2,[-2*pi 2*pi -2.5 2.5]);title('y2=sin(x)+cos(x)');
subplot(2,2,3);
y3='sin(x)+2*cos(x)';
ezpolar(y3,[-2*pi 2*pi ]);title('y2=sin(x)+2*cos(x)');
subplot(2,2,4);
ezplot(@peaks);title('peaks');
```

运行结果如图 7-9 所示。

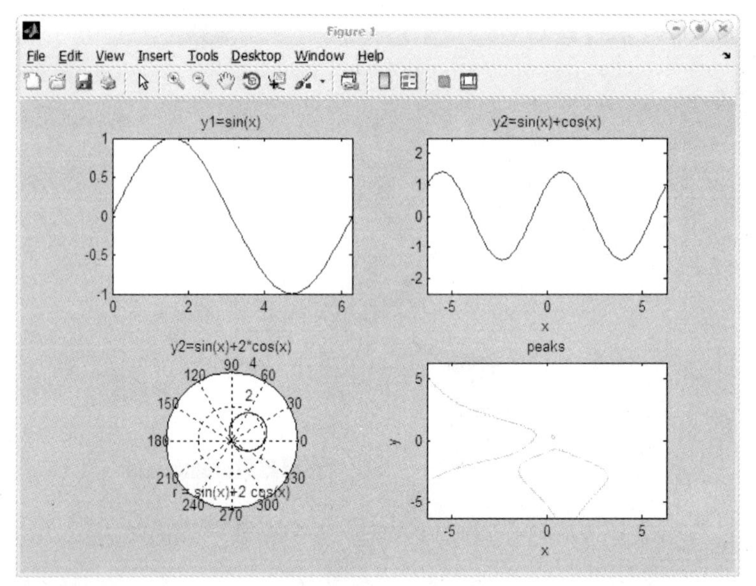

图 7-9　例 7.1.5 运行结果

一般的，对于如 ezplot 的绘图方法，我们只要知道三维变量之间的关系便可绘制相应曲线，表 7-7 就数学领域列出一些常用的绘图公式关系。

表 7-7　常用绘图公式关系

图像名称	原代数方程式	变量关系
椭球面	$\frac{x^2}{a^2}+\frac{y^2}{b^2}+\frac{z^2}{c^2}=1$	$\begin{cases} x = a\cdot \sin\varphi\cos\theta \\ y = b\cdot \sin\varphi\sin\theta \\ z = c\cdot\cos\varphi \end{cases}$ 其中 $0\leqslant\theta<2\pi$，$0\leqslant\varphi<2\pi$
单叶双曲面	$\frac{x^2}{a^2}+\frac{y^2}{b^2}+\frac{z^2}{c^2}=1$	$\begin{cases} x = a\cdot\sec\varphi\cos\theta \\ y = b\cdot\sec\varphi\sin\theta \\ z = c\cdot\tan\varphi \end{cases}$ 其中 $0\leqslant\theta<2\pi$，$-\frac{\pi}{2}<\varphi<\frac{\pi}{2}$
双叶双曲面	$\frac{x^2}{a^2}+\frac{y^2}{b^2}+\frac{z^2}{c^2}=-1$	$\begin{cases} x = a\cdot\tan\varphi\cos\theta \\ y = b\cdot\tan\varphi\sin\theta \\ z = c\cdot\sec\varphi \end{cases}$ 其中 $0\leqslant\theta<2\pi$，$-\frac{\pi}{2}<\varphi<\frac{\pi}{2}$
圆柱螺线	$\frac{x^2}{a^2}+\frac{y^2}{b^2}=1=\frac{z}{bt}$	$\begin{cases} x = a\cdot\cos t \\ y = a\cdot\sin t \\ z = c\cdot t \end{cases}$ 其中 $-\infty<t<+\infty$
圆锥螺线	$\frac{x^2}{a^2}+\frac{y^2}{b^2}=\frac{z^2}{c}$	$\begin{cases} x = a\cdot t\cdot\cos t \\ y = b\cdot t\cdot\sin t \\ z = c\cdot t \end{cases}$ 其中 $0<t<+\infty$
抛物螺线	$\frac{x^2}{a^2}+\frac{y^2}{b^2}=\frac{z}{c}$	$\begin{cases} x = a\cdot t\cdot\cos t \\ y = b\cdot t\cdot\sin t \\ z = c\cdot t^2 \end{cases}$ 其中 $0<t<+\infty$

（续）

图像名称	原代数方程式	变量关系
圆环面	$\left(\sqrt{x^2+y^2}-R\right)^2+z^2=r^2$	$\begin{cases} x=(R+r\cos\theta)\cos\varphi \\ y=(r+r\cos\theta)\sin\varphi \\ z=r\sin\theta \end{cases}$ 其中 $0\leqslant\theta\leqslant 2\pi$，$0\leqslant\varphi\leqslant 2\pi$

7.1.5 交互式绘图

1. 概述

MATLAB 图形窗口除了用于显示绘图函数的结果，还可以进行交互式绘图。MATLAB 交互式绘图工具包括 3 个面板：图形面板、绘图浏览器和属性编辑器，这些面板在默认视图下并不显示，如表 7-8 列出了打开面板的若干方法。

表 7-8 绘图工具面板显示方法

面 板 名 称	显 示 方 法	其 他 说 明
图形面板（Figure Palette）	命令 figurepalette 或视图菜单下的 Figure Palette 项	“显示绘图工具”按钮可以同时显示这 3 个面板；“隐藏绘图工具”按钮则可同时关闭这 3 个面板
绘图浏览器（Plot Browser）	命令 plotbrowser 或视图菜单下的 Plot Browser 项	
属性编辑器（Property Editor）	命令 propertyeditor 或视图菜单下的 Property Editor 项	

通过显示绘图工具按钮，打开 3 个绘图工具面板之后的窗口如图 7-10 所示。

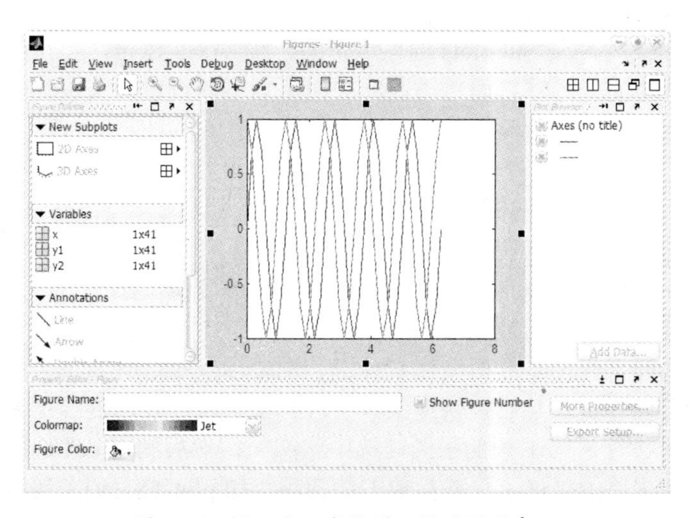

图 7-10 显示交互式绘图工具的图形窗口

部分相关位置及功能见表 7-9。

表 7-9　交互式绘图面板功能表

名　称	位　置	功　能	举　例
图形面板 （Figure Palette）	窗口左侧	创建与安排图形窗口下的子图分布 交互式对工作变量进行任意类型的图形绘制	如构建 2×3 子图阵 如添加箭头、图框等标注
绘图浏览器 （Plot Browser）	窗口右侧	控制坐标轴或图像对象的显示	如通过 Add Data...按钮在指定的坐标轴下添加数据进行新的附加绘图
属性编辑器 （Property Editor）	窗口下方	常用属性设置	如子图标题、网格、坐标轴标签、范围等

本小节后续将以一个完整的绘图实例来说明这些面板的各种功能。

例 7.1.6　交互式绘图数据创建。

M 文件内容如下：

```
clear
clc
x=0:0.05*pi:2*pi;
y1=sin(5*x);
y2=cos(5*x);
plot(x,y1,x,y2);
```

2. 图形面板

单击图形窗口 New Subplots 选项卡下的二维 Axes 按钮，会在当前绘图区的下方添加一行新的坐标轴；而单击右侧的田字方框和黑色箭头位置，则用户可以通过移动鼠标创建自己定义列的子图，当前已经存在的图形会被默认设置为编号最小的子图，这会产生一个如图 7-11 所示的绘图区结果，其中已经存在的函数曲线是例 7.1.6 中代码所创建的。

创建子图之后就可以在每个子图区绘制函数了，这可以通过在图形面板的第二个选项卡中交互地选择 MATLAB 工作空间中的变量，然后按用户指定的图形样式和绘图顺序来绘制函数曲线。

一般要选择坐标轴，然后按住 Ctrl 键，用鼠标左键选择若干个参与绘图的变量，再单击鼠标右键，从右键快捷菜单中选择某种符合要求的绘图方式。

如选择第 2 行，第 1 列的子图（选中状态），然后利用 ctrl 选择了两个工作区变量，右键菜单中提供了一些简单的绘图项，如 plot（x，y1）等，想要添加更多的自定义图像，则可以单击 More Plots...。

绘图类型可以设置为本章之前描述的任何一种类型，如一般的线条图，或者各种特殊类型，接着可以在窗口最上方的文本框中设定绘图参数，实际上相当于绘图函数的输入参数。

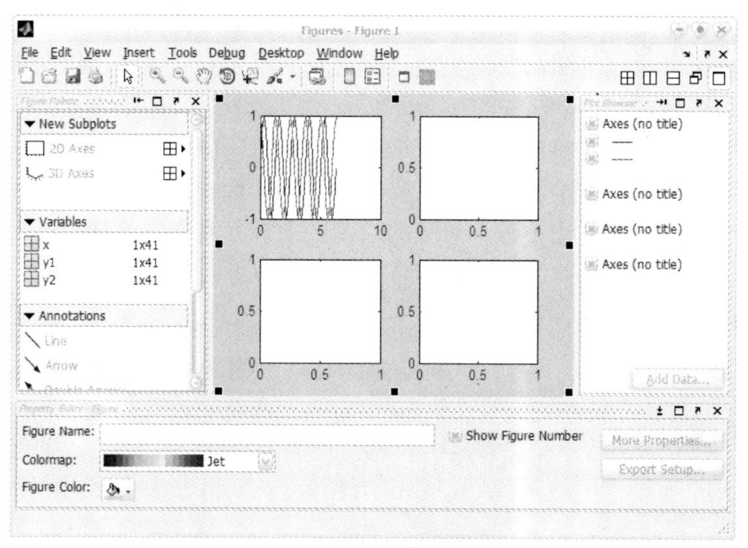

图 7-11　添加子图

图形面板的最下面一个选项卡中的内容是用来进行图形标注的，包括线条箭头标注和图框标注。标注时只需选择相应的标注元素，在某个子图下用鼠标拖拽即可产生标注对象，操作非常方便。

通过重复以上绘图、标注等操作，可产生如图 7-12 所示效果。具体操作还需读者悉心体会与练习。

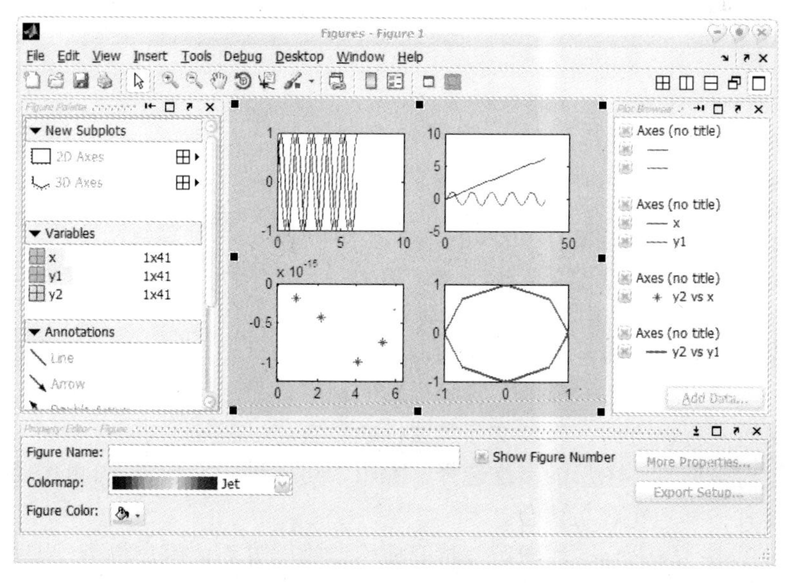

图 7-12　子图绘制

3. 绘图浏览器

绘图浏览器用来显示当前绘图区中的所有坐标轴、图线，但不包括图形标注元素，用户可以通过绘图浏览器控制这些对象的显示和隐藏，可以在指定的坐标轴下添加绘图数据。

在图 7-13 中，通过单击图中的复选框，使其处于选中状态，则该图形元素（坐标轴或轴线）会显示在绘图区，若使复选框处于非选中状态，则图形元素将被隐藏。当某个图形元素被选中时，对应的绘图区中该元素也处于选中待编辑状态，用户可以通过拖拽鼠标修改其尺寸、位置，也可以通过下一部分要介绍的属性编辑器来修改图形元素的各种属性。

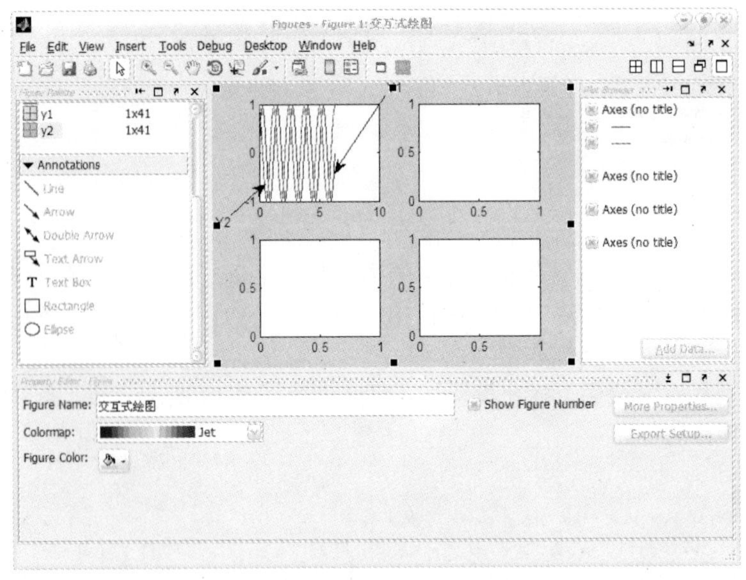

图 7-13 加标注

4. 属性编辑器

属性编辑器为用户修改图形元素（包括标注对象）的任意属性提供了一个便捷的图形界面的操作环境。当绘图区中某一元素（包括坐标轴、图线、各种标注对象、图例、颜色条等）被选中时，属性编辑器将自动转换到选中元素的属性编辑界面中。

以坐标轴对应的属性编辑器为例，用户可以编辑坐标轴标题，背景颜色、边框颜色，网格显示、边框显示，各坐标轴的标签、显示刻度、显示范围、线性坐标还是对数坐标，方向，以及文字等属性的设置。

经过对坐标轴、图形的多次选择、编辑，可以进一步修缮我们的图形，具体操作请读者仔细地实践与体会。

通过单击 Inspector...按钮可以打开属性监视器界面，用户将可以编辑图形元素的任意属性。一般情况下，属性编辑器界面下提供的编辑项即可以满足要求。

5. 数据查视工具

当图形绘制完毕后，用户经常需要查看图形局部细节和整体之间的切换，这就需要便捷的数据视察工具。为此，MATLAB 提供了常用的缩放、平移、旋转、摄像头等一系列用于数据切换查实的工具。

对于二维图形，只有缩放和平移工具。这些在默认视图下的图形工具条中都有对应的工具按钮。用户只需要选择相应的按钮，就可以在图形区通过鼠标拖拽产生缩放或平移效果。不过需注意的是，有时若干子图绘制了相同的数据集合，并且通过箭头等标注，元素将不同子图之间的特定点连接起来以达到数据显示的效果时，经常需要对标注元素进行锚定操作，否则在我们使用数据查视工具变换图形显示效果时，标注元素不会随着坐标轴的缩放和平移进行相应的移动。

6. 保存

作为绘图流程的最后一步，MALAB 绘图结果保存是非常重要的。比较简单的方法即通过文件菜单（File）的几个保存选项来保存。

（1）Save：可将当前绘图区的绘图结果保存为二进制的 fig 文件，只能由 MALAB 打开。

（2）Save As...：可设置文件保存的格式，如可设置为常用的 jpg，bmp，png，tif 等格式，以便通过另外一些常用的图像处理软件进行再编辑。

（3）Generate M-File...：可将当前绘图保存为 MATLAB 函数 M 文件，从而可以重复绘图，需注意，产生的 M 代码中不保存当前绘图采用的数据集。

7.2 三维图形进阶与解析

MATLAB 中可以通过二维或三维图形实现数据的可视化。本节紧接上一节，继续为大家介绍在三维空间上实现数据可视化的方法与操作，包括一般的三维曲线、曲面图形和三维片块模型。

MATLAB 中的三维图形包括：三维曲线图、三维网格线图和三维表面图。

7.2.1 一般三维图形的绘制

第 6 章我们初步习得了一些基本的三维图形的创建方法，下面我们继续介绍相关图形的生成。首先根据三维图形的分类，我们依次介绍相应的绘制方法。

1. 三维曲线图

三维曲线描述的是 x，y 沿着一条平面曲线变化时，z 随之变化的情况。MATLAB 中三维曲线的绘制函数是 plot3，在上一章我们已有所涉及，用法与 plot 大同小异。

在这里要注意的是，一般而言，x、y、z 是具有同样长度的一维数组，这时 plot3 将绘制一条三维曲线。实际上，x、y、z 也可以是同样尺寸且具有多列的二维数组，这时 plot3 会将 x、y、z 对应的每一列当做一组数据分别绘制出多条曲线。

例 7.2.1 plot3 绘制三维曲线图。

M 文件代码如下：

```
clear
clc
z=0:0.1:8*pi;
x=sin(z);
y=cos(z);
plot3(x,y,z);
```

运行结果如图 7-14 所示。

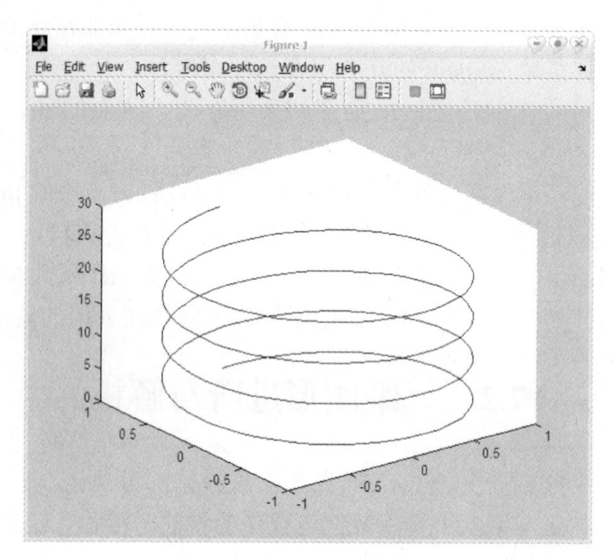

图 7-14 例 7.2.1 运行结果

2. 三维曲面图

当（x，y）的范围限定在一条线上时，（x，y，z）的关系可由曲线图来描述，而对于（x，y）定义在一个区域中的情况，则应该用曲面来描述。

在 MATLAB 中，描述曲面是通过矩形网络的组合来实现的。即将（x，y）定义的区域分解成众多小型矩形区域，接着计算小矩形区域中各顶点 z 的值，在显示时通过把这些邻近的顶点都相互连接起来，从而组合出整个（x，y）区域上（x，y，z）的曲面。

而 MATLAB 中的曲面图分又为网线图和表面图两种类型。

网线图即为各邻近顶点连接而成的网格状的曲面图，而表面图则为各填充了色的矩形色块所表示的曲面图。

由此，无论我们是绘制网线图还是表面图，都离不开网格的绘制。MATLAB 为我们提供了 meshgrid 函数，可以用于（x，y）矩形区域上网格的创建，接着我们再选择相应的 mesh 或 surf 函数来绘制相应的曲面图形。

网格线之间的区域是不透明的，因此显示的网格在前面遮住的部分没显示出来。MATLAB 用 hidden 函数控制这个属性。hidden on 表示不显示遮住的部分，hidden off 表示显示遮住的部分。

例 7.2.2 三维曲面图的绘制。

M 文件代码为：

```
clear
clc
x=-2:.2:2;y=-3:.3:4;
 [X,Y] = meshgrid(x,y);
 z=X.^2+Y;
subplot(3,2,1);mesh(X,Y,z);title('mesh');
subplot(3,2,3);meshc(X,Y,z);title('meshc');
subplot(3,2,5);meshz(X,Y,z);title('meshz');
subplot(3,2,2);surf(X,Y,z);title('surf');
subplot(3,2,4);surfc(X,Y,z);title('surfc');
subplot(3,2,6);surfl(X,Y,z);title('surfl');
```

运行结果如图 7-15 所示。

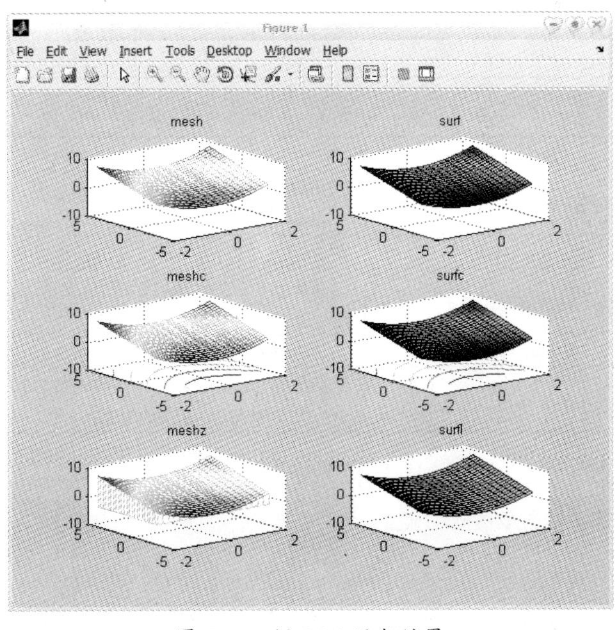

图 7-15 例 7.2.2 运行结果

其中 meshc、meshz，surfc,surfl 分别是由 mesh 与 surf 函数派生而出的，具体含义如表 7-10 所列。

表 7-10 绘图中常用的 mesh 函数与 surf 函数的派生函数

名 称	含 义
meshc	在 mesh 的基础上，在 X-Y 平面绘制函数的等值线
meshz	在 mesh 的基础上，在图形底部外侧绘制平行于 Z 轴的边框线
surfc	在 surf 的基础上，在 X-Y 平面绘制函数的等值线
surfl	在 mesh 的基础上，为图形增加光照效果

7.2.2 特殊三维图形的绘制

对应于二维图形的创建，在三维空间中，我们依然有许多可以一步到位的三维图形创建用语，如表 7-11 和表 7-12 所列。

表 7-11 特殊三维图形函数

函数	功 能	函 数	功 能
bar3	三维竖直条型图	scatter3	三维散点图
bar3h	三维水平条型图	pie3	三维饼状图
coutour3	等值线图	stem3	火柴杆图
cylinder	圆柱图形	quiver3	矢量场图
		sphere	绘制单位球面

表 7-12 三维图形简易绘制函数

函 数	含 义
ezplot3（funx，funy，funz，[tmin,tmax]）	在[tmin，tmax]范围下绘制 三维曲线(fun(x),fun(y),fun(z))
ezmesh(fun,domain)	在 domain 指定的区域内绘制 fun 指定的二元函数的网线图
ezmeshc(fun,domain)	在 domain 指定的区域内绘制 fun 指定的二元函数的网线图， 并在 X-Y 平面叠加绘制等高线
ezsurf(fun,domain)	在 domain 指定的区域内绘制 fun 指定的二元函数的表面图
ezsurfc(fun,domain)	在 domain 指定的区域内绘制 fun 指定的二元函数的表面图， 并在 X-Y 平面叠加绘制等高线

下面我们通过实例来了解其中用法。

例 7.2.3 特殊三维图形示例。

M 文件代码：

```
clear
```

```
clc
x=0:0.5:5;
y=10*exp(-0.5*x);
z=2*x;
A=magic(4);
subplot(2,2,1);
bar3(A, 'detached');title('三维数值条形图');
subplot(2,2,2);
bar3h(A,'grouped');title('三维水平条形图');
subplot(2,2,3);
scatter3(x,y,z,'m');title('三维散点图');
subplot(2,2,4);
stem3(x,y,z,'fill');title('三维火柴棒图');
```

运行结果如图 7-16 所示。

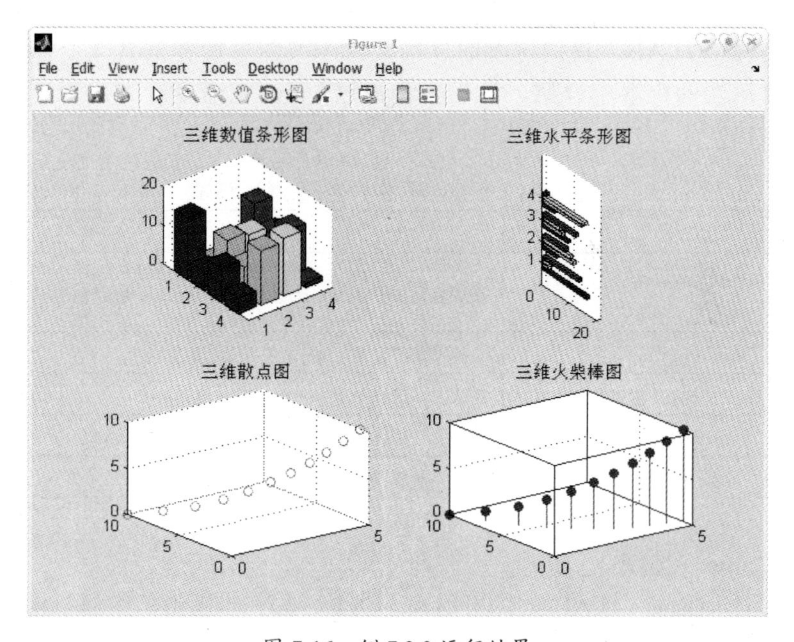

图 7-16　例 7.2.3 运行结果

7.2.3　三维图形的显示控制

1. 坐标轴设置

与二维图形类似，我们都是通过带参数的 axis 命令来设置坐标轴的显示范围和比例。

具体用法如表 7-13 所列。

表 7-13　axis 用法

用　法	含　义
axis[xmin xmax ymin ymax zmin zmax]	人工设置坐标轴范围
axis auto	自动确定坐标轴的显示范围
axis manual	锁定当前坐标轴显示范围，除若手动修改
axis tight	设置坐标轴显示范围为数据所在范围
axis equal	设置各坐标轴的单位刻度长度等长显示
axis square	将当前坐标轴范围显示在正方形（或正方体）内
axis vis 三维	锁定坐标轴比例，不随三维图形的旋转而改变

2. 视角设置

三维图形中，我们会涉及到面的概念。不同的视角，视觉效果是不一样的。因此，设置一个能够查看整个图形最主要的特性的视角在三维图形的查看中是相当重要的。

使用 MATLAB，我们可以通过函数命令或图形旋转工具改变视角。旋转工具将在后面的内容中介绍，这里我们通过 view 在命令行方式下设置图形视角（表 7-14）。

表 7-14　view 函数的常用语法格式

语　法	含　义
view（az，el） view（[az,el]）	设置视角位置在 **az**imuth 角度和 **el**evation 角度确定的射线上
view（[x,y,z]）	设置视角位置在[x,y,z]位置所指示的方向
view(2)	默认的二维视图视角，相当于 az=0，el=90
view(3)	默认的三维视图视角，相当于 az=−37.5，el=30
[az,el]=view	返回当前视图的视角 az 和 el

3. Camera 控制

实际上，在 MATLAB 的图形窗口下查看一幅三维图形，类似于将用户的眼睛作为摄像头对图形场景进行拍摄。MATLAB 基于这一类比，提供了 Camera 控制工具条，为我们调节图形查看效果提供了一个便捷的渠道。

默认窗口下，Camera 控制工具条是不显示的，选择 View 菜单下的 Camera Toolbar，可以在当前窗口显示（隐藏）Camera 控制工具条，如表 7-15 所列。

表 7-15 Camera 控制工具条（第一组）

位置（从左往右）	名 称	作 用
1	Camera 圆周旋转按钮	固定图形位置，用户眼睛在到坐标轴远点的圆周上旋转查看
2	场景灯光旋转按钮	设置光源相对于坐标轴原点和用户眼睛连线的角度
3	圆形圆周旋转按钮	用户固定眼睛，图形（以坐标轴原点为准）在以用户眼睛为圆心的圆周上旋转时用户查看图形的效果
4	Camera 平移按钮	固定图形位置，用户眼睛水平或垂直移动
5	Camera 推进或后退按钮	不改变视角的情况下，改变用户眼睛和图形之间的距离
6	Camera 缩放	增大或缩小用户眼睛观察时取景的角度
7	Camera 旋转	用户眼睛和图形位置固定，绕连线轴旋转眼睛观察

相邻的第二组工具按钮用来设置当前图形坐标轴的取向；第三组工具按钮设置当前图形和场景光源；第四组工具按钮设置透明模式；最后一组工具按钮用来重置或终止 Camera 移动和场景灯光。

具体操作还需要各位读者悉心体会。

7.2.4 三维图形的颜色控制

对于三维表面图而言，由于相对复杂的数据结构，我们得出的图像往往会变得难以观察，此时，我们需要对三维图像的颜色做一点小小的调整。

由此就使用到了 shading 函数（表 7-15）。

表 7-15 shading 语法

用 法	说 明
shading flat	去掉各片连接处的线条，平滑当前图形的颜色
shading interp	去掉连接线，在各线之间使用颜色插值，使得各片之间以及片内颜色均匀过渡
shading faceted	默认值，带有连接线的曲面

例 7.2.4 使用 surfc 函数画出 50 阶高斯分布数据的三维图像，并用 shading 语句修缮。

M 文件代码如下：

```
clear
clc
figure;
```

```
[x,y,z]=peaks(50);
subplot(2,1,1);surfc(x,y,z);
subplot(2,1,2);surfc(x,y,z);shading interp ;
```

运行结果如图 7-17 所示。

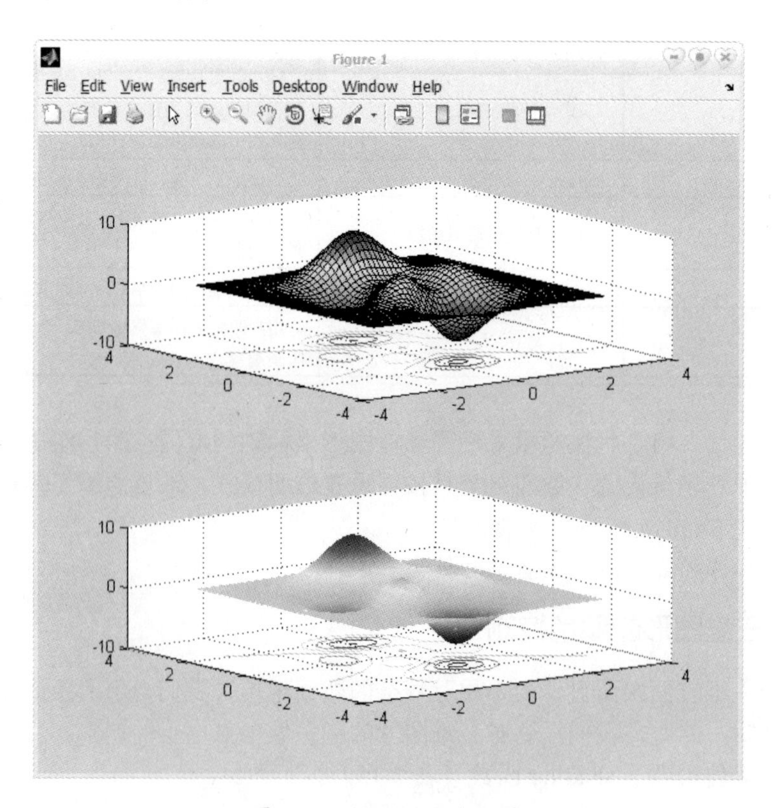

图 7-17 例 7.2.4 运行结果

习 题

1．用不同线形和颜色绘制曲线 $y=2e^{-0.5x}\sin$ 及其包络线。并加标题、坐标轴与图例。

2．绘制含 3 个子图的图形。其中：

图 1：$[0,5\pi]$区间内函数 $y_1=\sin$（10x）的对数坐标曲线。

图 2：$[0,5\pi]$区间函数 $y_2=\sin$（x/10）的对数坐标曲线与极坐标曲线。

图 3：$[0,5\pi]$区间内函数 y_1（对数坐标曲线）与 y_2（X−Y 坐标曲线）的双 Y 轴图形。

要求：定步长为 0.1，且图 1 置于第一行，图 2、3 分别置于第二行子图的左右两边。

3．生成维数为 50 的高斯（peaks）分布数据的二维、三维等高线图像。

要求：二维等高线图，需填充，并加颜色块等标注。

4．绘制球面图。

要求：运用 sphere 函数，并加入 axis 坐标控制，并用 shading 语句进行颜色平滑操作。列出坐标控制前后、颜色平滑前后的图像。

（参考答案见光盘）

第 8 章 MATLAB 在图像处理中的应用

MATLAB 具有多种功能模块，其中一个非常实用的就是图像处理模块。它能够很方便地读入图像，显示图像，储存图像，能对图像进行变换，可以进行图像增强、图像复原等多种操作，只要输入几条指令就可以做到。

图像处理作为 MATLAB 的一个应用分支，有专门的文献进行介绍，本章我们只做简要讨论，介绍一些图像处理中的常用指令，让读者体会到 MATLAB 丰富多彩的应用，不进行深入的分析。

8.1 图像处理简介

我们知道，信号有连续和离散之分。我们接触到的大自然多以连续的形式存在的，比如我们听到的声音，看到的景物，感觉到的温度等。然而在计算机世界中，我们接触到的却是离散的物理量，即它们只能取分立的值，例如用计算机进行数学计算、屏幕上展示的图片等，计算机进行处理时，这些量都是离散的。信号处理中把由连续的量变成相应离散的量的过程叫做采样。

一幅连续的图像经过采样之后就变成一幅数字的图像。首先把该图像的水平和竖直方向的坐标轴都数字化，这一过程称作取样，于是连续图像就被分割成一个个小方格，一个方格称作一个像素，它是有一定亮度的点。连续图像的亮度也是连续的，可以取连续的值，当把从最暗到最亮分成离散的亮度级时，亮度也将离散化，这一过程叫做量化。因此，一幅采样后的数字图像就是一个个取离散亮度值的小方格。

MATLAB 全称是 Matrix Laboratory，即“矩阵实验室”。对于一个被离散化为 $m \times n$ 的图像，在 MATLAB 中对应的就是一个 $m \times n$ 的矩阵，矩阵的每一个元素的值就是图像中对应像素的亮度，因此在 MATLAB 中对这一矩阵元素的操作实际上就是对图像每一点亮度的操作。常见的操作有图像输入与输出、图像显示、图像类型转换、图像分析、图像增强、图像复原、图像变换、形态学指令、块指令等。

8.2 图像处理常用指令及举例

这一节我们要对图像处理中一些常用的指令进行简要介绍，并用范例加强对这些指令的理解。由于图像处理的指令非常丰富，限于篇幅，不能全面介绍，想要深入了解，可参考专门书籍，或使用 help 指令进一步学习。

8.2.1 图像输入/输出与显示

1. imread：读入指定的图像

```
I=imread(filename,fmi)
[I,map]=imread(filename,fmi)
```

（1）I=imread(filename,fmi)表示读取文件名为 filename，文件格式为 fmi 的图片文件，其中 filename 和 fmi 都是加上单引号的字符串。如果图片文件在当前 MATLAB 的工作目录中，则 filename 只要输入文件名即可，如果不在工作目录中，那么 filename 指的是该图片所在的路径。也可以省略后面的 fmi 而在 filename 中直接输入 filename.fmi，MATLAB 会自动识别。后面的指令如 imwrite，imfinfo 等都是如此。

（2）[I,map]=imread(filename,fmi)表示读取图片文件并把值赋给 I，同时将图片的 colormap 赋给 map。

例 8.2.1 在 M 文件中输入下列代码并执行，观察结果。

```
%imread
clear
close all
clc
I=imread('im01','jpg');
```

运行结果如下：

I 是一个 199×300×3 的矩阵，类型是 uint8，最小值是 0，最大值是 255。

此例打开一个名为“im01”的图像，图像的格式为 jpg。程序中 close all 表示关闭当前所有图形窗口。由于图像文件在当前的工作目录（即 Current Folder）中，因此不用输入路径，只要直接将文件的名字以字符串的形式输入指令中即可。

由前述可知，一个灰度图像对应一个灰度矩阵，从 Workspace 窗口中我们可以看到，返回值 I 是一个 199×300×3 的矩阵，即 199 行，300 列，3 层的矩阵，由于这个图像是一个真彩图，所以矩阵有了第三个维度（即 3 层），表示有 3 个通道。每一层中每一个元素的值对应于该像素的亮度，亮度的取值范围是 0 到 255 的离散整数，0 表示“最暗”即黑色，255 表示“最亮”，即白色。

2. imshow：显示指定的图像

```
imshow(I)
imshow(X,map)
```

（1）imshow(I)显示矩阵 I 所表示的灰度图像。

（2）imshow(X,map)显示指定图像 X，并以 map 为图像的色图。

例 8.2.2 在 M 文件中输入下列代码并执行，观察结果。

```
%imshow
clear
close all
clc
I=imread('im01','jpg');
imshow(I)
```

运行结果如图 8-1 所示。

图 8-1 imshow 显示图像 im01.jpg

可以看出，程序的前一部分和例题 8.2.1 是一样的，都是读入一个图片并把像素信息赋值给矩阵 I，而 imshow(I)则表示把矩阵 I 的内容以图像的形式显示出来。

3. imfinfo：返回图像的详细信息

```
info=imfinfo(filename,fmi)
```

返回图像 filename 的详细信息。filename 和 fmi 都为字符串，都要加单引号，fmi 为图像的后缀名。

例 8.2.3 在 M 文件中输入下列代码并执行，观察结果。

```
%imfinfo
clear
close all
clc
imfinfo('im01','jpg')
```

运行结果如下：

```
ans =
        Filename: [1x60 char]
     FileModDate: '06-Mar-2012 21:02:28'
        FileSize: 16151
          Format: 'jpg'
   FormatVersion: ''
           Width: 300
          Height: 199
        BitDepth: 24
       ColorType: 'truecolor'
 FormatSignature: ''
 NumberOfSamples: 3
    CodingMethod: 'Huffman'
   CodingProcess: 'Sequential'
         Comment: {}
            Make: 'NIKON CORPORATION'
           Model: 'NIKON D3100'
     Orientation: 1
     XResolution: 300
     YResolution: 300
  ResolutionUnit: 'Inch'
        Software: 'www.meitu.com'
        DateTime: '2011:03:17 20:49:22'
YCbCrPositioning: 'Co-sited'
   DigitalCamera: [1x1 struct]
```

该例子把图像 im01.jpg 的详细信息显示了出来。其中 imfinfo 的参数输入和 imread 类似。结果中包含着丰富的信息，我们可以看到其设置的信息如图片的格式是 jpg、宽度是 300 像素、高度是 199 像素、位元深度是 24、是真彩色图像等。

4. imwrite：将图像保存到指定位置

```
imwrite(I,filename,fmi)
```

将矩阵 I 以 fmi 的格式保存为图片 filename。

例 8.2.4 在 M 文件中输入下列代码并执行，观察结果。

```
%imwrite
clear
close all
clc
I=imread('im01','jpg');
Igray=rgb2gray(I);
imwrite(Igray,'im01gray.jpg')
```

运行结果如下：

I 是一个 199×300×3 的矩阵，Igray 则是一个 199×300 的矩阵，Current Folder 窗口中则多出一个文件 im01gray.jpg。

矩阵 I 和矩阵 Igray 是不一样的，这是因为 im01.jpg 是一个真彩色图像，它有 3 个通道，而 rgb2gray 把真彩色图像转化为灰度图像，灰度图像的矩阵只有 1 层。imwrite 表示把指定的矩阵以规定的图像名和图像格式保存到指定的位置，如果保存路径省略，则默认保存到当前的工作目录之下。

如果分别打开图像 im01.jpg 和 im01gray.jpg，最直观的区别就是前者是一张彩色图像，而后者是一张黑白图像。

5. imrotate：旋转图像

```
B=imrotate(I,angle)
B=imrotate(I,angle,method)
```

（1）B=imrotate(I,angle)表示将图像 I 旋转 angle 的角度。angle 的单位是角度，如果 angle 大于 0，则为逆时针旋转，否则为顺时针。

（2）B=imrotate(I,angle,method)表示用方法 method 进行旋转，方法 method 是一个字符串，要用单引号括起来，包括如：①nearest 方法；②bilinear 方法；③bicubic 方法，其中 nearest 是默认的方法。

例 8.2.5 在 M 文件中输入下列代码并执行，观察结果。

```
%imrotate
clear
close all
clc
I=imread('im01gray','jpg');
Irotate=imrotate(I,45,'bilinear');
figure;imshow(I);
figure;imshow(Irotate)
```

运行结果如图 8-2（a）所示。

指令 imrotate 共有 3 个参数，第一个表示需要处理的矩阵，第二个表示旋转的度数，单位是角度，为正值的时候表示逆时针旋转，为负值的时候表示顺时针旋转，第三个参数 bilinear 表示线性变换。结果显示，图像以图片中心为旋转点，逆时针旋转了 45°（见图 8-2（b）所示）。

读者还可以尝试更多的角度数，如-45°，90°等。但一定要注意，这里的单位是度数，如果想要将图片旋转一定的弧度数，则要先把弧度转换为度数，否则出现的结果和预期将大有不同。

（a）im01gray.jpg 的图像

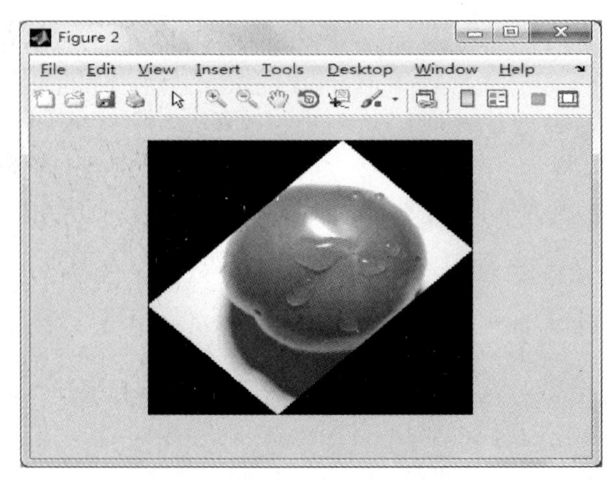

（b）使用 imrotate 逆时针旋转 45° 后的图像

图 8-2　例 8.2.5 的运行结果

6. image：将矩阵以色块的形式显示出来

```
image(C)
```

该指令把矩阵 C 中的每个元素对应一个矩形，元素的值对应于当前 colormap 中的颜色，因此指令的结果就是一个个有色方块组成的图形。C(m,n)对应中心为(m,n)的矩形，矩形的长和宽都是 1 个单位长度。

例 8.2.6　在 M 文件中输入下列代码并执行，观察结果。

```
%image 1
clear
close all
clc
x=[10;20;30;40;50;60];
image(x)
```

运行结果如图 8-3（a）所示。

x 是一个 6 行 1 列的矩阵，而显示的结果也是 6 个横向色条，每行的元素值和每个色条的颜色相对应。当元素的值为 0 的时候，对应的是蓝色，图中由上到下分别是蓝色，淡蓝色，青色，黄色，橙色和红色。具体的对应是由当前设定的 colormap 决定的，目前的设定值为 colormap(jet)，如果在后面加上语句 colormap(hot)，则显示如图 8-3（b）所示，由于 colormap 改变了，由上到下分别是褐色，红色，橙色，淡橙色，黄色和淡黄色。

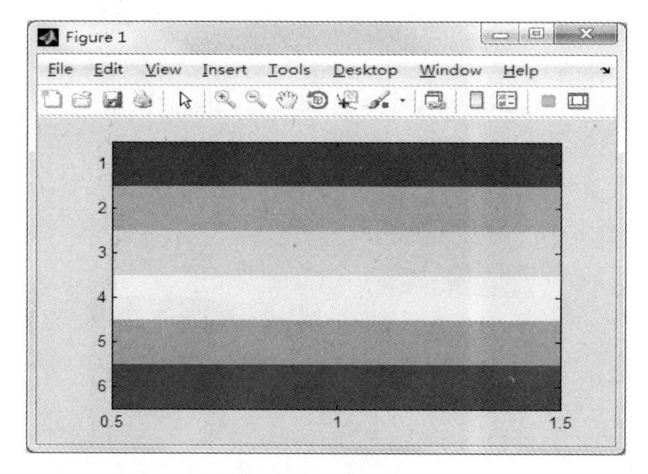

（a）image 显示的矩阵色块

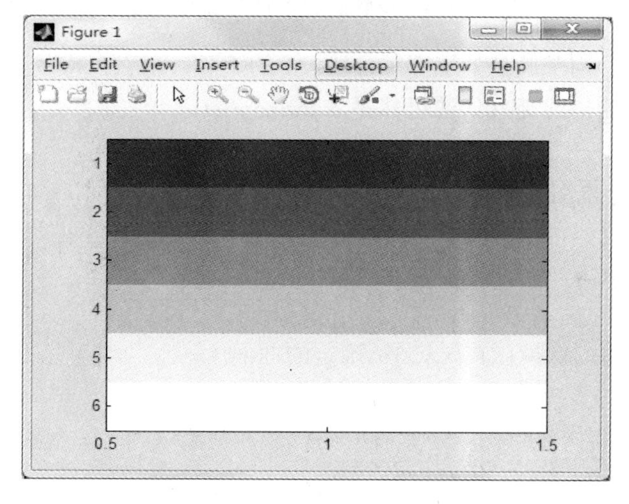

（b）改变了 colormap 后的矩阵色块

图 8-3　例 8.2.6 运行结果

例 8.2.7　在 M 文件中输入下列代码并执行，观察结果。

```
%image 2
clear
close all
clc
x=[10,20,30;40,50,60];
image(x)
```

运行结果如图 8-4 所示。

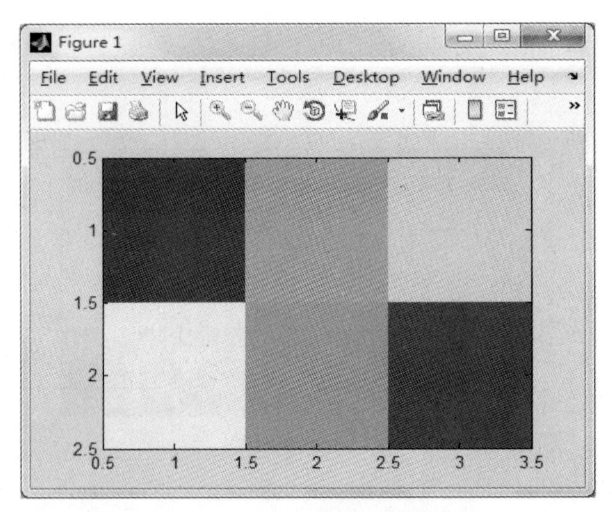

图 8-4 一个 2×3 矩阵对应的色块

不难想到，由于此处的 x 是一个 2×3 的矩阵，那么对应的图像也就是 2×3 的色块，同样的，此处默认的仍然是 colormap(jet)。

7. warp：把图像投影到指定的表面上

```
warp(x,y,z,I)
```

把 I 对应的图像投影在(x,y,z)所确定的曲面上。

例 8.2.8 在 M 文件中输入下列代码并执行，观察结果。

```
%warp cylinder
clear
close all
clc
I=imread('im04gray.jpg');
[x,y,z]=cylinder([1 1],20);
imshow(I);
figure;warp(x,y,z,I)
```

运行结果如图 8-5 所示。

先看[x,y,z]=cylinder([a b],n)，它表示在 xyz 空间产生一个圆柱，圆柱的下底半径是 a，上底半径是 b，圆柱的上下底圆周上各有 n 个等分点，每个底上的点依次以线段连接产生一个近似的圆周，上下底之间对应点分别连接形成母线。

可以在该程序中输入 surf(x,y,z)，则显示如图 8-5（c）所示。

（a）没有经过投影的图像

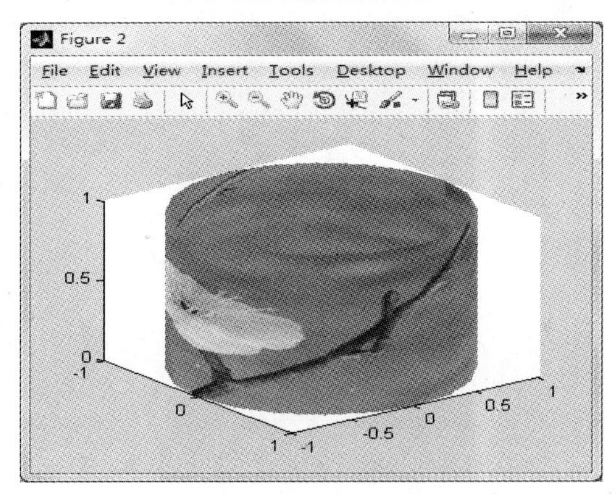

（b）投影到圆柱面上后的图像

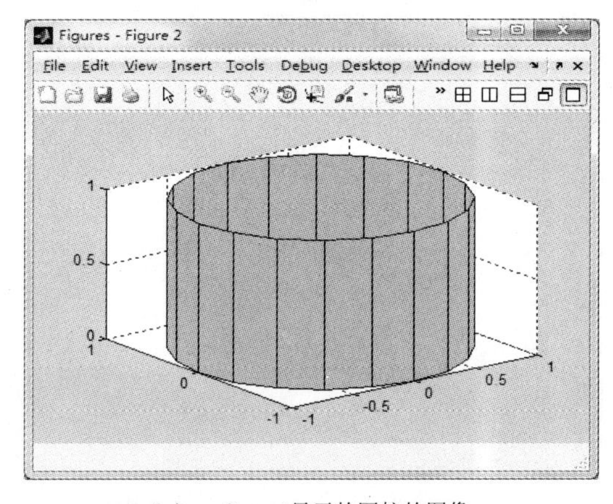

（c）surf(x,y,z)显示的圆柱的图像

图 8-5 例 8.2.8 的运行结果

由图可知，这是一个上下底半径都是 1，高是 1，各有 20 个等分点的圆柱体。而指令 warp(x,y,z,I)就是指把图像投影到这个圆柱上。

例 8.2.9 在 M 文件中输入下列代码并执行，观察结果。

```
%warp cylinder 2
clear
close all
clc
I=imread('im04.jpg');
[x,y,z]=cylinder([1 2 1],20);
surf(x,y,z);
figure;warp(x,y,z,I)
```

运行结果如图 8-6 所示。

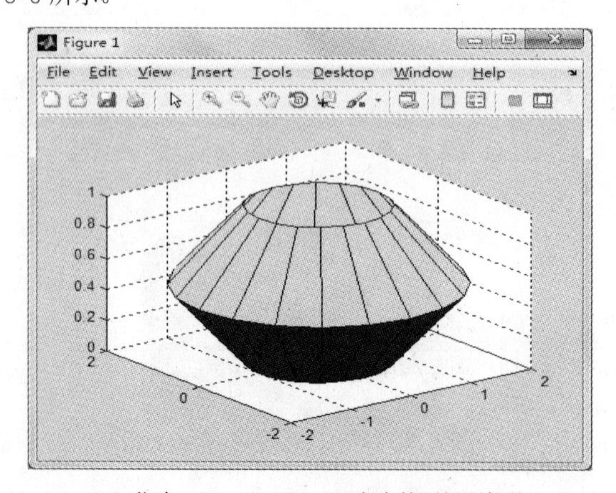

（a）指令 cylinder([1 2 1],20)产生的不规则柱体

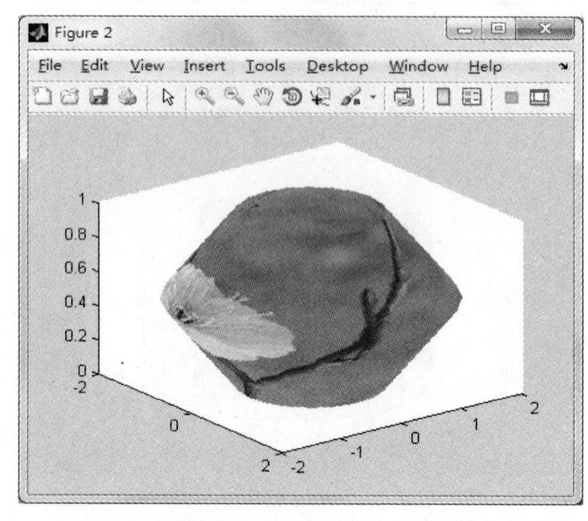

（b）将图片投影到不规则柱形上后的图像

图 8-6 例 8.2.9 运行结果

可以看出，图 8-6（a）是一个底半径分别是 1，2 和 1 的图形，不难想见，warp(x,y,z,I)的结果就是把图形投影到这个曲面上。

例 8.2.10 在 M 文件中输入下列代码并执行，观察结果。

```
%warp sphere
clear
close all
clc
I=imread('im02gray.jpg');
[x,y,z]=sphere;
imshow(I);
figure;surf(x,y,z);
figure;warp(x,y,z,I)
```

运行结果如图 8-7 所示。

（a）im02gray.jpg 的原图

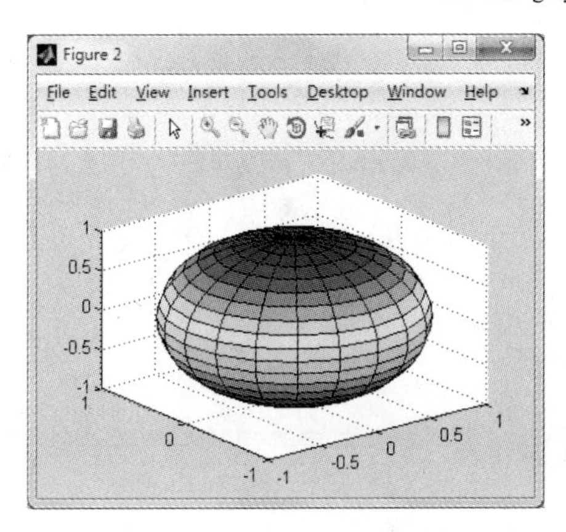

（b）由 sphere 产生的球形图

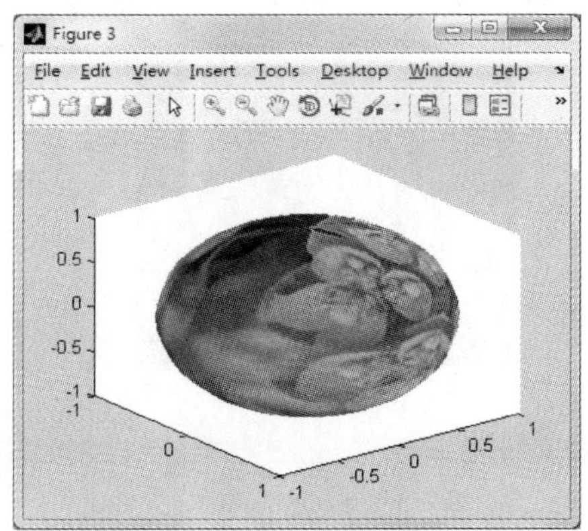

（c）把图片 im02gray.jpg 投影到球形面上的图像

图 8-7 例 8.2.10 的运行结果

和上一题相似，这里是把图像投影到一个球面上。还有更多有趣的投影应用读者可以自己尝试。

8.2.2 图像类型转换指令

1. im2double：把图像矩阵中的元素转化为双精度数据类型

```
I1=im2double(I)
```

表示把图像 I 中的元素转换成 double 类型。若 I 是 uint8 型，那么它的元素的取值范围是 0 到 255，转换之后取值范围变成 0 到 1。

例 8.2.11 在 M 文件中输入下列代码并执行，观察结果。

```
%im2double
clear
close all
clc
I=imread('im02gray.jpg');
Idbl=im2double(I);
S=1-Idbl;
imshow(Idbl);
figure;imshow(S)
```

运行结果如图 8-8 所示。

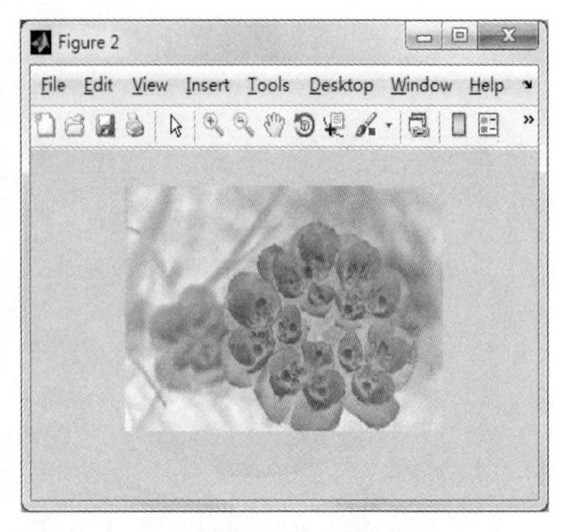

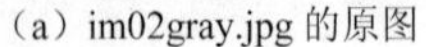
（a）im02gray.jpg 的原图　　（b）经过亮度反转后的图像

图 8-8　例 8.2.11 的运行结果

由程序可知，Idbl 是 I 转换成 double 类型后的矩阵，而 imshow(Idbl)显示的仍然是原图像。S=1-Idbl 则刚好取 Idbl 的相反，由于矩阵的取值已经限定为 0 到 1，0 表示最暗，1 表示最亮，用 1 去减，则原来等于 0 的地方现在等于 1，原来等于 1 的地方现在等于 0，原来最暗的地方变成了最亮的地方，原来最亮的地方变成了最暗的地方，从两张图像的对比就可以看出来。如果把这两张图像叠加在一起，得到的将会是一幅纯白的图像。

2. rgb2gray：把真彩色图像转化为灰度图像

```
I1=rgb2gray(I)
```

该指令把真彩色图像的 3 个通道的矩阵转化成灰白图像的 1 个通道的矩阵。

例 8.2.12 在 M 文件中输入下列代码并执行，观察结果。

```
%rgb2gray
clear
close all
clc
I=imread('im02gray.jpg');
Igray=rgb2gray(I);
```

运行结果如下：

I 是一个 199×300×3 的矩阵，Igray 则是一个 199×300 的矩阵。

和例 8.2.4 一样，如果读者分别用 imshow(I)和 imshow(Igray)将两幅图显示出来，则前者为彩色图像，后者为灰白图像。

3. im2bw：转换成二值图像

```
BW=im2bw(I,level)
```

这个指令以 level 为等级，将图像转换成二值图像。I 是一个真彩色图像或者灰度图像，level 的值必须在 0 到 1 之间，转换后的矩阵是一个二值图像。I 中亮度值小于 level 的像素将会被置为 0，即转换成黑色，而别的像素将会置为 1，转换成白色。

例 8.2.13 在 M 文件中输入下列代码并执行，观察结果。

```
%im2bw
clear
close all
clc
I=imread('im04gray.jpg');
BW=im2bw(I,0.5);
imshow(I);
figure;imshow(BW)
```

运行结果如图 8-9 所示。

（a）im04gray.jpg 的原图

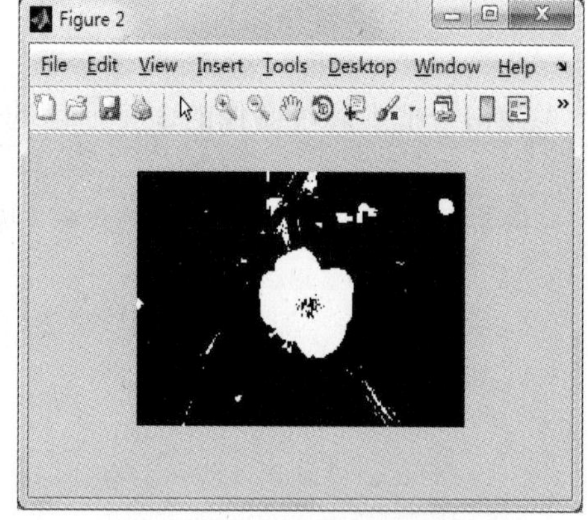

（b）用 im2bw 指令转换后的二值图像

图 8-9　例 8.2.13 的运行结果

亮度值大于 0.5 的地方变成了白色，其余地方为黑色，图像便转换成黑白两色。

该指令内部的处理过程是：如果图像不是灰度图像，那么该指令自动把它转化为一个灰度图像，而 level 的值必须设置在 0 到 1 之间。

8.2.3　图像分析指令

1. imcontour：绘制图像的等高线

```
imcontour(I)
imcontour(I,n)
imcontour(I,V)
```

（1）imcontour(I)表示画出 I 矩阵表示图像的等高线图。

（2）imcontour(I,n)表示用 n 个等高线级数画出图像的等高线图，其中 n 是正整数，如果 n 省略，则 MATLAB 会自动设定等高线级数。

（3）imcontour(I,V)表示用矢量 V 的元素的值画出等高线图，等高线的级数则根据 V 中元素的个数来确定。

例 8.2.14　在 M 文件中输入下列代码并执行，观察结果。

```
%imcontour
clear
close all
clc
I=imread('im02gray.jpg');
imshow(I)
figure;imcontour(I,4)
```

运行结果如图 8-10 所示。

（a）im02gray.jpg 的原图

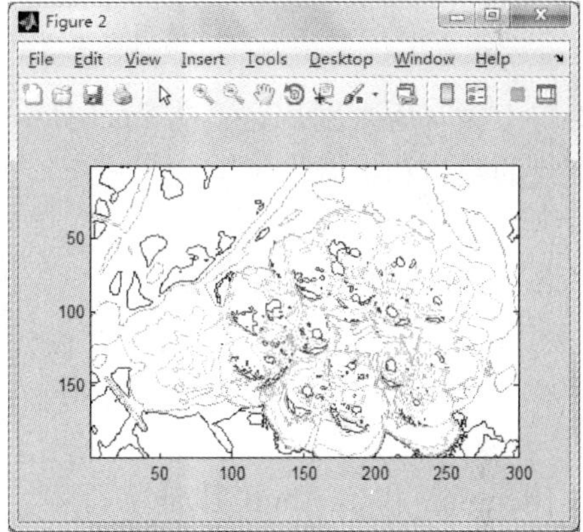

（b）im02gray.jpg 的等高线图

图 8-10　例 8.2.14 的运行结果

如图所示，这就和地理上的绘制等高线一样，图像亮度相等的地方也会连起来，绘出“等高线”。

例 8.2.15　在 M 文件中输入下列代码并执行，观察结果。

```
%imcontour 2
clear
close all
clc
I=imread('im02gray.jpg');
V=[60,150,200];
figure;imcontour(I,V)
```

运行结果如图 8-11 所示。

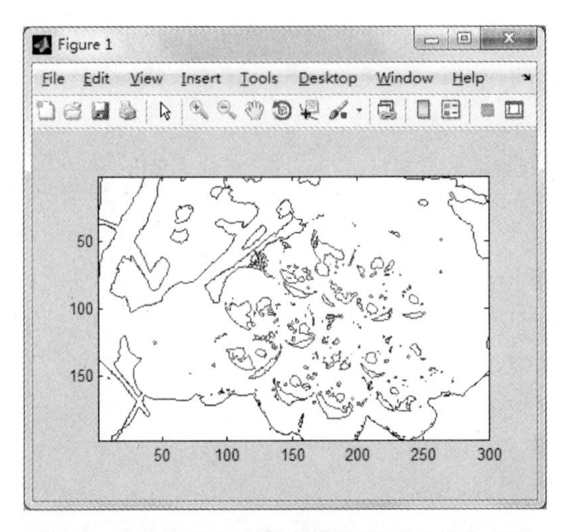

图 8-11 使用矢量 V 限制等高线后的等高线图

与上例有所区别，这里的 imcontour 指令中指定了一个矩阵 V，V 用于确定等高线的数值和级数。

2. edge：取出图像的边界

```
BW=edge(filename,method)
```

filename 和 method 都是字符串，需要加上单引号，method 表示估计的方法，这里我们提供 6 种方法：①sobel 方法；②prewitt 方法；③roberts 方法；④log 方法；⑤zerocross 方法；⑥canny 方法。方法的详细介绍请参考相关书籍。

例 8.2.16 在 M 文件中输入下列代码并执行，观察结果。

```
%edge
clear
close all
clc
I=imread('im04gray.jpg');
BW=edge(I,'sobel');
imshow(I);
figure;imshow(BW)
```

运行结果如图 8-12 所示。

（a）im04gray.jpg 的原图

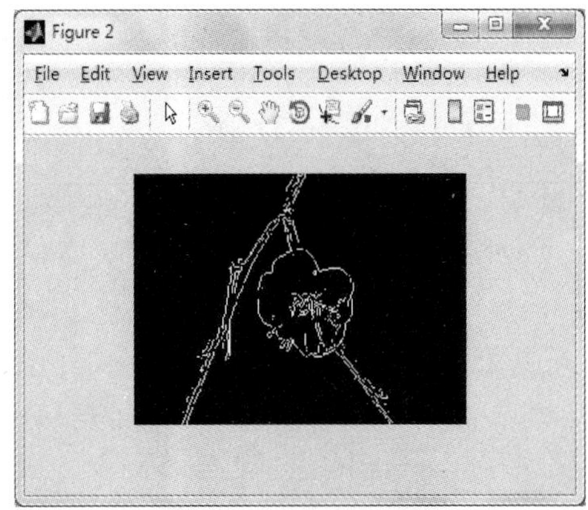

（b）用 edge 指令取出边界后的图像

图 8-12　例 8.2.16 的运行结果

从图中可以很清楚地看出，花朵的边界被取出来了，这里采用的是 sobel 估计方法，所生成的矩阵 BW 是一个逻辑矩阵，即 BW 的元素值只有 0 和 1 两种取值，对应的亮度也就是最暗和最亮。

3. imhist：绘制图像的直方图

```
imhist(I)
imhist(I,n)
```

（1）imhist(I)表示绘制 I 表示的图像的直方图。其中 I 必须是二维的矩阵，若 I 是一个灰度图像，则直方图中直线的条数默认为 256 条，如果 I 是一个二值图像，则直方图中只有两条直线。

（2）imhist(I,n)表示用 n 条直线画出图像的直方图。

例 8.2.17　在 M 文件中输入下列代码并执行，观察结果。

```
%imhist
clear
close all
clc
I=imread('im01gray.jpg');
BW=edge(I,'sobel');
imshow(I);
figure;imshow(BW);
figure;
```

```
subplot(1,2,1);imhist(I,64);
subplot(1,2,2);imhist(BW);
```

运行结果如图 8-13 所示。

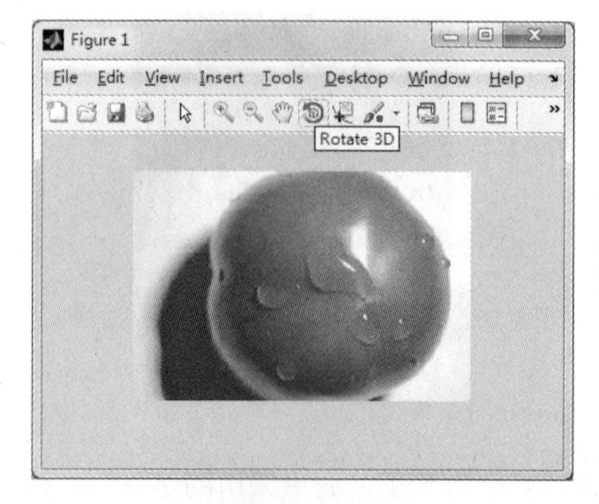

（a）im01gray.jpg 的原图

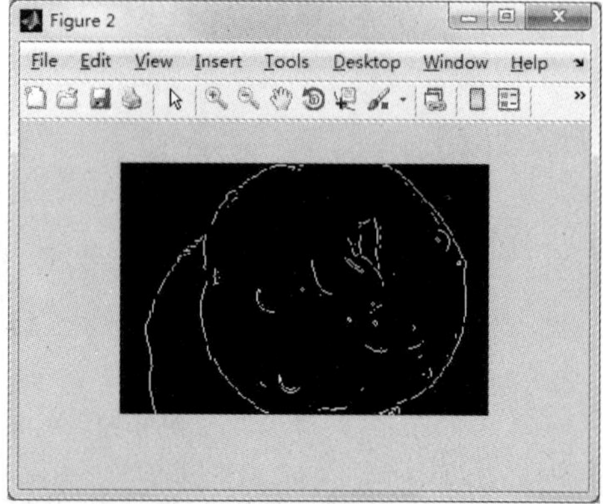

（b）用 edge 指令取出边界的图像

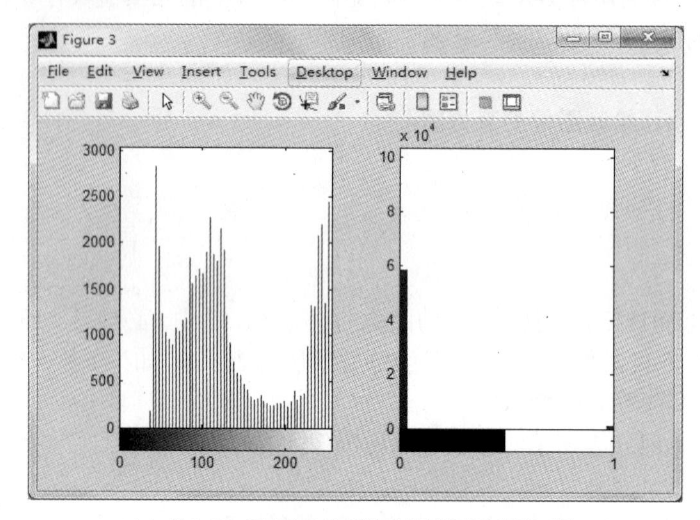

（c）用 imhist 画出取出边界前后的图像直方图并对比

图 8-13　例 8.2.17 的运行结果

这个例题分别画出了图片 im01gray.jpg 的原图、边界图以及它们分别对应的直方图。直方图是统计学中常用的一种图像。本例中把图像的像素分成不同的等级，直方图中的垂直线就表示该等级上的像素点的个数，如图 8-13（c）的左侧表示原图把亮度分成 256 个等级，每条细线就表示统计出来的亮度为该等级的点数，而右侧表示取边界之后，图像亮度只有两个等级即 0 和 1。从直方图的分布情况我们可以很容易地看出一个图像的亮度分布情况，通过对直方图的变换，我们可以使各条细线分布得更加均匀，从而提高图像的对比度，这在图像处理中是经常使用的方法。

4. improfile：绘制图像亮度值曲线

```
C=improfile
C=improfile(I,n)
C=improfile(I,x,y)
```

（1）C=improfile 以当前的图像为基础，用交互的方式让用户在图像上选择像素点，按 Enter 结束。

（2）C=improfile(n)中 n 规定了选择像素点的个数。

（3）C=improfile(I,x,y)中，x 和 y 是维数相等的矢量，则图像 I 中就以 x 矢量中的元素值为横坐标，以 y 矢量中的元素值为纵坐标取定线段的端点，从而绘制出线段上的亮度值曲线。

例 8.2.18 在 M 文件中输入下列代码并执行，观察结果。

```
%improfile 1
clear
close all
clc
I=imread('im02gray.jpg');
imshow(I)
improfile;
grid on
```

运行结果如图 8-14 所示。

（a）用鼠标在图像中拖动形成的路径

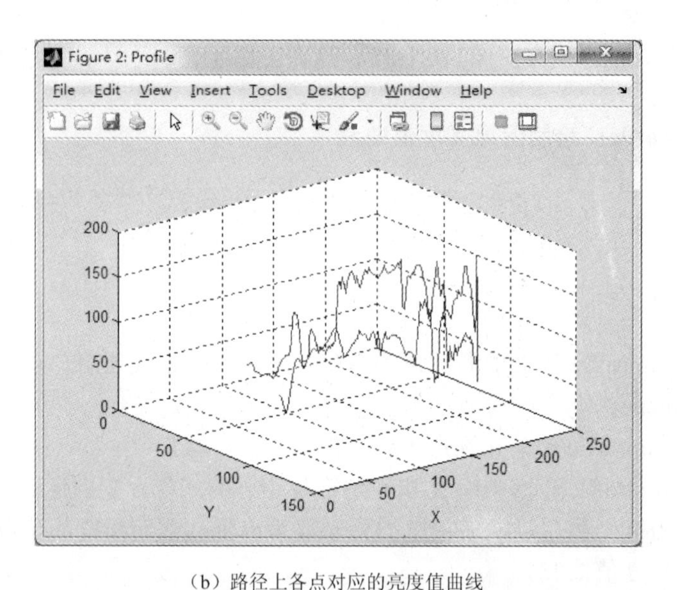

（b）路径上各点对应的亮度值曲线

图 8-14　例 8.2.18 的运行结果

当执行到 improfile 语句的时候，图片上会出现一个十字光标，用户可以移动光标在图像中某一位置单击鼠标左键，然后松开，移动鼠标，再单击左键，重复操作就可以得到类似图 8-14（a）的图形，按下 Enter 键表示确认，MATLAB 就会弹出图 8-14（b）的显示窗口。x 坐标和 y 坐标分别表示线段上各点在平面上的位置，纵轴高低表示这些点亮度值分别的大小。

例 8.2.19　在 M 文件中输入下列代码并执行，观察结果。

```
%improfile 2
clear
close all
clc
I=imread('im02gray.jpg');
imshow(I)
improfile(5);
grid on
```

运行结果如图 8-15 所示。

执行到 improfile(5)的时候，出现和上一例题相同的界面，只不过这次操作后，MATLAB 只取用户单击的 5 个点，而不是线段上的各个点，如图 8-15（b）所示，显示的只有这 5 个点的亮度值。

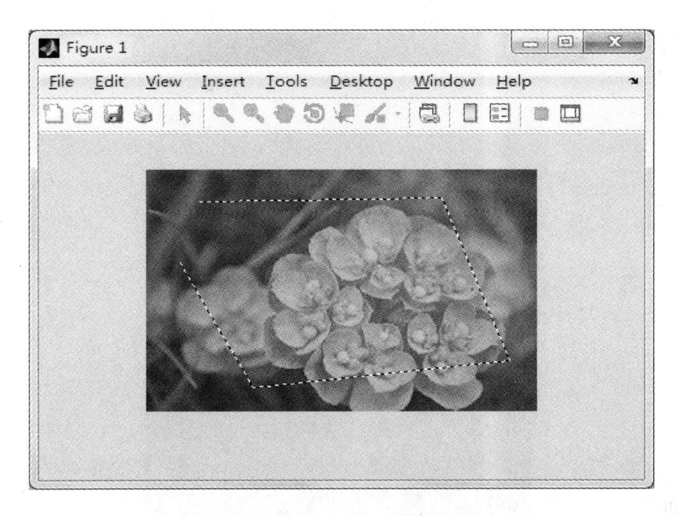

（a）用鼠标在 im02gray.jpg 图像中确定 5 个点

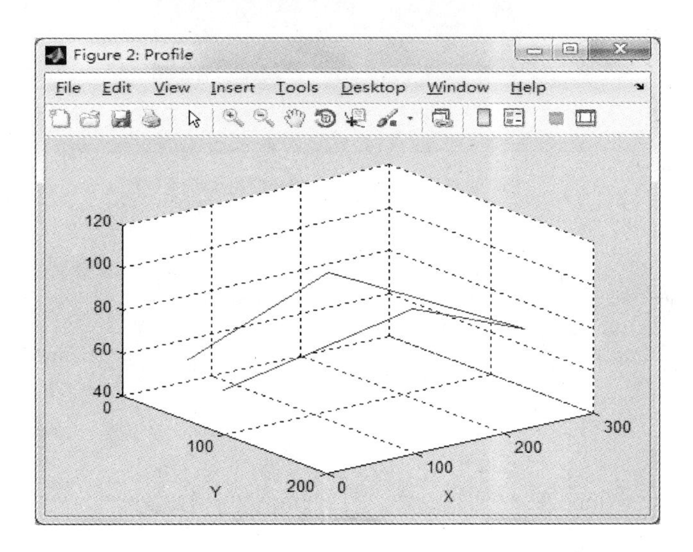

（b）所确定的 5 个点对应的亮度值曲线

图 8-15　例 8.2.19 的运行结果

例 8.2.20　在 M 文件中输入下列代码并执行，观察结果。

```
%improfile 3
clear
close all
clc
I=imread('im02gray.jpg');
x=[30,126,233,178,96];
```

```
y=[60,77,150,39,45];
imshow(I)
hold on
plot(x,y)
figure;improfile(I,x,y); grid on
```

运行结果如图 8-16 所示。

（a）用指定的矢量 x 和 y 确定的曲线路径

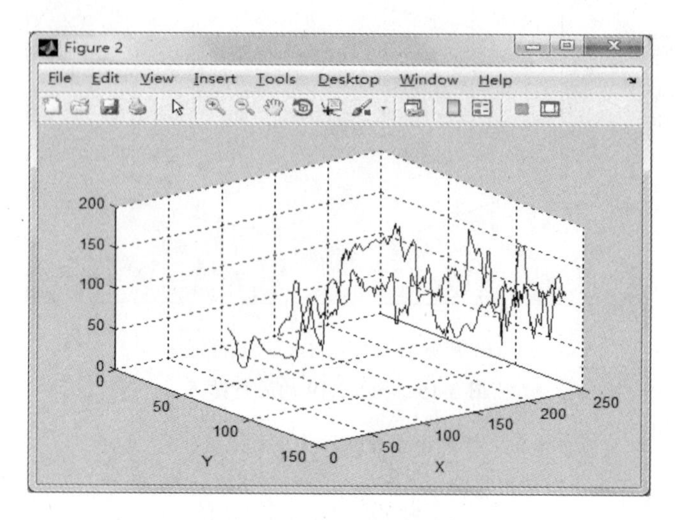

（b）该路径上各点亮度值的曲线图

图 8-16　例 8.2.20 的运行结果

这道题不再是交互形式的了，所取线段是事先设定好的，通过设定 x 坐标和 y 坐标来确定，这就要求在设定坐标的时候选取适当，以免看图不便。

8.2.4 图像增强指令

1. histeq：将图像的直方图平均化以增强图像的对比度

```
J=histeq(I,n)
```

这条指令通过改变 I 中元素的值来改变图像的直方图。n 表示新的直方图的直线的条数，n 越小，则新的直方图分布越均匀，图像的对比度也变得越好，如果指令中省略 n，那么 MATLAB 默认它是 64。

例 8.2.21 在 M 文件中输入下列代码并执行，观察结果。

```
%histeq
clear
close all
clc
I=imread('im06gray.jpg');
B=histeq(I,64);
imshow(I);
figure;imshow(B);
figure
subplot(1,2,1);imhist(I);
subplot(1,2,2);imhist(B);
```

运行结果如图 8-17 所示。

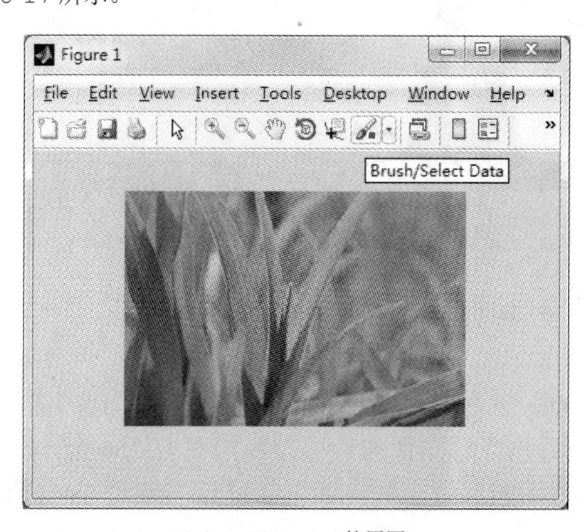

（a）im06gray.jpg 的原图

（b）用 histeq 指令增强对比度后的图像

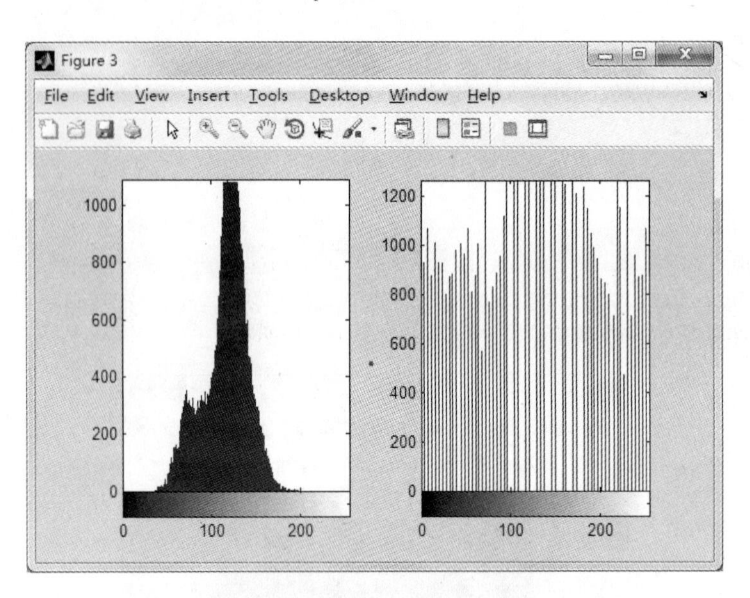

（c）用 histeq 指令前后的直方图对比

图 8-17　例 8.2.21 的运行结果

本题介绍了 histeq 指令的使用。histeq(I,n)表示对图像 I 进行直方图均衡化。由图 8-17（c）可以看出，原图像的直方图等级共有 256 个，histeq 指令中的 n 即表示均衡化后的直方图的等级个数，如果省略这一参数，MATLAB 默认为 64，一般来讲，n 越小，均衡化的效果越好。通过对比可以知道，原图的像素亮度值集中在 130 左右，这会导致图像的亮度对比不明显，即通常所说的对比度。直方图均衡化之后，各亮度上的像素点分布较均匀，即“有亮有暗”，从而增强了图像的对比度。

2. imadjust：调整图像的灰度值或颜色映像表

```
J=imadjust(I)
J=imadjust(I,[a b],[c d])
```

（1）J=imadjust(I)表示将原图的亮度值在其基础上进行小幅度增减以提高图像的对比度。

（2）J=imadjust(I,[a b],[c d])表示将 I 中亮度值从[a,b]范围向[c,d]范围映射，其中[a,b]和[c,d]必须包含于区间[0,1]。

例 8.2.22 在 M 文件中输入下列代码并执行，观察结果。

```
%imadjust
clear
close all
clc
I=imread('im06gray.jpg');
J=imadjust(I);
imshow(I);
figure;imshow(J)
```

运行结果如图 8-18 所示。

（a）未使用 imadjust 指令的 im06gray.jpg 的原图

（b）使用 imadjust 指令调整后的图像

图 8-18　例 8.2.22 的运行结果

如果使用 help imadjust 可以知道，J=imadjust(I)的作用是改变 I 中的元素值，使其在原值的周围有微小的变化，起到增强图像对比度的作用。可以看出，原图比较灰暗，而改变后的图像则亮暗分明。

8.2.5　图像复原指令

1. imnoise：给图像加上噪声

```
J=imnoise(I,type)
```

该指令表示给图像 I 加上形式为 type 的噪声。其中 type 为一字符串，需要用单引号括起来。以下罗列几种噪声形式：①gaussian 噪声；②localvar 噪声；③poisson 噪声；④salt & pepper 噪声；⑤speckle 噪声。每一种噪声的特性以及相关操作指令请查阅有关书籍。

例 8.2.23　在 M 文件中输入下列代码并执行，观察结果。

```
%imnoise
clear
close all
clc
I=imread('im03gray.jpg');
J=imnoise(I,'salt & pepper',0.03);
imshow(I);
figure;imshow(J)
```

运行结果如图 8-19 所示。

（a）im03gray.jpg 的原图

（b）加上了椒盐噪声后的图像

图 8-19　例 8.2.23 的运行结果

通过比较可以看到，第 2 幅图在原图的基础上加上了 salt & pepper 即“椒盐”噪声。“椒”对应图上的黑点，“盐”对应图上的白点。注意在输入的时候 salt 和 pepper 都要与&之间相隔一个空格，否则会提示有错误。Imnoise 指令中第 3 个参数 0.03 表示噪声的密度，如果缺省，MATLAB 默认为 0.05。

2. medfilt2：二维中值滤波

```
J=medfilt2(I,[m n])
J=medfilt2(I)
```

（1）J=medfilt2(I,[m n])表示对于 I 的每一个元素，算出以它为中心的 m×n 的矩阵的均值，用这个均值代替原来该元素的值，从而达到去除噪声的效果。若所计算像素有一部分相邻的元素超出了图像的边界，则 MATLAB 将超出范围的像素置零。

（2）J=medfilt2(I)，此处缺省了参数[m n]，MATLAB 中则使用默认参数[3 3]。

例 8.2.24 在 M 文件中输入下列代码并执行，观察结果。

```
%medfilt2
clear
close all
clc
I=imread('im03gray.jpg');
J=imnoise(I,'salt & pepper',0.03);
K=medfilt2(J);
imshow(K)
```

运行结果如图 8-20 所示。

图 8-20 使用 medfilt2 中值滤波后的图像

有时候图片中会夹杂着噪声，影响观看，如何滤除噪声而保留有用图像呢？MATLAB 提供了很多种方法，这里介绍 medfilt2 二维中值滤波法。“中值”即中间值，medfilt2(I,[m n])对原图中的每一个像素进行处理，找出它和它周围的 m×n 个像素中亮度值的中间值来代替该像素的亮度值，如果缺省参数[m n]，MATLAB 会默认其为[3 3]。由于“椒盐”噪声的亮度不是最暗就是最亮，因此用取中间值的方法一定可以去除噪声，产生很好的效果，但同时也会带来误差，可是人眼是难以分辨这样的误差的。

3. fspecial：创建二维滤波器

```
H=fspecial(type)
```

该指令表示创建一个类型是 type 的二维滤波器。type 是一个字符串，共有以下一些取值类型：①average 类型；②disk 类型；③gaussian 类型；④laplacian 类型；⑤log 类型；⑥motion 类型；⑦prewitt 类型；⑧sobel 类型；⑨unsharp 类型。每一种类型的含义读者可自行参考 MATLAB 的 help 指令。

例 8.2.25 在 M 文件中输入下列代码并执行，观察结果。

```
%fspecial
clear
close all
clc
I=imread('im03gray.jpg');
J=imnoise(I,'salt & pepper',0.03);
H=fspecial('average',[3 3]);
K=imfilter(J,H,'replicate');
imshow(K)
```

运行结果如图 8-21 所示。

图 8-21 用 fspecial 产生的窗函数滤波后的图像

除了使用 medfilt2 滤波器，还可以自己创建滤波函数。使用 fspecial 可以创建很多种类型的滤波器，这里介绍的是平均值滤波。H=fspecial('average',[3 3])表示对一个像素以周边 3×3 为范围进行平均值滤波。效果如图 8-21 所示，并不是太理想，且如果这种方法用的次数过多会导致边界模糊。

8.2.6 图像变换指令

1. dct2：二维离散余弦变换

```
J=dct2(I)
J=dct2(I,[m n])
```

（1）J=dct2(I)表示对 I 求离散余弦变换并赋值给 J，J 为和 I 维数相同的矩阵。

（2）J=dct2(I,[m n])，表示先把补零 I 扩充为 m×n 的矩阵再进行变换，如果 I 的维数大于 m×n，则将会对 I 进行截短。

例 8.2.26 在 M 文件中输入下列代码并执行，观察结果。

```
%dct2
clear
close all
clc
I=imread('im04gray.jpg');
J=dct2(I);
imshow(I);
figure;
imshow(log(abs(J)),[]);colorbar;
```

运行结果如图 8-22 所示。

（a）空域中 im04gray.jpg 的图像

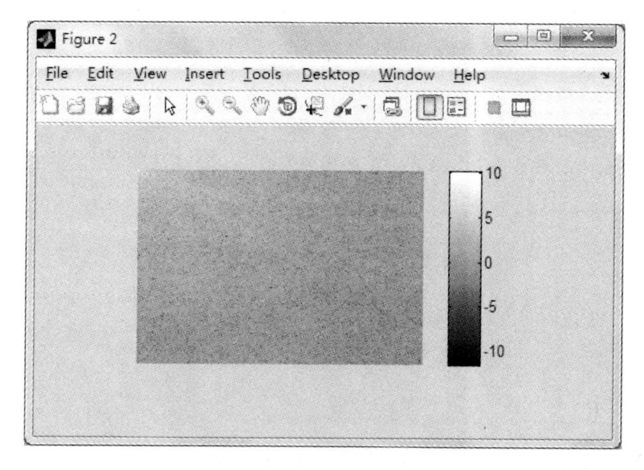

（b）经过离散余弦变换后在频域中的图像显示

图 8-22　例 8.2.26 的运行结果

到目前为止，我们都是在空域中讨论问题的，即是在 x，y，z 三轴确定的笛卡儿坐标系中对图像进行分析的。这里我们要引入另一个“域”，即频域，这和信号处理将时间域转化为频域类似。在频域中处理问题有时比在空域中简单的多。这里的 dct2 即二维离散余弦变换就是把空域转换到频域的一种变换。

而 imshow(log(abs(J)),[])表示以对数的形式将每一频率的绝对值显示出来，即每一频率上的强度，越白表示该频率上的能量越大，越黑则表示能量越小。

2. fft2：二维离散傅立叶变换

```
J=fft2(I)
J=fft2(I,m,n)
```

其用法和 dct2 相似，不加赘述。

例 8.2.27　在 M 文件中输入下列代码并执行，观察结果。

```
%fft2
clear
close all
clc
I=imread('im04gray.jpg');
J=fft2(I);
figure;
imshow(log(abs(J)),[]);colorbar;
```

运行结果如图 8-23 所示。

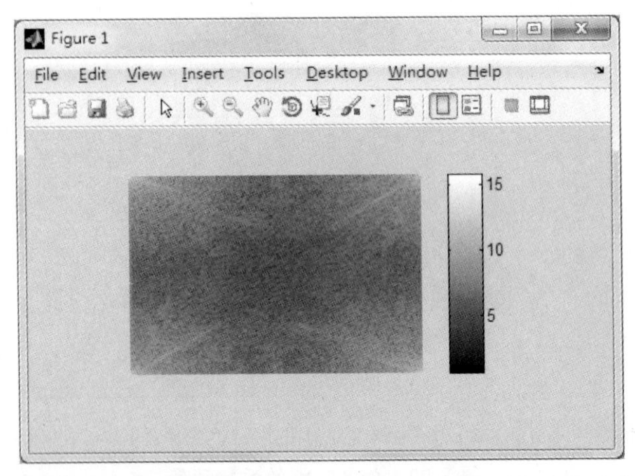

图 8-23 用离散傅里叶变换把 im04gray.jpg 转换到频域中的图像

本例和上例一样，同样是把图像从空域转到频域去分析，不同的是，上一题中使用二维离散余弦变换，而本题中使用二维离散傅立叶变换。

3. fftshift：将傅里叶变换的直流分量移至频谱中心

```
J=fftshift(I)
```

若 I 是一个矩阵的傅里叶变换，则该语句将 I 的直流分量平移到频谱中心。

例 8.2.28 在 M 文件中输入下列代码并执行，体会 fftshift 指令的用法。

```
%fftshift 1
clear
close all
clc
A=[1,3,5;2,4,6;9,8,7]
B=fft2(A)
fftshift(B)
```

运行结果如下：

```
A =
     1     3     5
     2     4     6
     9     8     7
B =
```

```
  45.0000           -4.5000 + 2.5981i   -4.5000 - 2.5981i
  -9.0000 +10.3923i       0 + 5.1962i   -4.5000 + 2.5981i
  -9.0000 -10.3923i  -4.5000 - 2.5981i        0 - 5.1962i
ans =
    0 - 5.1962i       -9.0000 -10.3923i       -4.5000 - 2.5981i
   -4.5000 - 2.5981i 45.0000                   -4.5000 + 2.5981i
   -4.5000 + 2.5981i -9.0000 +10.3923i             0 + 5.1962i
```

A 是一个普通的矩阵，B 是 A 的傅里叶变换，结果则是 B 经过 fftshift 移位后的矩阵。可以看出，B 整体向“右下方”平移了 1 位。

例 8.2.29 在 M 文件中输入下列代码并执行，观察结果。

```
%fftshift 2
clear
close all
clc
I=imread('im04gray.jpg');
J=fft2(I);
figure;
imshow(log(abs(J)),[]);colorbar;
Jshift=fftshift(J);
figure;
imshow(log(abs(Jshift)),[]);colorbar
```

运行结果如图 8-24 所示。

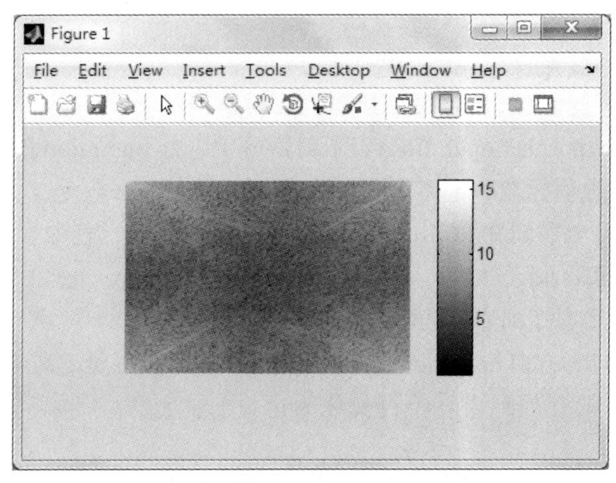

（a）未把直流分量移到频谱中心时的频谱图

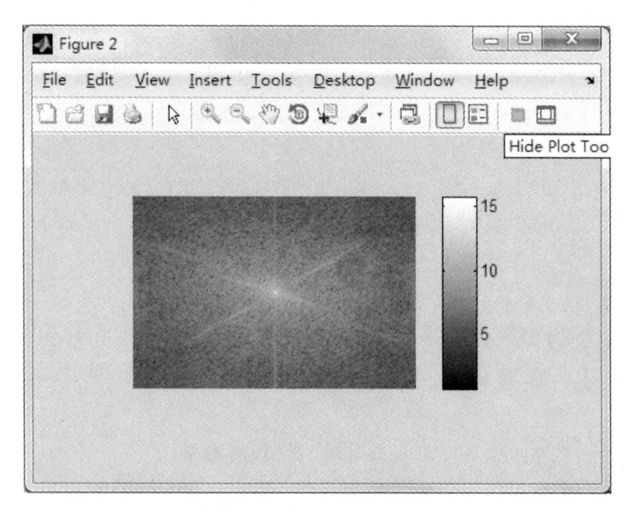

（b）将直流分量移到频谱中心后的频谱图

图 8-24　例 8.2.29 的运行结果

在空域中，空间坐标使用的是 x 轴和 y 轴，在频域中使用的则是 u 轴和 v 轴，一般情况下，由于在频域原点周围（u=0，v=0）表示的是低频分量，由图可知，低频处能量较大，而低频分量在频谱图中处于左上角，若将其移至图片的中心则更加便于观察，这就是 fftshift 指令的目的。

8.2.7　形态学指令

1. bwmorph：进行形态学处理

```
BW=bwmorph(I,operation)
BW=bwmorph(I,operation,n)
```

（1）BW=bwmorph(I,operation)表示对矩阵 I 进行 operation 的形态学处理。矩阵 I 可以是一个数值矩阵，也可以是一个逻辑矩阵，但必须是二维的非稀疏矩阵，矩阵 BW 则是一个逻辑矩阵。operation 是一个字符串，有很多种取值，例如：①bothat 处理；②bridge 处理；③clean 处理；④remove 处理；⑤shrink 处理；⑥skel 处理等。每种处理的具体含义请参考相关资料。

（2）BW=bwmorph(I,operation,n)表示对 I 做 n 次指定的形态学处理，如果 n=inf，即 n 为无穷大，则处理到矩阵不再变化为止。

例 8.2.30　在 M 文件中输入下列代码并执行，观察结果。

```
%bwmorph
clear
```

```
close all
clc
I=imread('im04gray.jpg');
I1=histeq(I);
BW1=bwmorph(I1,'skel',inf);
BW2=bwmorph(I1,'remove',3);
imshow(I1);
figure;imshow(BW1);
figure;imshow(BW2)
```

运行结果如图 8-25 所示。

(a) 用 histeq 加强对比度后的 im04gray.jpg 的图像

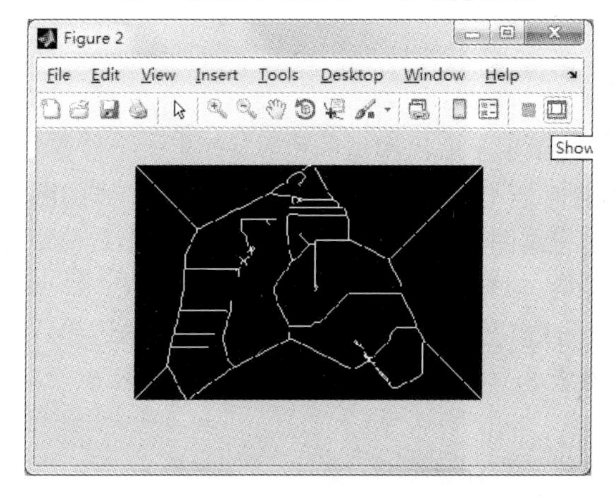

(b) 进行 skel 处理到不再改变的图像

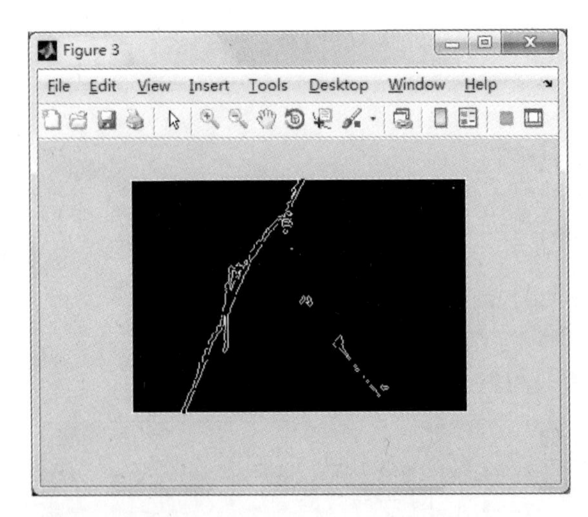

（c）进行 3 次 remove 处理后的图像

图 8-25　例 8.2.7 的运行结果

此例中添加了 I1=histeq(I)是为了增强图像的对比度，便于后面的处理和观察。BW1 是对图像做了 skel 处理后的结果，inf 表示处理次数无限多，但 MATLAB 只处理到图像不再变化为止。BW2 则表示对图像进行了 3 次 remove 处理。处理后的 BW1 和 BW2 矩阵都是逻辑矩阵，即都只有两个亮度值，只能显示黑色和白色。

2. bwperim：确定图像的目标边界

```
BW=bwperim(I)
BW=bwperim(I,n)
```

（1）BW=bwperim(I)用于取出图像的边界。如果一个像素的值不是 0，但它周围至少有一个像素的值是 0，那么它就属于边界。对二维的图像来说，像素关联度的默认值是 4，对三维图像来说默认值是 6。I 是一个数值矩阵或者逻辑矩阵，BW 则是一个逻辑矩阵。

（2）BW=bwperim(I,n)表示以 n 为关联度取出图像的边界。对于二维图像来说，n 的取值只能是 4 或者 8，对于三维图像来说，n 可以取 6、18 或 26。

例 8.2.31　在 M 文件中输入下列代码并执行，观察结果。

```
%bwperim
clear
close all
clc
```

```
I=imread('im04gray.jpg');
I1=histeq(I,16);
BW=bwperim(I1);
imshow(I1);
figure;imshow(BW)
```

运行结果如图 8-26 所示。

（a）经过对比度加强后的 im04gray.jpg 的图像

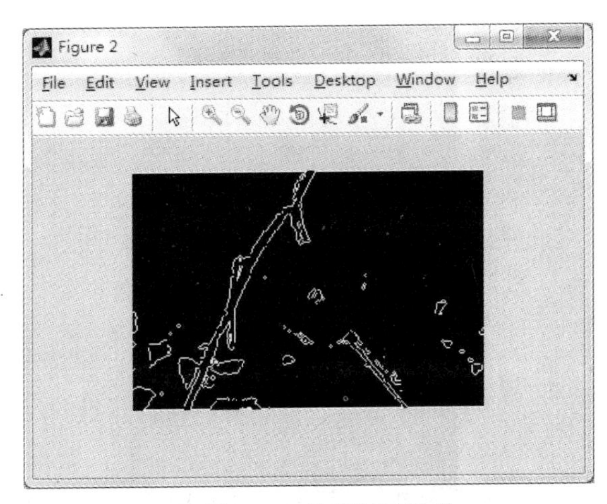

（b）用 bwperim 取出的目标边界

图 8-26　例 8.2.31 的运行结果

由图可以看出，目标的边界被取出了，但效果不是很好，如果原图的亮暗边界非常鲜明的话，取得边界的效果会很好。这里是对二维图像进行处理的，且关联度为 4，读者可以尝试改变关联度的大小检验效果。

8.2.8 块处理指令

1. roicolor：选择感兴趣的颜色区域转化成二值图像

```
BW=roicolor(I,low,high)
BW=roicolor(I,V)
```

（1）BW=roicolor(I,low,high)使得亮度在 low 和 high 之间的像素都取为 1，即最亮，而亮度值在 low 和 high 之外的都取为 0，即最暗，那么处理后的图像只有两个亮度值即 1 和 0。I 必须是一个数值矩阵，而 BW 是一个逻辑矩阵。

（2）BW=roicolor(I,V)

例 8.2.32 在 M 文件中输入下列代码并执行，观察结果。

```
%roicolor
clear
close all
clc
I=imread('im06gray.jpg');
BW=roicolor(I,128,255);
imshow(I);
figure;imshow(BW)
```

运行结果如图 8-27 所示。

（a）im06gray.jpg 的原图

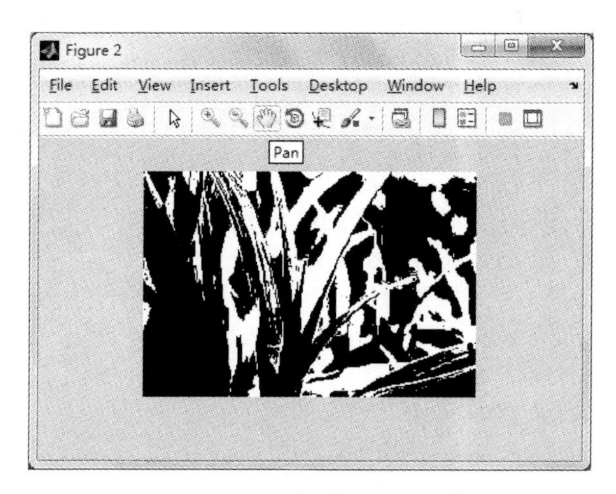

（b）经过 roicolor 处理后生成的二值图像

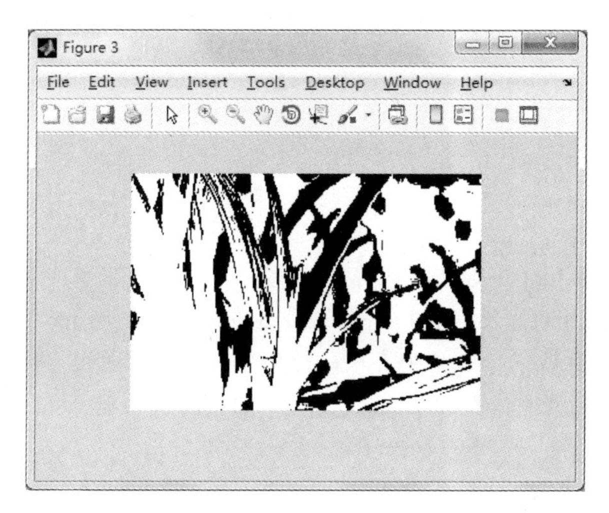

（c）用 roicolor(BW,0)对二值图像取反后得到的图像

图 8-27　例 8.2.32 的运行结果

BW 是一个逻辑矩阵，即转换后一定是一幅黑白图像。BW=roicolor(I,128,255)表示把亮度值在 128 到 255 之间的像素的亮度置 1，而在这个范围之外的像素置 0。

如果再在程序的结尾加上 BW1=roicolor(BW,0)，并加上显示语句 imshow(BW1)则会出现如图 8-27（c）所示结果。

对比图 8-27（b）和图 8-27（c）就会发现，这两幅图刚好互补，黑色和白色的区域刚好相反。这是因为使用了 roicolor 的另一种用法：BW=roicolor(I,V)，表示将矩阵 I 中和矢量 V 中等值的元素变成 1，别的元素变成 0。只不过此处矢量 V 只有 1 个元素即 0，所以原图中所有黑色区域变成了白色，剩下来的区域全部变成了黑色。

2. blkproc：图像的区块化处理

```
B=blkproc(I,[m n],fun)
```

该指令表示对图像 I 进行区块化处理。对于 I 中的每一个 m×n 的区块，都用函数 fun 进行处理，而 fun 则为一个特定的函数。

例 8.2.33 在 M 文件中输入下列代码并执行，观察结果。

```
%blkproc
clear
close all
clc
I=imread('im01gray.jpg');
fun=@(x) std2(x)*ones(size(x));
B=blkproc(I,[5 5],fun);
imshow(I)
figure;imshow(B)
```

运行结果如图 8-28 所示。

这里的函数 fun(x)表示把矩阵 x 的每一个元素都变成 x 的标准差。而 B=blkproc(I,[5 5],fun)就表示对 I 中的每 5×5 的矩阵都使用 fun 进行处理。从结果可以看出，原图变成了一个个小方块，每个小方块的颜色是一样的。读者可以尝试改变被处理矩阵的维数深入探讨。

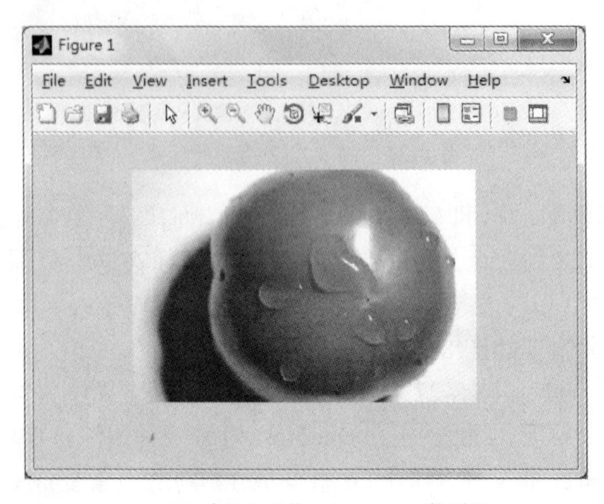

（a）未经处理的 im01gray.jpg 的原图

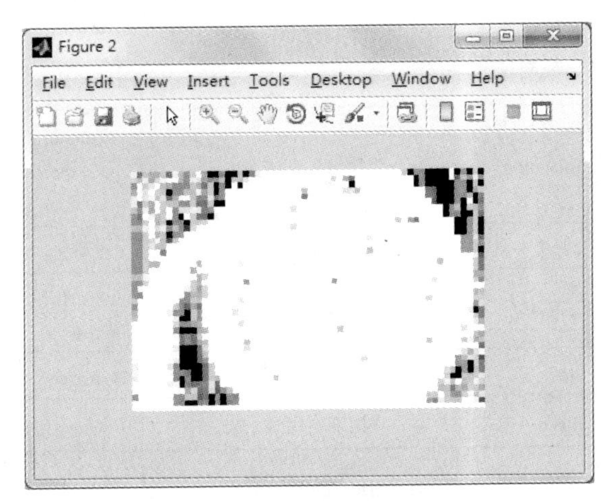

（b）经过 blkproc 区块化处理的图像

图 8-28　例 8.2.33 的运行结果

8.3　常用指令一览表

现将上述的常用指令以表 8-1 列出，便于查阅。

表 8-1　MATLAB 图像处理常用指令一览表

类　别	指　令	含　义	用　法
图像输入输出与显示	imread	读入指定的图像	I=imread(filename,fmi) [I,map]=imread(filename,fmi)
	imshow	显示指定的图像	imshow(I) imshow(X,map)
	imfinfo	返回图像的详细信息	info=imfinfo(filename,fmi)
	imwrite	将图像保存到指定位置	imwrite(I,filename,fmi)
	imrotate	旋转图像	B=imrotate(I,angle) B=imrotate(I,angle,method)
	image	将矩阵以色块的形式显示出来	image
	warp	将图像投影到指定的表面上	warp(x,y,z,I)
图像类型转换指令	im2double	转化为双精度	I1=im2double(I)
	rgb2gray	把真彩色图像转化为灰度图像	I1=rgb2gray(I)
	im2bw	转换成二值图像	BW=im2bw(I,level)

（续）

类　别	指　令	含　义	用　法
图像分析指令	imcontour	绘制图像的等高线	imcontour(I) imcontour(I,n) imcontour(I,V)
	edge	取出图像边界	BW=edge(filename,method)
	imhist	绘制图像直方图	imhist(I) imhist(I,n)
	std2	计算矩阵标准差	B=std2(A)
图像增强指令	histeq	将直方图均匀化	J=histeq(I,n)
	imadjust	调整图像灰度值或颜色映像表	J=imadjust(I) J=imadjust(I,[a b],[c d])
图像复原指令	imnoise	给图像加上噪声	J=imnoise(I,type)
	medfilt2	二维中值滤波	J=medfilt2(I,[m n]) J=medfilt2(I)
	fspecial	创建二维滤波器	H=fspecial(type)
图像变换指令	dct2	二维离散余弦变换	J=dct2(I) J=dct2(I,[m n])
	fft2	二维离散傅里叶变换	J=fft2(I) J=fft2(I,m,n)
	fftshift	将傅里叶变换的直流分量移至频谱中心	J=fftshift(I)
形态学指令	bwmorph	进行形态学处理	BW=bwmorph(I,operation) BW=bwmorph(I,operation,n)
	bwperim	确定图像的目标边界	BW=bwperim(I) BW=bwperim(I,n)
块处理指令	roicolor	将感兴趣的区域转化为二值图像	BW=roicolor(I,low,high) BW=roicolor(I,V)
	blkproc	图像的区块化处理	B=blkproc(I,[m n],fun)

图像处理只是 MATLAB 的一个方面的应用，在本章中，我们只对图像处理指令做了简要的入门介绍。更加丰富多彩的用法读者请查阅相关资料，通过进一步学习深入了解。下面我们也将提供一部分习题供读者练习。

习　题

1．将图像 im01.jpg 转变为灰度图像，以 imwrite 指令保存为 im01gray.jpg。对 im01gray.jpg 图像做亮度反变换，即原来越暗的地方现在越亮，原来越亮的地方现在越暗。显示变换前后的凸显。写出程序的代码。

2．将 im06.jpg 转换为灰度图像，用 imwrite 指令将图像保存为 im06gray.jpg。将灰度图片读入，观察图像的直方图。用 histeq 将直方图均衡化，显示均衡前后的图片和它们的直方图。

3．将 im04.jpg 转化为灰度图像，并保存为 im04gray.jpg。给灰度图像加上均值为 0，方差为 0.02 的高斯噪声，显示加入噪声前后的图像。用 medfilt2 对加入噪声后的图像滤波，显示滤波之后的图像。

4．将 im05.jpg 转化为灰度图像，并保存为 im05gray.jpg。给灰度图像加上椒盐噪声。用 fspecial 指令生成一 5×5 领域的窗函数，并用 imfilter 以 replicate 形式滤除噪声，显示灰度图像，加上噪声后的图像和滤除噪声后的图像。

5．观察下面的程序，思考它的意义。

```
clear
clc
close all
I=imread('im05gray.jpg');
I1=im2double(I);
T1=0.3.*I1.*[I1<0.3]+(0.1+2.6.*(I1-0.3)).*[I1>=0.3].*[I1<=0.7]+...
(1+0.3.*(I1-1)).*[I1>0.7];
figure;imshow(I1);
figure;imshow(T1);
```

6．了解了习题 5 之后，请思考该习题的代码。将 im02.jpg 转化为灰度图像，并将其保存为 im04gray.jpg。对其进行切片处理，即亮度值在 0.3 到 0.7 之间的像素全部置为 0.5，其余的像素保持不变。显示变换前后的图像。

（参考答案见光盘）

第 9 章 Notebook

本章介绍通过MATLAB的Notebook实现Word和MATLAB无缝连接的方法，并通过实例进行说明。该方法可以在Word中实现可视化编辑，并方便地在电子讲义中实现文本和图像结合，丰富教学内容。当今微软公司的Word软件在文字处理方面功能最强，而MATLAB的数值计算功能最优。如果能够把两者结合起来，就能集二者之所长。这为学者在撰写论文、科技报告、可视化教学等提供很大的方便。为此，MATLAB从5.0版本起加入了Notebook功能，成功地把Word和MATLAB集成在一起，为文字处理、科学计算、工程设计和可视化教学提供了一个完美的工作环境。Notebook就像一个会进行运算的文稿本，它兼有MATLAB和Word优点的工具。它的工作方式是：用户在Word文档中创建命令，然后送到MATLAB的后台中执行，最后将结果返回到Word中。因此，只要在MATLAB命令窗口安装Notebook，Word就会和MATLAB结合起来。

9.1 Notebook 的配置与启动

9.1.1 Notebook 的配置

（1）由于Word与MATLAB版本不断升级，两者的链接方法也随之而变，MATLABT版本越高，链接方法越简单。个人系统只要安装正确的MATLAB 5.0和Word 97以上的版本，一般都会正确安装Notebook。本文以MATLAB（最新版）版本和Word2010为例加以说明。

（2）首先我们应保证已经装有Word2010的前提下才能使用MATLAB中的Notebook。当然其他版本的Word也行，但是本书是以2010版本的为例进行说明，所以大当家最好也安装2010版本的一起同步学习。当在命令窗口中输入如下指令：

```
>>notebook -setup
```

如果窗口出现如下指令则配置过程完成。

```
Welcome to the utility for setting up the MATLAB Notebook
for interfacing MATLAB to Microsoft Word
Setup complete
```

完成这步以后，每次打开 MATLAB 软件，系统就自动配置，无需再重复输入上面的指令。

9.1.2 Notebook 的启动

1. 如何创建新的 M-book 文件

（1）直接在 word 文档中创建新的 M-book 文件。

先新建一个 Word 文档，单击 Word 窗口的菜单“文件”⟶“新建”⟶“我的模板”⟶“M-book”⟶“文档”⟶“确定”。

此时桌面会弹出另一个窗口如图 9-1 所示。

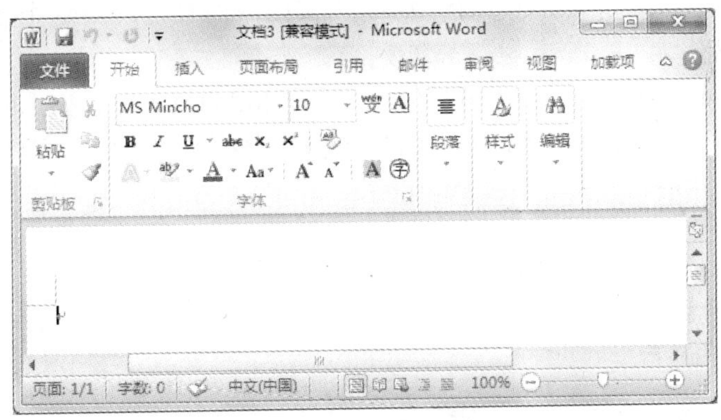

图 9-1　M-book 文档窗口

我们仔细对比未安装 Notebook 时的 Word 文档（图 9-2），会发现这个 M-book 文档与它有一点的不同。新建的 M-book 文档比之前得 word 文档多了一项“加载项”。

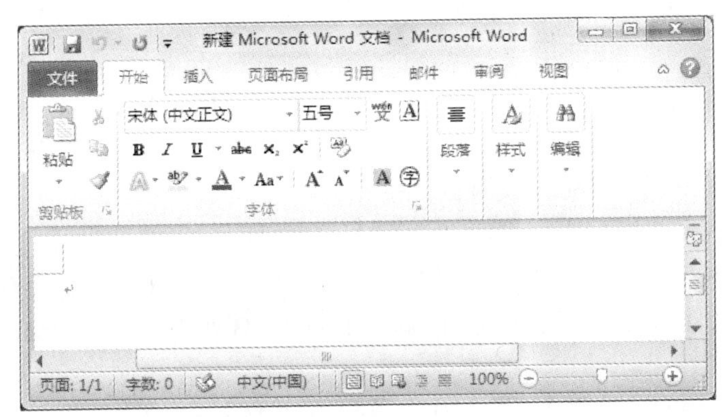

图 9-2　word 文档窗口

单击“加载项”会弹出 Notebook。

（2）在 MATLAB 中创建新的 M-book 文件。

打开 MATLAB 界面，在界面的最左下角有一项“start”⟶“MATLAB”⟶“notebook”。

利用这种方法也可以得到如图 9-1 所示的文档。

（3）在 MATLAB 命令窗口中创建新的 M-book 文件。

在 MATLAB 的命令窗口中输入如下命令：

```
>>notebook
```

指令的作用是打开一个没有命名的 M-book 文档界面。

```
>>notebook filename
```

这条指令不仅可以新建一个 M-book 文档，而且已经给这个 M-book 文档命名了。

但是这里有些地方需要注意：有的版本的 MATLAB 可以如上面所示直接输入命令窗口。但是对于 MATLAB2011b 版本却不能这样输入。否则会出现如下错误：

```
Error using notebook (line 53)
You must supply a filename and extension (e.g., 'foo.doc')
```

这里提示我们必须给文件规定格式，即在所命名的文件名后面加上“.doc”。如这样写就正确了。

```
>>notebook filename.doc
```

所产生的 M-book 文档会自动更改文件名。

2. 打开已有的 M-book 文件

（1）在 Word 默认窗口下打开已有的 M-book 文件。

在 Word 默认窗口下打开 M-book 文件和打开 Word 的一般文件方法一样，直接从菜单中打开。打开之后，系统会开启一个新的 MATLAB 作为这个 M-book 文件的工作平台。

（2）在 MATLAB 当前目录窗口中打开已有的 M-book 文件。

直接可以从“Current Folder”中打开，双击即可。系统同样会开启一个新的 MATLAB 作为这个 M-book 文件的工作平台。

（3）在资源管理器中打开已有的 M-book 文件。

直接查找出 M-book 文件的存储位置，无论 MATLAB 软件有没有开启，单击该 M-book 文件打开。系统开启一个新的 MATLAB 作为这个 M-book 文件的工作平台。

（4）在 MATLAB 的命令窗口中打开已有的 M-book 文件。

在 MATLAB 的命令窗口输入如下指令：

```
>>notebook('filename.doc')
```

这里一定要注意，“.doc”一定要加在文件名的后面，否则无法打开 M-book 文件。此时，把当前 MATLAB 作为这个 M-book 文件的工作平台。

9.2 M-book 模板的使用

M-book 模板的使用方法基本上和 Word 文档是一样的，因为 notebook 的功能就是为了使 MATLAB 和 Word 文档能够进行无缝的连接，将一般的 word 文档作为 MATLAB 的 M 文件，可以在 Word 里面进行随意的编辑，使 word 文档也具有 MATLAB 所具备的数学计算能力和其他各项功能。

9.2.1 细胞和细胞群

在 Notebook 中，所有参与 MATLAB 和 Word 之间进行信息交换的部分都称为细胞（cells）或者细胞群（Group cell）。由 Word 文档内选中并输入 MATLAB 进行运行的部分称为输入细胞（Input cells），经过 MATLAB 运行以后返回的输出结果称为输出细胞（Output cells）。各种选项都在“加载项”⟶“notebook”的下拉菜单里面。有输出细胞就一定要有输入细胞，而有输入细胞则不一定有输出细胞。

9.2.2 基本操作

学会了输入细胞的创建就学会了 Notebook 的精髓，输入细胞的创建需要学会一些基本的操作，下面有几点操作需要注意：

（1）输入细胞需要调入 MATLAB 中运行，所以输入细胞必须是 MATLAB 指令。其实质就类似于将 Word 文档中的代码经过复制粘贴到 MATLAB 的命令窗口中进行运行，如果代码正确，运行结果就会返回在 MATLAB 的命令窗口中。然后再通过复制粘贴到 Word 文档中。而我们之所以引入 Notebook 就是省去了复制粘贴的步骤。

（2）输入细胞中的标点符号必须是在英文状态下输入。在 M 文件中，如果在中文状态下输入标点符号，系统会给提示，使显示的符号为红色。但是在 Word 文档中，系统不会给任何提示。

（3）不管文本的一行的指令有多长，有多少行指令，只要能有鼠标将其选中，这些指令都可以调入 MATLAB 中进行运行。

例 9.2.1 在 Word 文档中计算 x 的平方，其中，x=[2,3,4;4,7,2]。

如图 9-3 所示，输入的指令为黑色字体，字体的大小没有规定，但是无论你输入的是多大的字体，当变成输入细胞的时候，字体就表为 10 号字体，输出也是 10 号字体。

拖动鼠标将代码选中，可以单击“notebook”⟶“Define Input Cell”然后选中的代码有原来的黑色字体变为 10 号的绿色字体。变绿色就表示代码已经变为输入细胞。另一种方法是直接选中后按[Alt+D]，也可以将代码变为输入细胞。这两种方法只是将 Word 文档中的内容变为输入细胞，并没有输出结果。

拖动鼠标将代码选中，单击“右键”⟶“Evaluate cells”后，代码不仅变为绿色而且显示蓝色的输出结果。如果选中后按[Crtl+Enter]键可以达到同样的效果，两者的功能是一样的。

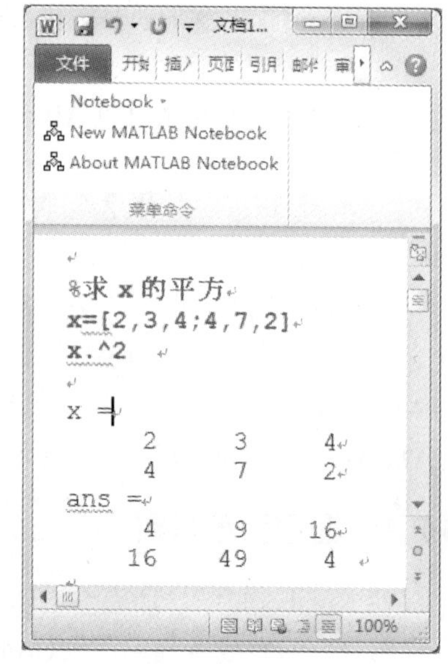

图 9-3 在 M-book 文件中求 x 的平方

9.3 Notebook 各选项的功能和使用方法

9.3.1 Define AutoInit Cell

（1）自动初始化细胞（autoInit cell）。

当打开一个 M-book 文件的时候，文件内所包含的自动初始化细胞就会自动调入 MATLAB 中进行运行，输出运行结果。它和输入细胞是有一定的区别的。

自动初始化细胞有两种来源：一是文本形式的 MATLAB 指令；二是已经存在的输入细胞。将输入细胞变为自动初始化细胞的方法是选中“notebook”⟶“Define AutoInit Cell”。

（2）工作内存的初始化。

M-book 文件内的所有计算都是在 MATLAB 环境中运行的，参与计算的所有变量都是存储在 MATLAB 的内存中的。各个 M-book 和 M-book 指令窗口分享同一个“计算引擎”和同一个工作内存。工作内存中的各个变量是在 M-book 和 MATLAB 运行之后产生的。当用户打开多个 M-book 文件的时候，在 M-book 文件和 MATLAB 交互运作时，不同的文件和窗口的变量是相互影响的，这样就会使输出的计算结果和单独运算的结果不同，解决这个问题的办法是在每一组输入细胞的前面加一项“clear”指令，这样当打开 M-book 文件的时候，里面的自动化文件就可以顺序执行。各个输出细胞不会相互影响。

9.3.2 Evaluate MATLAB notebook

如需整个 M-book 文件一起运行，我们可以使用“notebook”⟶“Evaluate MATLAB notebook”选项。运行整个 M-book 始终是从头开始，一直依次运行下去。这样就可以对整个文件进行一次刷新，把新的输出细胞补充进来。这条指令可以保证整个文件的所有指令、数据、图形保持一致的输出。但是对于这条指令尽量少用，特别对于比较大的 M-book 文件，容易造成混乱。

9.3.3 Purge Selected Output Cells

利用“Purge Selected Output Cells”可以删除 M-book 文件中的所有输出细胞。具体操作是将整个文件都选中，然后依次单击“加载项”⟶“notebook”⟶“Purge Selected Output Cells”。

9.3.4 Notebook Options

Notebook Options 可以对所有的输出细胞包括图形、数据、错误提示、输出数据的有效数字、图形的大小进行控制。打开“Notebook Options”选项，界面如图 9-4 所示。

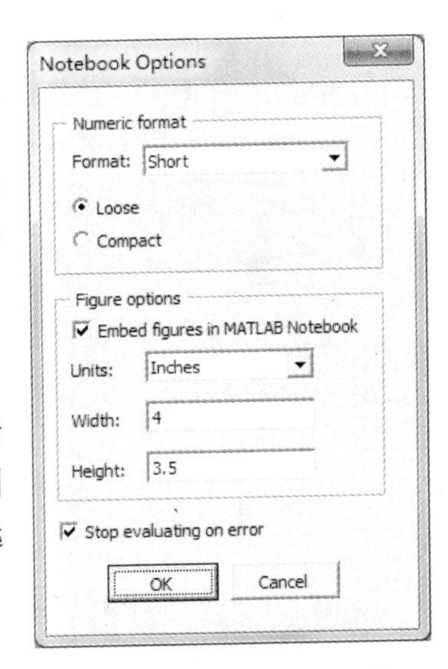

图 9-4 Notebook Options 窗口

1. 对输出数据的控制

在图 9-4 中的数据格式（Numeric format）中的格式项（Format）控制 12 种输出数据表示方法：Short, Long, Short e, Long e, Short g, Long g, Short eng, Long eng,Hex, Bank, Plus, Rational。

2. 对输出数据间空行的控制

图 9-4 中的“Loose”和“Compact”项是用来控制输入细胞与输出细胞之间的空隔。“Loose”为输入细胞与输出细胞之间加一个空行。同时注意输入细胞群中的“format loose”和“format compact”命令是用来控制输出细胞与输出细胞之间的空行。

例 9.3.1 利用 `b=fliplr(a)` 函数，将矩阵左右翻转输出。输出细胞间有间隔。

在输出细胞间，我们可以看到两个矩阵之间多了两行间隔。`format loose` 必须写在矩阵之前。输入输出结果如图 9-5 所示。

3. 对图形的嵌入控制

刚打开的 M-book 文件中,“notebook options”中的“Embed figures in MATLAB notebook”都是处于勾选状态。这样输出的图像就可以嵌入 M-book 文件中，否则图像无法输出显示在 M-book 文件中。

“notebook options”中的 3 个选项：Units、Width、Height。这 3 项决定输出图像的大小。这样我们就可以人为的设置输出图像的大小了。其实，我们在 word 中也可以改变图像的大小。

例 9.3.2 绘制 Peaks 函数的三维曲面图。

在 M-book 文件中的输入输出如图 9-6 所示。

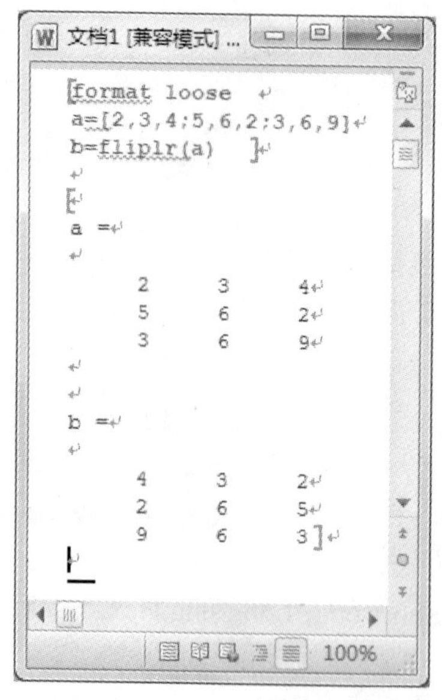

图 9-5 format loose 的用法

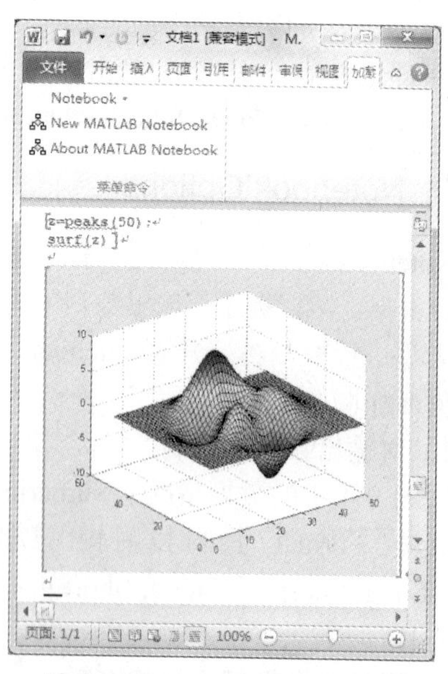

图 9-6 Peaks 函数的三维曲面图

在正常情况下图像的背景颜色是灰色加白色，如果输出图像的背景颜色是灰色加黑色，那么我们可以通过下面的方法进行纠正。

第一种方法：打开“notebook options”⟶勾选“Embed figures in MATLAB notebook”⟶“OK”。

第二种方法：在 MATLAB 命令窗口输入:

```
>>whiteg('while')
```

第三种方法：在 MATLAB 命令窗口输入:

```
>>close;
>>colordef white;
```

9.4 Notebook 的实例介绍

例 9.4.1 随机产生 10^3 个正态分布的数，并绘制正态分布密度曲线图。在 M-book 文件中的输入输出如图 9-7 所示。

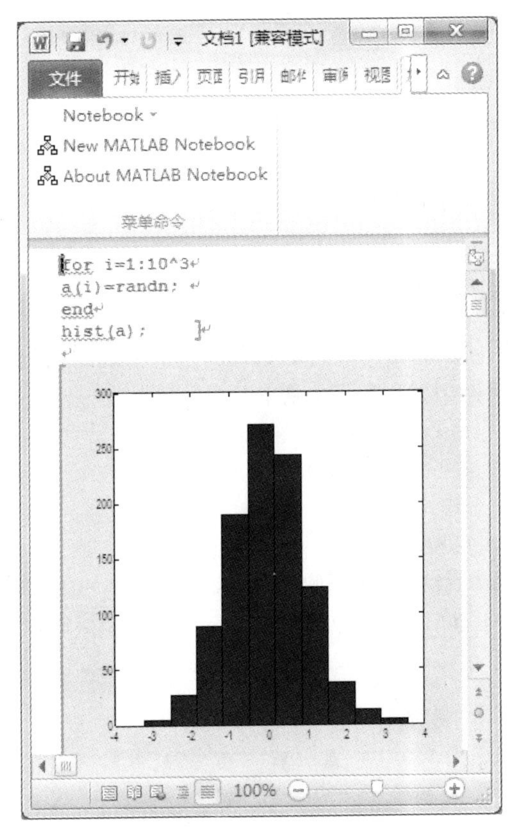

图 9-7 正态分布直方图

上述指令中，利用 for 循环产生 10^3 个数，然后对每个数赋值正态分布的随机数，这个利用 randn 函数产生。hist 函数是用于绘制一组数的直方图，默认的情况下是分成 10 个矩形。如果将上面的指令“hist(a)”改成“hist（a,100）”,那么直方图就会分成 100 份。

对于正态分布我们都很熟悉，如果要使直方图更标准，则需要产生很多个随机数。如果我们在执行的过程中出现下错误：

```
??? Error: The input character is not valid in MATLAB statements or
expressions.
```

这就表明输入细胞的符号出错了。在 M-book 文件出错，我们知道错的原因，但是却不知道具体错在哪里。这样就不如在 M 文件中编译，在 M 文件中出现的错误，

MATLAB 的命令窗口会显示出错的具体位置。所以 M-book 文件也有其不足之处。

例 9.4.2 求二项分布的期望与方差。

在 M-book 文件中的输入输出如下：

```
clear;
 x=1:2;
 y=2:3;
[a,b]=binostat(x,1./y)
a =
    0.5000    0.6667
b =
    0.2500    0.4444
```

binostat 函数是计算二项分布的函数与方差，y 表示对应 x 的数出现的概率，返回的分别为 a 表示期望，b 表示方差。

例 9.4.3 在 M-book 文件中有多个输入细胞，分别为：

（1）求一元二次方程组的通解。

（2）求解 4x^2+7x+3=0 的根。

将其中的（1）定义为自动初始化细胞，然后关闭 M-book 文件，再打开。打开后 M-book 文件如图 9-8 所示。

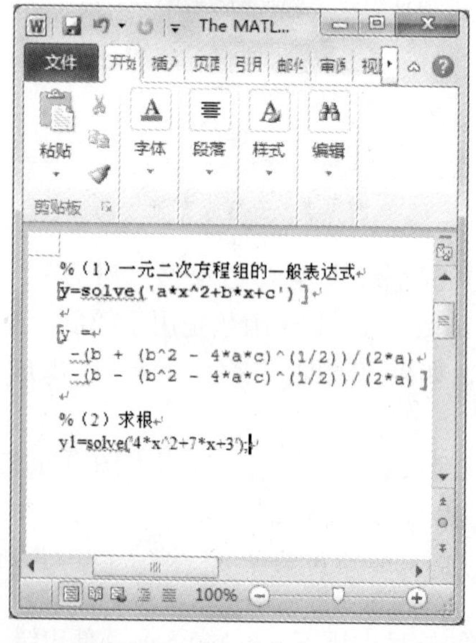

图 9-8 打开文件后自动初始化细胞自动输出

当我们将“y=solve('a*x^2+b*x+c') ”选中，定义为“AutoInit Cell”时，选中的部分会变为蓝色，保存以后。直接从资源管理器中找到该文件的位置，打开以后就如图 9-8 所示。这里我们要注意的地方是如果这样写“y=solve('a*x^2+b*x+c') ;”,则得不到输出细胞。并不是系统不运行，而是“;”表示将输出细胞省略。从输出细胞我们可以看出，输出结果正符合一元二次方程组的通解。

例 9.4.4 在 M-book 中有多个输入细胞，分别为：

（1）求多项式 4x^4-3x^3+x^2+7x+3=0 的根。

（2）计算矩阵的秩。

（3）求解线性齐次方程组的解。

对上述输入细胞全部一次性显示全部输出细胞。运行结果如图 9-9 所示。

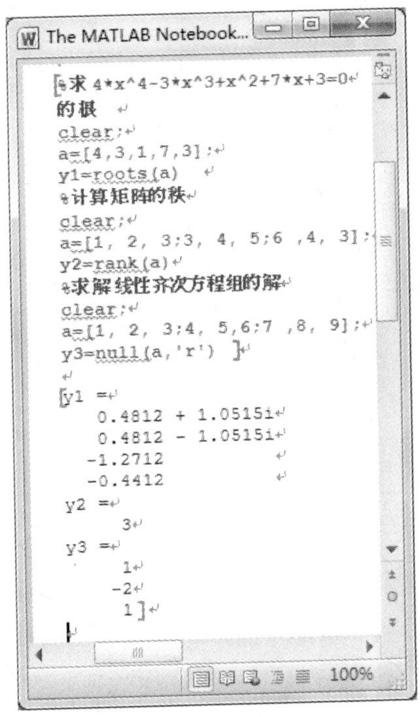

图 9-9 全部输出细胞

选中所有输入部分单击“notebook”⟶“Evaluate MATLAB notebook”输出细胞所示。roots 函数是对多项式求根，功能和 solve 函数一样。只是指令的表达方式不同。null（a,"r"）函数是用来求解“a*x=0”的解空间，即求出解空间的一组基。“"r"”不能缺少。“clear”的目的当然是使第一个输入细胞的变量不影响后面的输入细胞。

例 9.4.5 在 M-book 中有多个输入细胞，分别为：

（1）绘制正弦波函数。

（2）计算 1 到 100 的加和。

在 M-book 文件的输入输出如图 9-10 所示。

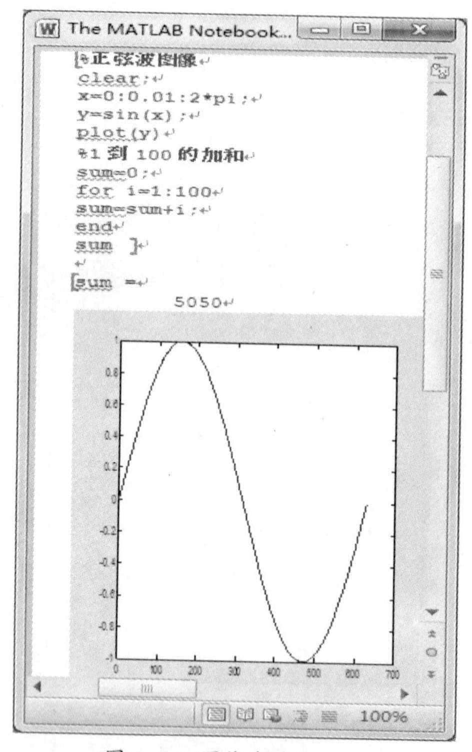

图 9-10 图像在最后显示

在输出细胞中，无论输出图像的输入细胞在什么位置，输出图像总是在输出数据的后面显示。如果输出细胞都是数据或者都是图像，则按输入细胞由上往下的顺序执行，并按此顺序输出。

习 题

1．在 M-book 文件中随机产生 10 个数，求出其中的最大值、最小值、平均数。需要利用到的函数有 rand,max,min,mean。

2．在 M-book 文件中输入一矩阵，计算矩阵的行列式及矩阵的秩，并使矩阵左右对换，需要用到的函数有 det, fliplr, rank。

3．在 M-book 文件中有多个输入细胞，分别为：

（1）计算一元二次方程组的通解。

（2）计算多项式 3x^3-2x+1=0 的根。

将（1）（2）定义为自动初始化细胞。然后关闭 M-book 文件，再打开。

4．在 M-book 文件中有点多个输入细胞，分别为：

（1）绘制椭圆图像。

（2）利用 roots 函数求解 3x^3+4x^2-2x+1=0 的解。

将两个输入细胞同时运行。

5．在 M-book 文件中计算∫(sinx/x)dx 在-1 到 1 的值。利用 for 循环计算。

6．用 M 文件新建一个求频谱的函数 spectrum(y,fs),其中 fs=1000Hz 表示采样频率。然后在 M-book 文件中绘制出 y=sin(2*pi*f*t)的频谱图，f=300Hz 表示函数频率。

（参考答案见光盘）

参 考 文 献

[1] 张铮. MATLAB 教学范本程式设计与应用. 台湾：知城数位科技股份有限公司，2002，08.
[2] 张德丰，雷晓平，周燕. MATLAB 基础与工程应用. 北京：清华大学出版社，2011，12.
[3] 孙篷. MATLAB 基础教程. 北京：清华大学出版社. 2011，10.
[4] 肖伟. MATLAB 程序设计与应用. 北京：清华大学出版社. 2005，8.
[5] 王正林，刘明. 精通 MATLAB:升级版. 北京：电子工业出版社，2011，01.
[6] 薛山. MATALAB 基础教程. 北京：清华大学出版社，2011，03.